H8ビギナーズガイド

白土義男 著

TDU 東京電機大学出版局

本書の全部または一部を無断で複写複製（コピー）することは，著作権法上での例外を除き，禁じられています。小局は，著者から複写に係る権利の管理につき委託を受けていますので，本書からの複写を希望される場合は，必ず小局（03-5280-3422）宛にご連絡ください。

まえがき

　この数年，パソコンの世界は大きく様変わりしました。ITという言葉も生まれ，まさにエレクトロニクス革命です。これは，マイクロコンピュータのハード／ソフト技術が飛躍的に発展したことに伴う社会現象の一つといってよいでしょう。

　しかし，表面のこの華やかさの陰で，それ以上に私たちの日常生活に深く関わっている組込型マイコンの存在を忘れてはなりません。テレビ，掃除機，エアコン，洗濯機，ゲーム機，キャッシュディスペンサー，そして自動出改札からパチンコに至るまで，まるで空気か水のように，私たちの身の周りに，さりげなく，そして着実に浸透し続けているのです。

　一方，エレクトロニクスに興味を持つ私たち自身も大きく変わりました。まず，自分の手でモノを作るということが少なくなりました。そして，ハードウェアにあまり興味を示さず，何でもソフトで解決しよう‥という姿勢が目立つようにもなりました。それはそれでやむを得ない時代の流れなのでしょうが，ハードとソフトの関係を正確に理解しておかないと，CPUを使った制御回路を作る場合など，結局何をやっているのかわからない‥ということにもなりかねません。

　そこで今回，初心者の皆さんを対象にH8/3048F組込型マイコンチップをテーマとする本書を執筆するにあたり，できるだけ多くの方々に気軽に実験していただけるよう，上記の事情を考慮して次のような方針で臨むことにしました。

①市販キットを利用し，入手容易な部品でマイコンボードを作ります。それ以外の周辺回路などは一切製作せず，ボード本体だけで実行可能な実験を中心に記事をまとめます。

②ソフトとハードの関係が理解できるよう，ソフト作成にはアセンブリ言語を用います。これは，C言語などへの移行に当たっても必要なプロセスと考えます。

③アセンブリ言語によるサンプルプログラムの各行に，原則としてハード

まえがき

との関係，記述の意味などの詳しい説明を付け，初心者にも容易に理解できるよう構成に工夫します。

④H8/3048Fの持つ組込型マイコンとしての機能(I/O，D/A・A/D，SCI，ITU，DMAC，TPCなど)をできるだけ幅広く利用し，基本的な応用例に重点を置きます。

以上の結果，ロボット制御をしてみたい，電卓を作りたい‥など，高度で具体的な製作に対するご希望には沿えなかったかもしれませんが，その代わり，誰にでも容易にできる実験集としてはご満足いただけるのではないかと自負しています。本書で学んだ知識を基に，読者の皆さんがさらに発展していかれることを期待する次第です。

なお，本書は第1章から順を追って読み進んでいただくようにお願いします。そういう前提で内容を構成してあります。

最後になりましたが，本書の執筆に当たりいろいろとお世話になった，20年来の友人でもある東京電機大学出版局編集課長　植村八潮氏，そして同編集課　石沢岳彦氏に，この場を借りて厚くお礼を申し上げます。

2000年10月

白　土　義　男

目　次

第1章　組込型(ワンチップ)マイコンとは？　1

1.1　コンピュータの基本的な働き　1
1.2　H8/3048Fマイコンチップ　5
1.3　H8マイコン内蔵周辺回路の働き　10

第2章　マシン語とアセンブリ言語　20

2.1　マシン語とは？　20
2.2　マシン語と高級言語　22
2.3　マシン語への変換，コンパイラとインタプリタ　23
2.4　プログラムの保存とマイコン回路への組み込み　26

第3章　スイッチ入力／LED出力の実験　27

3.1　実験ボードとROMライタ(マザーボード)の用意　27
3.2　フローチャートとプログラム　33
3.3　プログラムをアセンブルし，フラッシュROMに書き込む　39

第4章　I/Oポートの入力をLCDに表示　46

4.1　LCDの構造と使い方　46
4.2　LCDのドライブ方法　49
4.3　LCD表示を含む実験プログラムの作成　52

目次

第5章 D/A 変換の実験　　67

5.1　H8/3048F 内蔵 D/A コンバータ　67
5.2　プログラムの作成と実験　69

第6章 D/A と A/D の同時変換　　76

6.1　H8/3048F 内蔵 A/D コンバータ　76
6.2　プログラムの作成と実験　79

第7章 ITU の同期/PWM モードでノンオーバラップ3相パルスの生成　　91

7.1　H8/3048F 内蔵 ITU の働き　91
7.2　3相 PWM パルスの生成　94
7.3　3相パルス生成プログラムの作成と実験　97

第8章 TPC と，ITU からの割り込みを組み合わせたノンオーバラップ4相パルスの生成　　104

8.1　H8/3048F 内蔵 TPC の働き　104
8.2　ITU の割り込みと TPC を使った多相パルスの生成　108
8.3　ノンオーバーラップ4相パルス生成プログラム　117

第9章 SCI によるシリアルデータ送信　　127

9.1　シリアルデータとは？　127
9.2　H8/3048F 内蔵 SCI の働き　129
9.3　シリアル送信テストプログラム　134

目　次

第10章　DMACで4相パルス生成　143

10.1　H8/3048F内蔵DMACの働き　143
10.2　ITU，TPC，DMACを使ったノンオーバラップ4相パルスの生成　148

第11章　サイン波と三角波の生成　156

11.1　任意波形生成の方法　156
11.2　波形データの作成　158
11.3　ITUからの割り込みによるアナログ波形の生成　160
11.4　ITU，DMACによる波形の生成　174

第12章　複数のプログラムを割り込みで切り換えて起動する　187

12.1　プログラム切り換えの原理　187
12.2　プログラムの作成と実験　190

付　録　204

付録A　H8マイコンのアセンブリ言語　205
A.1　アドレスやレジスタを指定するフォーマット　205
A.2　インストラクションフォーマットの欄で使用されている記号　205
A.3　コンディションコードの欄で使用されている記号　205
A.4　オペレーションの欄で使用されている記号と動作記号　206
A.5　命令セットの概要　207
A.6　命令セット　208
A.7　論理演算命令　212
A.8　シフト命令　213

目次

- A.9 ビット操作命令 *214*
- A.10 分岐命令 *216*
- A.11 システム制御命令 *217*
- A.12 ブロック転送命令 *219*

付録B　H8/3048Fハードウェアの補足　*220*
- B.1 割り込み要因とベクタアドレスおよび割り込み優先順位 *220*
- B.2 I/Oポート動作モード別機能一覧 *221*
- B.3 ITUの機能一覧 *223*
- B.4 ITUの端子構成 *224*
- B.5 ITUのレジスタ構成 *225*
- B.6 ITUのPWM出力端子とレジスタの組み合わせ *227*
- B.7 TPC出力通常動作の設定手順例 *227*
- B.8 TPCのレジスタ構成 *228*
- B.9 SCIのレジスタ構成 *228*
- B.10 シリアルデータ受信(調歩同期)のフローチャート例 *229*
- B.11 A/Dの端子構成 *230*
- B.12 A/Dのレジスタ構成 *230*
- B.13 D/Aの端子構成 *230*
- B.14 D/Aのレジスタ構成 *230*
- B.15 DMACのレジスタ構成 *231*

付録C　アセンブラ／フラッシュROMライタプログラムの
　　　　　　　　　　　　　　　　パソコンへの組み込み　*232*
- C.1 アセンブラプログラムの組み込み *232*
- C.2 ROMライタプログラムの組み込み *232*
- C.3 その他 *233*

付録D　部品の入手方法　*233*

付録E　参考文献　*234*

索　引　*235*

組込型(ワンチップ)マイコンとは？

――――――――――――――――――― 第1章

　一般に組込型マイコンとは，中央演算処理装置(CPU：プロセッサ)，ソフトウェア(メモリ)，入／出力インタフェース(周辺回路)をワンチップのパッケージに納めたLSIの総称です．家電製品などの制御用として内部に組み込まれ，キーボードもディスプレイも持たず，電源ONと同時に自己に内蔵したプログラムに従って動作を開始します．

　本章では，いわゆるマイコン回路を構成する3要素について説明し，続いて本書の実験で使用するH8/3048Fチップの内部回路構成，および内蔵周辺回路について，その概要を述べます．

1.1　コンピュータの基本的な働き

●1● マイコン回路の3要素

　図1・1に示すように，CPU(中央演算処理装置：メーカーによってはMPUと呼ぶこともあります)，メモリ(記憶装置)，そして入／出力インタフェースがマイコン回路を構成する基本的な3要素です．

- **CPU**：CPUは，メモリに書き込まれているプログラムから一動作ごとの命令を順々に読み出し，それを理解(解釈)し，一連の命令に従って数値計算，論理判断などを次々と実行(演算)し，処理(結果を出力)する電子回路です．また，その実行過程で必要となる，内部一時記憶回路(レジスタ)やカウンタなどの補助回路も内蔵しています．
- **メモリ**：メモリは，プログラムやデータをディジタル信号の形で書き込み，保存しておく場所です．CPUから直接に読み出し／書き込みのできる主メモリと，その他の補助メモリとに分けられます．

> CPUとMPU
> 　中央処理装置(Central Processing Unit)，マイクロ処理装置(Micro Processing Unit)．

第1章 組込型(ワンチップ)マイコンとは？

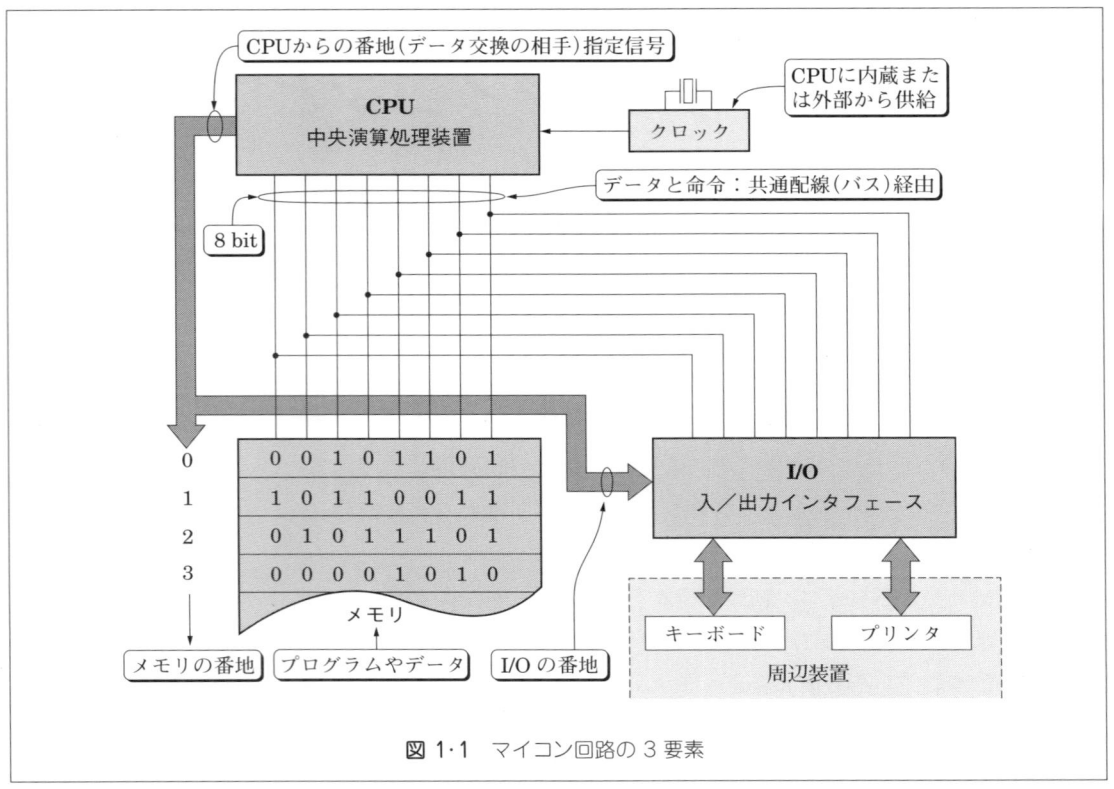

図1・1 マイコン回路の3要素

RAMとROM
　読み／書き自由なメモリ(Random Access Memory)，読み出し専用メモリ(Read Only Memory)。

バス
　Busと書きます。乗り合いバスと同じように，同じ配線をいろいろな電気信号が時分割で共用するとき，その共通配線をバスといいます。たとえば8bitのCPUなら，8本の配線で構成したバス回路を，CPU，I/O，メモリなどで共用します。P.21の図2・1を参照してください。

　主メモリには，CPUからの書き込み／読み出しが自由にできるRAM，およびメモリ内容を読み出すだけで変更のできない読み出し専用メモリROMがあります。そしてこのROMには，通常使用時とは異なる条件を与えると消去／書き換えが可能となるプログラマブルROM(P-ROM)，フラッシュROMなどがあります。

　補助メモリには，磁気テープ，ハードディスク(HDD)，フロッピーディスク(FDD)，CD-ROM，DVDディスクなどがあり，種類は豊富です。一般に読み出し／書き込みに要する時間は主メモリより長くなります。

◆**入／出力インタフェース**：CPUは，周辺にキーボード，ディスプレイ，プリンタ，CD-ROMなど多くの周辺装置を接続して初めてその機能を発揮します。しかしCPUに直接入／出力される信号と，周辺回路が必要とする信号とでは，それぞれの電気的特性やタイミングが必ずしも同

じであるとは限りません。それらを整合させる働きをする中継用の回路が入/出力インタフェースです。

最近は広い意味で，入/出力ポート(I/O)，D/A・A/D コンバータ，DMA など CPU と外部を結ぶ周辺回路を総称してインタフェースと呼ぶことが多いようです。

● 2 ● CPU とメモリを結ぶアドレス(番地)

CPU は，主メモリからプログラム(一連の命令やデータの連なり)の全部をまとめて読み出したり，その全部を同時に実行したりすることはできません。マイコンのプログラムは，CPU がメモリから命令を 1 語ずつ順々に読み出しては実行・・を繰り返し，その連続で一連の作業を達成できるように組み立てられています。この"順々に読み出す"手段として，命令の 1 語ずつを書き込むメモリの場所(個々の記憶素子)に番地をつけて整理し，その番地順に読み出すようにしてあります。

組込型マイコンでは，その起動時に，CPU に対してこれから実行するプログラムが書き込まれているメモリ領域の先頭番地(プログラムの開始点)を指定します。するとその番地から実行が開始され，あとは 1 番地ずつ番地を進めながら，命令を読み出しては実行・・を繰り返していきます。この"読み始め"の番地は CPU のアーキテクチャで決まります。また 1 番地ずつ読み進める役目は，CPU 内蔵のカウンタ(プログラムカウンタまたはロケーションカウンタと呼びます)が受け持ちます。

● 3 ● 組込型マイコンと周辺装置

一般のマイコン回路は，それを構成する上記の 3 要素を中心に，それぞれの使用目的に合わせ，最適な周辺装置とインタフェースを寄せ集めて作られます。大型ディスプレイやキーボードなどの組み合わせも自由です。しかし組込型マイコンの場合はワンチップという制約から，大型/大電力パーツの組み込みには無理があります。したがって，D/A・A/D コンバータ，タイマ，シリアルインタフェースなど，物理的に LSI 内部に組み込み可能な規模の回路だけがチップ内に納められています。

一般のマイコンと組込型マイコンの最大の違いは，ディスプレイやキーボードなどにより外部から直接監視/操作ができるかどうかという点です

アーキテクチャ
　建築を意味する言葉ですが，ここではコンピュータの基本的な設計思想を表す論理的な機能構造のことです。具体的には，CPU のビット長，レジスタ構成，メモリ配置，周辺/レジスタの番地割り当て方式，割り込み方式，命令の種類，その他の要素の総合を意味します。

が，マイコンとしての機能そのものには何の違いもありません。

●4● メモリとインタフェースのアドレス配置

　前記のように，CPUがメモリから実行プログラムを読み出す場合，メモリに付けられた番地に従って順番に命令を読み出します。では，CPUが周辺回路とデータのやりとりをするとき，その相手を特定するにはどんな方法が採られているのでしょうか。実はこの場合も，周辺のそれぞれに番地を付け，その番地で個別に相手を指定しているのです。したがって，メモリ，レジスタ，入／出力インタフェースなど，CPUに直接接続される周辺の回路／装置にはすべて番地が付けられていることになります。

　ところで，この周辺回路に対する番地の付け方には，マイコンチップ発達の歴史的な理由から，現在，2通りの方法が実用されています。これは図1・2を見ながら説明しましょう。

◆インテル系のCPU(8080，Z80など)：メモリ用の番地と周辺回路用の

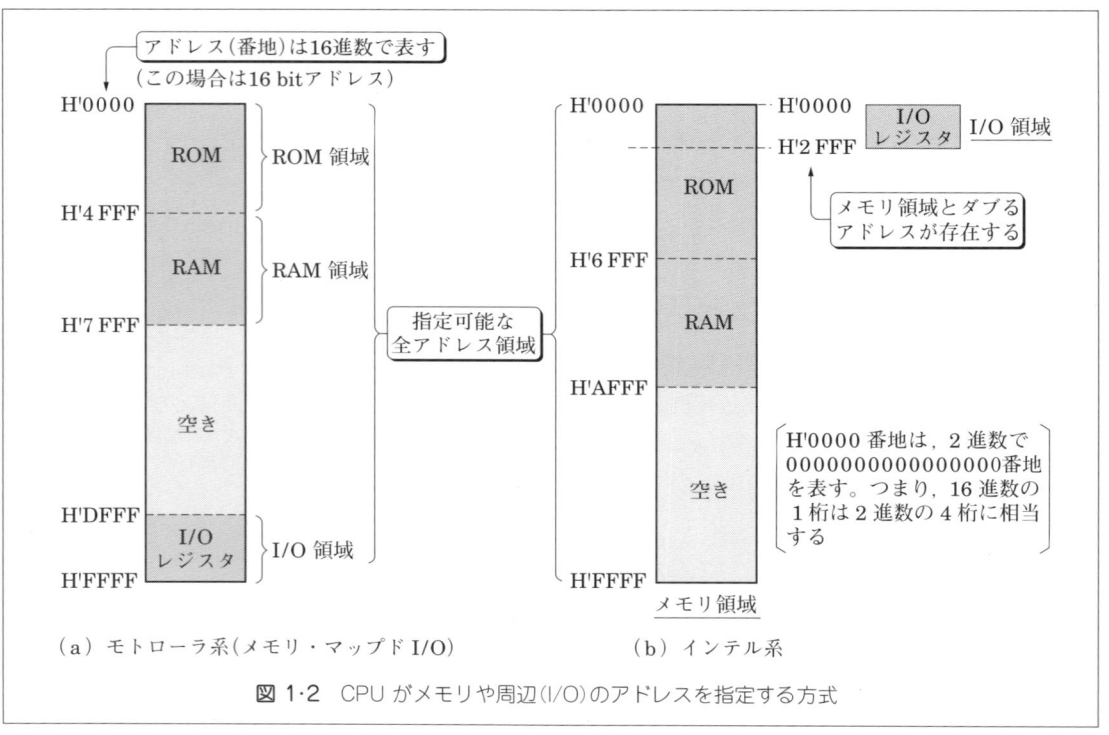

図1・2　CPUがメモリや周辺(I/O)のアドレスを指定する方式

番地を2本建て(別系統)にしています。ですから，たとえば「5番地のメモリ」と「5番地に配置された周辺回路」というように同じ番地の状態が存在し得ます。しかしCPUが同じ番地を指定しても，メモリ読み／書きのときと周辺回路アクセスのときとで異なる実行命令を使い分け，混乱しないよう区別しています。

◆ **モトローラ系のCPU**(6809など)：メモリも周辺も1本建て通し番地に配置されます(メモリ・マップドI/Oといいます)。したがって，メモリに対するデータの転送も，周辺回路に対するデータ入／出力も，同じ転送命令で実行できます。H 8/3048 F はこの系列のCPUに属します。

なお，マイコン回路におけるアドレス(番地)の表記は，一般に16進数で行われます。たとえば，本書では「16進数の27番地」を「H'27」と書き表すことにしていますが，このほか「$27」とか「27 H」という表記方法も使われます。またこの16進数は，2進数の「B'00100111」や10進数の「D'39」または「39」と同じ数値を表します。これら数字の表記方法や，2進数，8進数，10進数，16進数などの相互関係については，他の参考書で勉強してください。

1.2 H 8/3048 F マイコンチップ

H 8/3048 F は，内部バス32 bit(ビット)，外部バス16 bit の H 8/300 H -CPU を中心(コア)に構成したワンチップマイコンです。フラッシュROM・128 kB(キロバイト)，RAM・4 kB，I/O ポート11組(入／出力兼用ポート70本，入力専用ポート8本)，D/A コンバータ2回路，A/D コンバータ1回路8チャネル，シリアルインタフェース2チャネル，そのほかタイマ，DMA，TPC など非常に多くの機能を内蔵しています。

ビット，バイト，ワード
　2進数の各桁のことをビット(bit)といい，8ビットを1グループとして1バイト(Byte)，2バイト16ビットを1グループとして1ワード(Word)といいます。

●1● ピン接続と内部構成

図1·3がH 8/3048 F のピン接続，および図1·4がその内部構成です。ピンは14×14 mm の本体四方に25本ずつ出ていて，合計100本となっています。これだけのピン数を持っていても，内蔵する機能が非常に多いため，電源，クロック発振，リセットなど一部を除き，1本のピンを2～4種類の用途に使い分ける兼用ピンとなっています。

第1章 組込型（ワンチップ）マイコンとは？

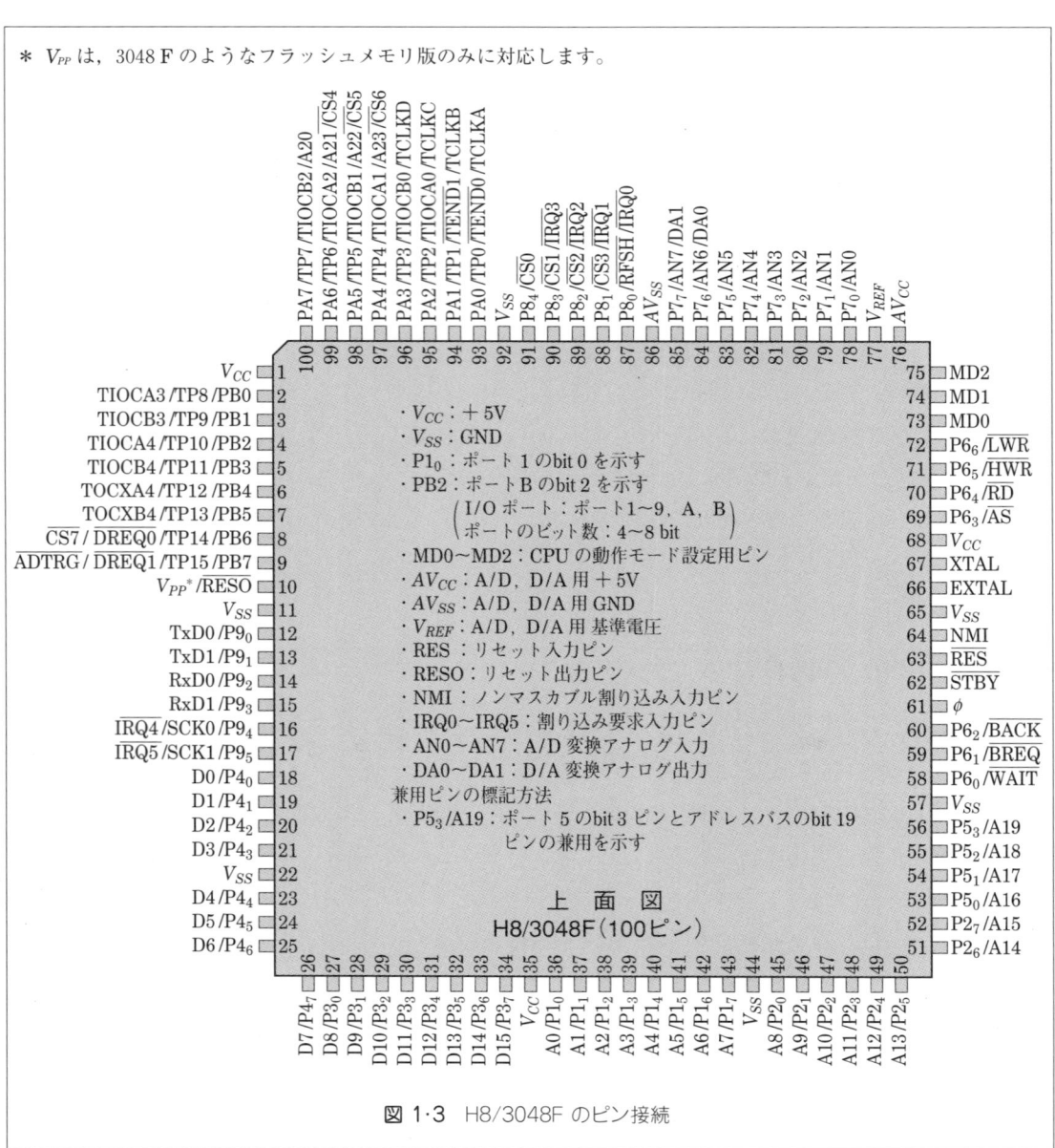

図 1・3　H8/3048F のピン接続

1.2 H8/3048Fマイコンチップ

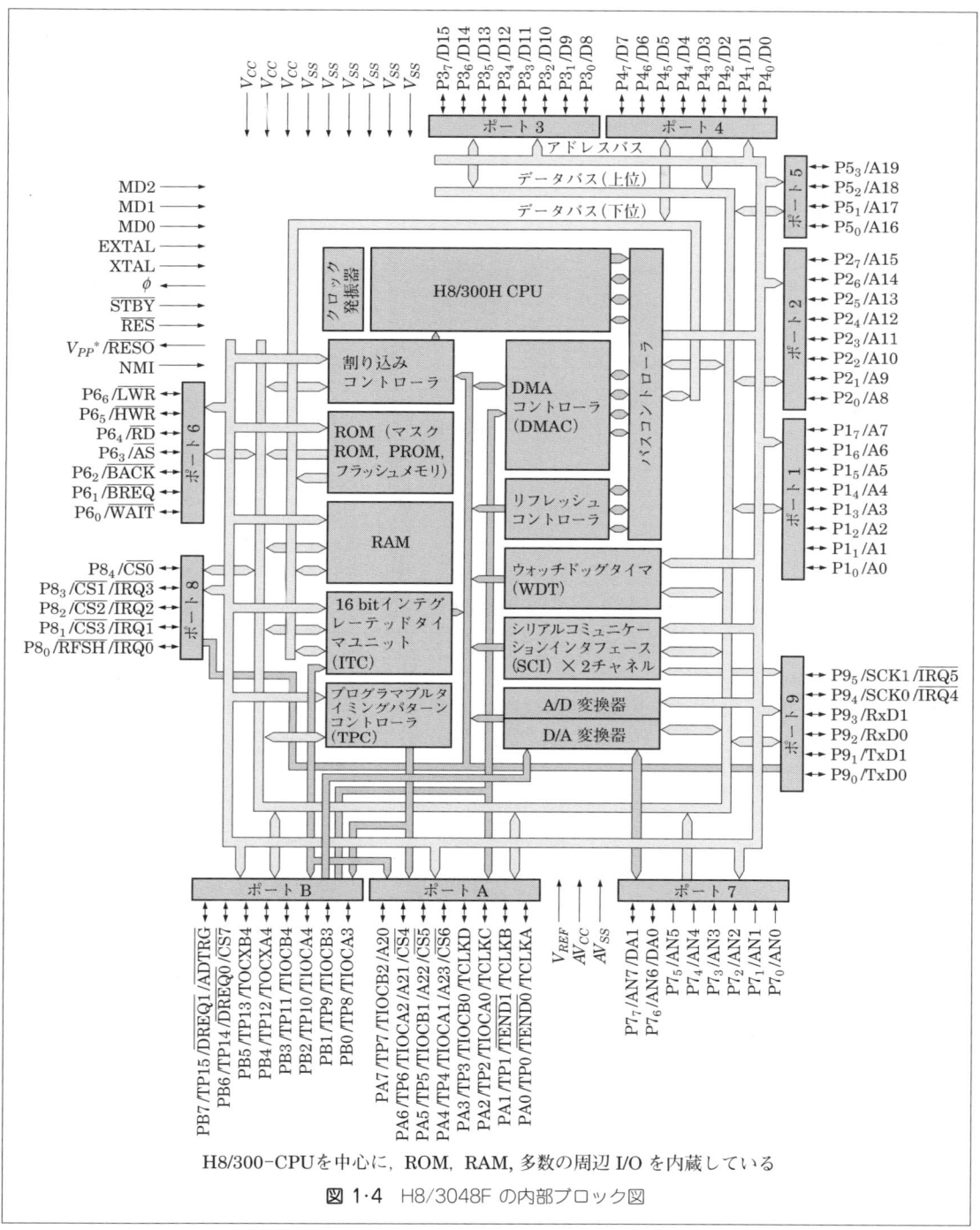

H8/300-CPUを中心に，ROM，RAM，多数の周辺I/Oを内蔵している

図1・4 H8/3048Fの内部ブロック図

第1章 組込型(ワンチップ)マイコンとは？

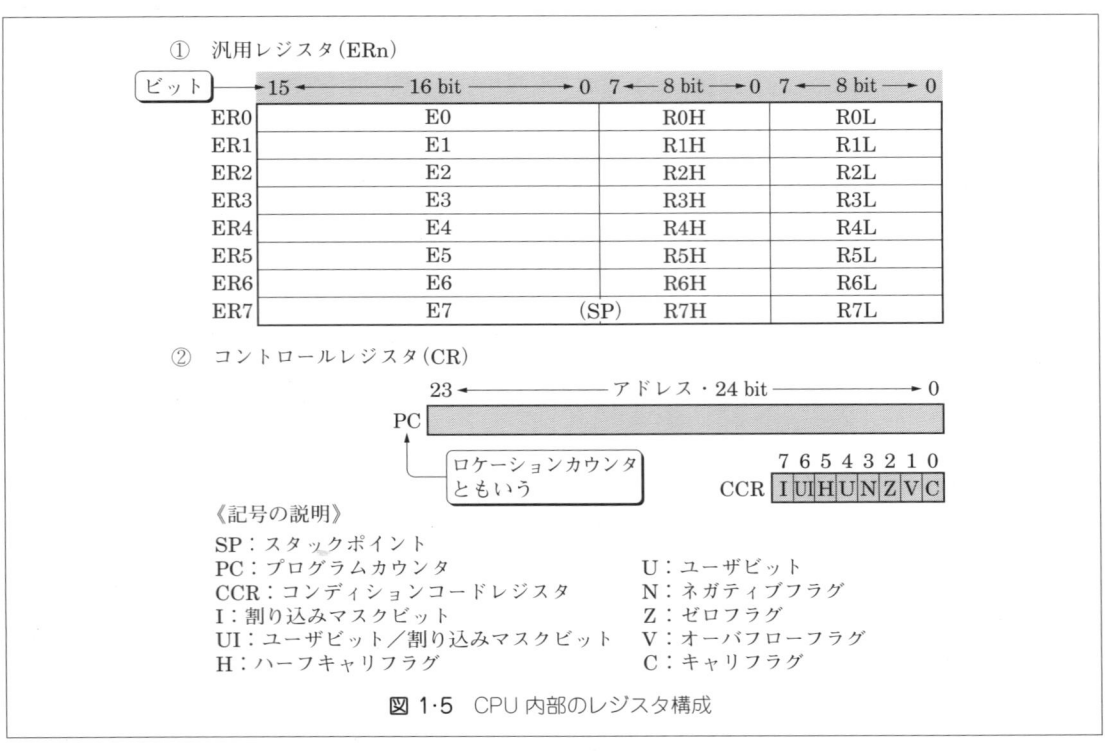

図1・5 CPU内部のレジスタ構成

　コアのCPU内部には，図1・5に示すようにER0～ER7，計8本の32 bitレジスタを持ち，それぞれが16 bitのEレジスタおよび16 bitのRレジスタとしても使えます。さらにRレジスタは，上位8 bit(RH)，下位8 bit(RL)に分けて別々に使うことも可能です。ただし，ER7レジスタはスタックポインタSP(働きについてはp.37で説明します)として使われるので，普通は汎用レジスタとしては使いません。

　なお図中，CCR(コンディションコードレジスタ)の各ビットに関する記号の説明が並んでいますが，これらについては必要が生じたとき，その都度説明することにします。

●2● 動作モードとメモリマップ

　ピン接続図を見ると，その中にCPUの動作モードを決めるMD0～MD2ピンがあります。この3本のピンの「1」と「0」の組み合わせで，CPUをモード1～7まで7通りのモードに設定することができます。今回の実験

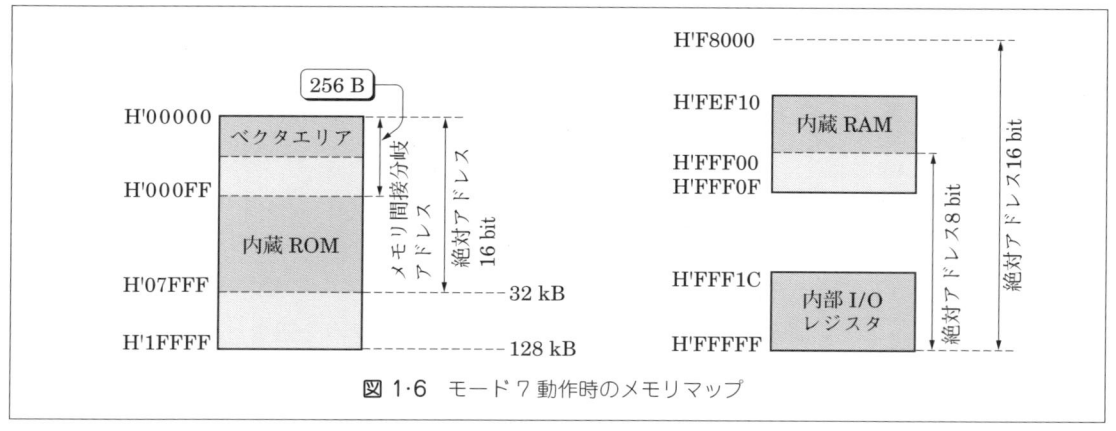

図 1・6　モード 7 動作時のメモリマップ

では，この 3 本とも「1」(オープンのまま)に設定したモード 7 (シングルチップ・アドバンスト・モード)で使用します。

　この"CPU モード"による相違点は，外部メモリを接続してアドレス空間を拡張するかどうか，内蔵 RAM および内蔵 ROM をそれぞれ有効とするか，無効とするか，あるいはデータバス幅を 8 bit にするか 16 bit にするか，などの選択によるものです。

　図 1・6 は，H 8/300 H-CPU をモード 7 に設定したときのメモリマップを示します。内蔵フラッシュ ROM が H'00000～H'1 FFFF 番地までの 128 kB，内蔵 RAM は H'FEF 10～H'FFF 0 F 番地まで 4 kB，そして CPU や内蔵インタフェースの動作条件を設定するための制御コードを書き込むコントロールレジスタ群が H'FFF 1 C～H'FFFFFF 番地に，それぞれ配置されています。

● 3 ● RAM とフラッシュ ROM

　一般のパソコンでは，電源を ON にしたあと，Windows (ウィンドウズ)などの OS (オペレーティングシステム)をハードディスクから主メモリ (RAM) に読み込み，その OS の働きでワープロや表計算などのアプリケーションプログラムを動作させます。したがって起動時，最初に OS を読み込むのに必要な最低限のプログラムだけが，BIOS (小容量の ROM) としてパソコン内部に組み込まれています。

　しかし組込型マイコンでは，電源を ON にしたらすぐプログラム本体

メモリマップ
　ＣＰＵからアクセス可能なメモリ領域全体(メモリ空間といいます)に通し番地をつけ，××番地から○○番地まではＲＡＭ領域，その隣の△△番地まではＲＯＭ領域…というように，ＲＡＭ，ＲＯＭ，レジスタ，Ｉ／Ｏなどに番地が割り振られている状況を，地図のように書き表した略図をメモリマップといいます。

ＯＳ
　Operating System のことです。キー入力，ディスプレイ，メモリの読み書きなど，マイコンがいろいろな応用プログラムに共通する操作を行うことができるように作られた基本ソフトのことをいいます。ＭＳ-ＤＯＳ，Windows，Mac ＯＳ9などは，すべてＯＳです。

BIOS
Basic Input Output Systemの略称です。通常，マイコンには起動時に直ちに動作を開始するプログラムは書き込まれていません。最初に読み込むのはOSですが，それを読み込むため必要最小限のソフト（I/OやHDDのコントロールなど）がBIOSとしてROMの形でパソコンに内蔵されています。

UVEP-ROM, EEP-ROM
前者は，紫外線照射でメモリ内容を消去し，再書き込みのできるROM（Ultra Violet ray Erasable and Programmable ROM）であり，後者は，電気的にメモリ内容を消去し，再書き込みのできるROM（Electrically Erasable and Programmable ROM）です。

PIO, SIO
前者は，並列入出力インタフェース（Parallel Input Output）であり，後者は，直列入出力インタフェース（Serial Input Output）です。

が動作を開始するように作っておかなければなりません。そこで，電源を切ってもメモリ内容が消失しないROMにプログラムを書き込んで保存しておきます。前記のように，H8/300Hをモード7に設定した場合，内蔵のフラッシュROMが128kBあるので，そこにROMライタ（書き込み器）でプログラムを書き込みます。

一方RAMは，外部から読み込んだデータや演算の途中経過で必要なデータ，つまり変化するデータの格納場所として使います。RAMとROMはそれぞれ役目が違いますから，プログラムを組むときこの両者の領域を混同しないよう注意が必要です。

なおROMには，ちょうど鋳型で鋳物を作るように，最初から固定したメモリ内容を書き込んだ形で製造してしまうマスクROM（内容の変更不可），メモリ素子に紫外線を照射して書き込まれた内容を消去し，再書き込みのできるUVEP-ROM，そして電気的にメモリ内容の消去・再書き込みが可能なEEP-ROMなどがあります。フラッシュROMはEEP-ROMの一種ですが，メモリ内容をメモリブロック単位でまとめて消去するように作られている点が異なります。

1.3 H8マイコン内蔵周辺回路の働き

図1・4からわかるように，H8/3048Fには多くの周辺回路が内蔵されています。以下，それらの機能について概要を説明しましょう。

●1● I/O（入／出力）ポート

並列データの入／出力ポートです。一般に，直列データ／並列データどちらを扱う場合でも入／出力インタフェースをI/Oと呼ぶことが多いのですが，並列データを扱うインタフェースを特にPIO（parallel input output）と分けて呼ぶ言い方もあります。ここではH8/3048Fのマニュアルで使われているとおりの名称としました。

H8/3048F内蔵のI/Oは，図1・7の中の表に示すように，8bit1グループのポートが7ポート，1ポート当り7bit，6bit，5bit，および4bitのポートがそれぞれ1ポート，計11ポートを持っています。このうちポート7だけが入力専用で，他は全部入／出力兼用となっています。ただし，

1.3 H8マイコン内臓周辺回路の働き

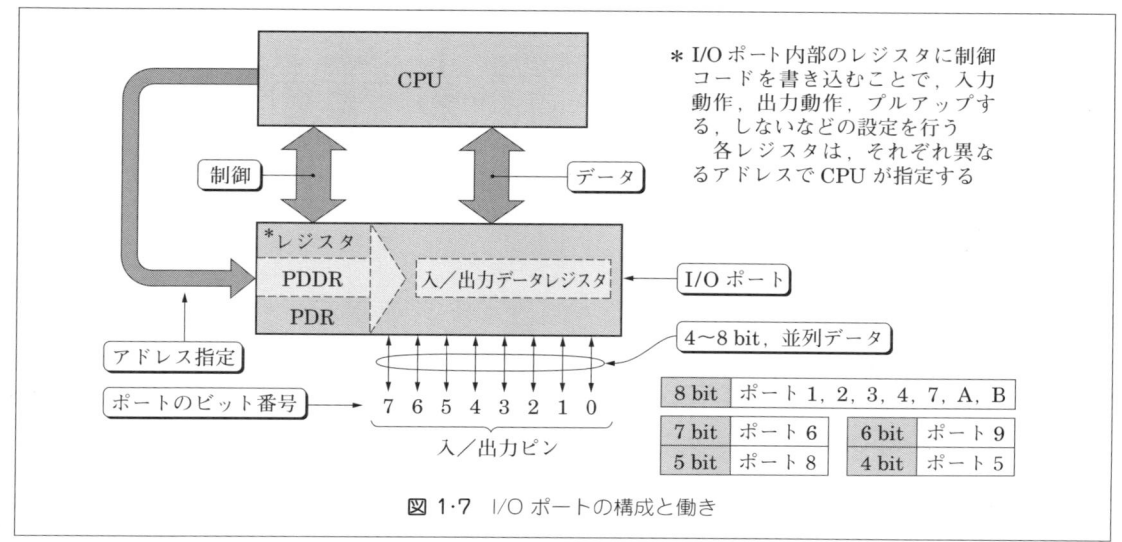

図1・7 I/Oポートの構成と働き

ピンを共用している他の目的に使用する場合は，入／出力ポートとしては使えません。

　これらのポートを入力用，または出力用に設定するには，それぞれのポートのコントロールレジスタに制御コードを書き込みます。

　たとえばポート2の場合なら，P2DDRレジスタ（ポート2データ・ディレクション・レジスタ：8bit）の各ビットに「1」を書き込めば出力用，「0」なら入力用に設定されます。そして入力動作時にP2DRレジスタ（ポート2データ・レジスタ：8bit）の内容を読み込むと，ポート2入力端子各ビットの「1」または「0」を知ることができます。反対に出力動作時は，P2DRにデータを書き込むと，それがポート2からの出力データとなります。また，いくつかのポートでは，ポート端子を内蔵MOS-FETでプルアップすることが可能です。

●2● ITU（インテグレーテッド・タイマ・ユニット）

　図1・8に示すように，かなり複雑な機能を持つタイマユニットです。チップ内にCH0～CH4の5チャネルを持ち，各チャネルはそれぞれ単独でまたは互いに関連させて動作させることができます。

　正確には，チャネルによって少し様子が異なりますが，それぞれのITU

プルアップ／プルダウン
　入力端子または出力端子を，その論理レベルを確実に「1」または「0」に保持するため，抵抗器やFETを介して電源＋側（プルアップ），またはアース電位（プルダウン）に接続することです。

第1章 組込型(ワンチップ)マイコンとは？

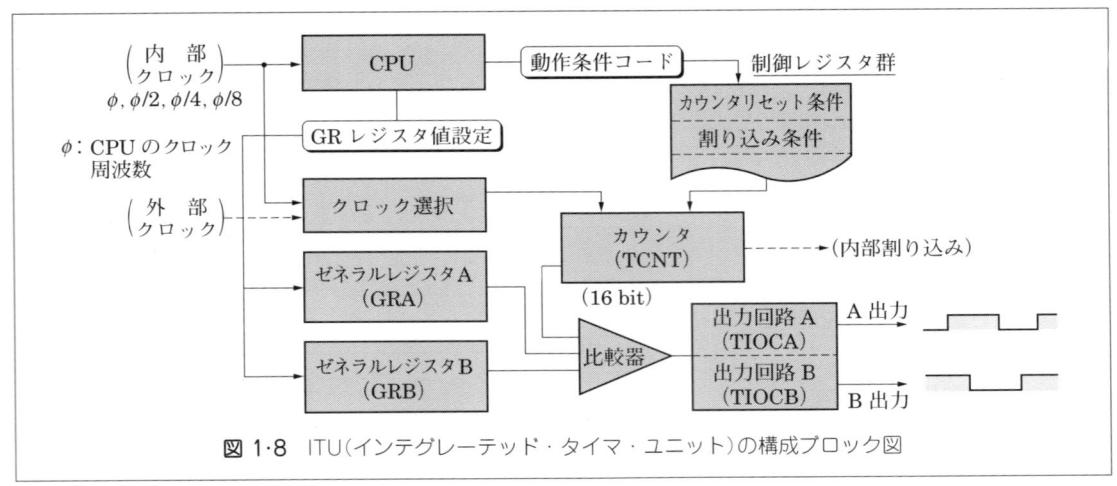

図1・8 ITU(インテグレーテッド・タイマ・ユニット)の構成ブロック図

はカウンタ(TCNT)を中心に2個のレジスタGRA，GRB，および2本の出力ピンTIOCA，TIOCBを持っています．そして動作条件の設定は，各チャネル共通に，またはチャネルごとに設けられたコントロールレジスタ群に制御コードを書き込むことで行います．

ITUの基本的な働きは，ゼネラルレジスタGRAおよびGRBにデータを書き込み，カウンタTCNTをスタートさせると，そのカウント値とレジスタに書き込んだデータが一致(コンペアマッチ)したとき，TIOCA，TIOCBからの出力が反転したり，カウンタがクリアされたり，あるいは割り込みが発生するというものです．

このITUの動作モードには，基本動作，同期動作，PWMモード，リセット同期PWMモード，相補PWMモード，位相計数モード，バッファ動作など多数あり，ちょっとマニュアルを読んだくらいでは何がなんだかわからないほどです．ここでは図1・9を例に，基本動作のうちトグル出力について説明しましょう．

図では，比較値A，BがそれぞれGRA，GRBに書き込まれ，コントロールレジスタ群に対し以下のような設定がなされているものとします．

◆ **TCNT** のカウント値と比較値 **B** が一致したとき：カウンタの内容がクリア(リセット)される．

◆ **TCNT** のカウント値と比較値 **A，B** が一致したとき：A出力(TIOCA)およびB出力(TIOCB)の状態がそれぞれ反転される(トグル動作に設定

クリア，セット，リセット

論理レベル「1」の状態を「0」に反転する操作をクリアするといいます．反対に「0」の状態を「1」にする操作がセットです．また，回路の状態を初期設定の状態に戻すことをリセットといいます．ただし，ある一つのビットに対してリセットするといった場合は，クリアと同じ意味です．

PWM

パルス幅変調(Pulse Width Modulation)のことです．

1.3 H8マイコン内蔵周辺回路の働き

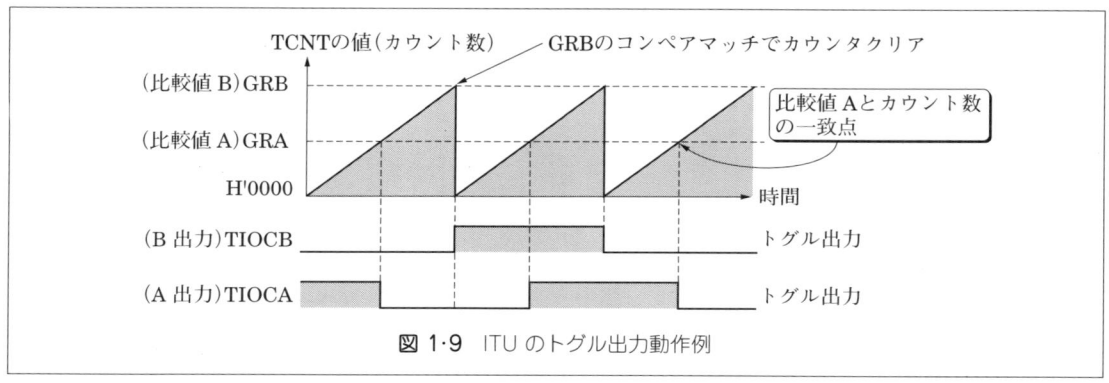

図1·9 ITUのトグル出力動作例

されている)。

いま TCNT がカウント動作を開始し，そのカウント値が H'0000 から次第に増加，比較値 A に一致すると，A 出力の状態が反転します。さらにカウント値が増加し比較値 B に一致すると，こんどは B 出力が反転すると同時に TCNT の内容がクリアされます。クリア後は再び H'0000 から TCNT のカウントが開始され，以下同じ動作が繰り返されるので，A 出力，B 出力からは，クロック周波数と比較値 B で定まる周期を持ち，比較値 A,B の比率で定まる位相差を持った 2 本の方形波が出力されます。

●3● TPC（プログラマブル・タイミング・パターン・コントローラ）

ITU と組み合わせて使う周辺回路です。これもなかなか理解しにくい機能のコントローラですが，一口に言えば，あらかじめ ITU に設定した一定の時間間隔ごとに，4〜16 bit の出力端子 PT から「1」と「0」の組み合わせが時系列的に出力され，複数のパルス列が同時に得られる，というものです。これは図 1·10 で説明しましょう。図は，TPC を A グループ 8 bit 出力（グループ 0〜1）として使ったときの例です。

いま図で，波形データ H'87，H'C 3，H'69，H'3 C，H'1 E がメモリに順番に書き込まれているとしましょう。これは CPU と ITU の働きで書き込み順に読み出されますが，最初のデータ H'87 はポート・データ・レジスタ PADR に，次のデータ H'C 3 はネクスト・データ・レジスタ NDRA にあらかじめ書き込んでおきます（これはマニュアルに指定された手順です）。PADR はパルス出力端子に直結しているので，最初の波形出力は

第1章 組込型(ワンチップ)マイコンとは?

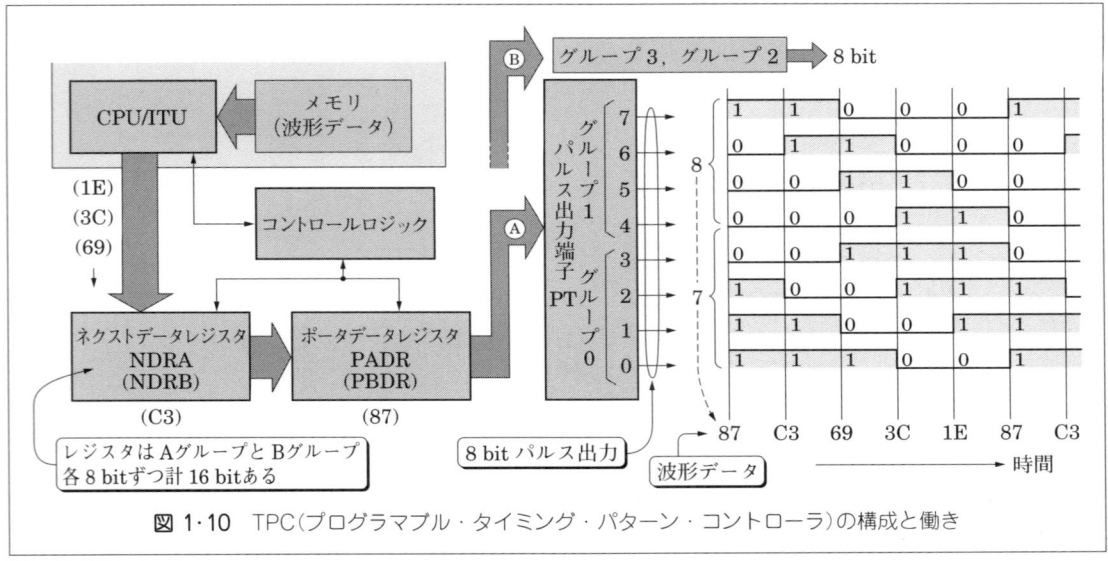

図1・10 TPC(プログラマブル・タイミング・パターン・コントローラ)の構成と働き

H'87,つまりパルス出力端子の状態は,最上位ビットから順に10000111となります。

あらかじめITUに設定した一定時間が経過すると,ITUの働きでネクスト・データ・レジスタNDRAの内容H'C3がポート・データ・レジスタPADRに転送されます。このとき同時に次のデータH'69がメモリからNDRAに補充されるようにプログラムを書いておきます。すると,パルス出力端子は11000011に変化します。これを繰り返して,一定時間が経過するごとに波形データが次々に押し出され,5個のデータが循環してパルス出力端子から出力されます。この結果,パルス出力端子の各ビットからは,図のような位相関係を持った8本のパルスが出力されるのです。

このように,出力パルスの周期をコントロールするため,ITUはTPCと組み合わせて使われます。したがって,ITUの「クロック周波数」,「GRA/GRBの設定値」などによって出力パルスの周期が決まり,出力パルス相互の位相関係は,メモリに書き込まれた波形データによって決まることになります。

なお,図に一部を示すように,TPCにはAとBの2組があり,それぞれ8bitを持っているので,最大16bitの波形出力が得られます。各組を4bitずつ(グループ0~3)に分けて使うことも可能です。

● 4 ● DMAC（ダイレクト・メモリ・アクセス・コントローラ）

　一般に DMA と呼ばれているものとほぼ同じ機能のコントローラです。図 1·11 に示すようにメモリ，レジスタなどの相互間で CPU を介さず直接データ転送を行います。動作モードには，ショート アドレス モードとフル アドレス モードがあり，どちらかを選択します。

- ショート アドレス モード：このモードでは，転送先／転送元，どちらか一方のアドレスを 24 bit で，他方を 8 bit で指定し，最大 4 チャネルまでの転送が可能です。ITU，SCI，あるいは外部などからの割り込みで起動し，1 回につき 1 B（バイト）または 1 W（ワード）（2 B）ずつを指定回数だけ転送する I/O モード，および指定回数を 1 周期としてそれを何回でも繰り返すリピートモードなどの使い方ができます。
- フル アドレス モード：転送先／転送元のアドレスをどちらも 24 bit で指定し，最大 2 チャネルまでが可能です。ノーマルモード，ブロック転送モードなどの使い方があります。

　どちらのモードの場合も，動作条件，転送先／転送元アドレスの設定などは，コントロールレジスタ群に制御コードを書き込むことで行います。動作条件やモードの種類が多いので，コントロールレジスタによる設定は

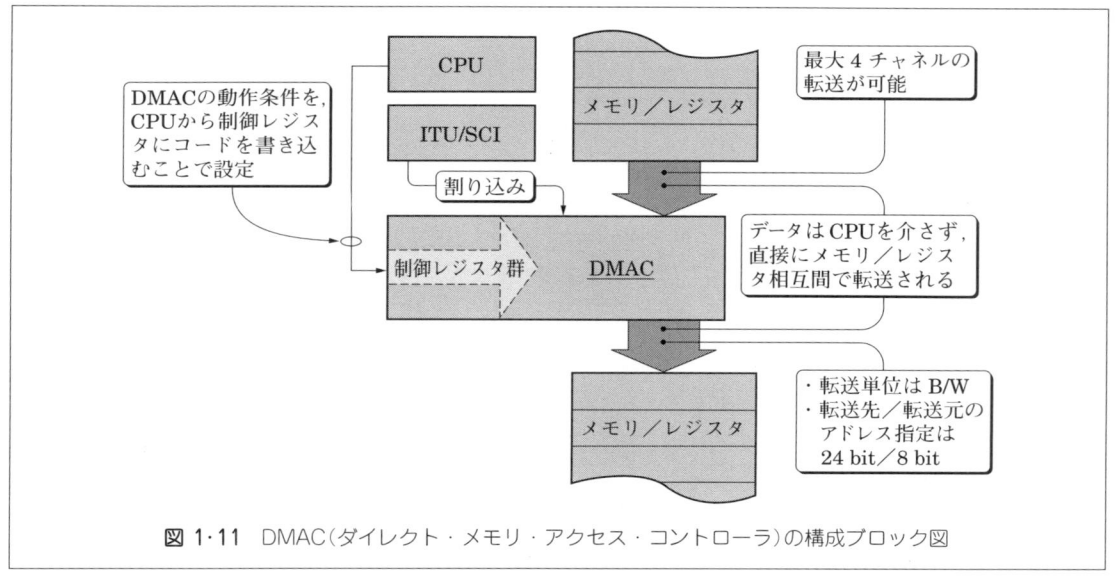

図 1·11　DMAC（ダイレクト・メモリ・アクセス・コントローラ）の構成ブロック図

第1章 組込型(ワンチップ)マイコンとは？

I/Oポートなどに比べるとかなり複雑です．具体的な設定方法は第10章のDMAC実験プログラムのところで説明します．

● 5 ● SCI（シリアル・コミュニケーション・インタフェース）

H8/3048Fはシリアルインタフェース SCI を2回路内蔵しています．これも，並列データを扱う I/O のことを PIO と呼ぶように，直列データを扱うことから SIO（serial input output）とも呼ばれます．

SCIの1回路分の内部構成が図1・12です．調歩同期式モード，クロック同期式モードのどちらにも対応していて，それらの設定はSCR（シリアル・コントロール・レジスタ），SMR（シリアル・モード・レジスタ）などに制御コードを書き込むことで行います．転送速度を決めるボーレートはBRR（ボーレート・レジスタ）で設定します．

◆ 調歩同期式モード：

・データ長………………7 bit／8 bit
・ストップビット長……1 bit／2 bit
・パリティ………………偶数パリティ／奇数パリティ／パリティなし
・その他…………………マルチプロセッサ機能／受信エラー検出／ブレーク検出

> **ビットレート／ボーレート**
> 1秒間に送信できるビット数がビットレートです．ボーレートは，もともと電信回線で伝送速度を表す単位として，モールス符号の毎秒ドット数の2倍を意味していましたが，現在はビットレートと同じ意味で使われることも多いようです．

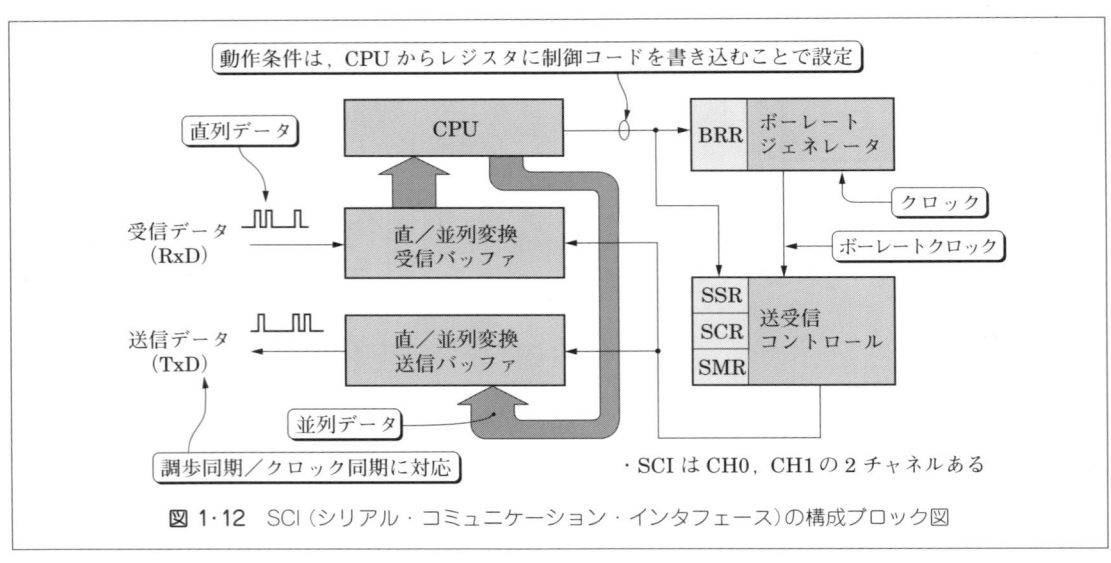

図1・12 SCI（シリアル・コミュニケーション・インタフェース）の構成ブロック図

1.3 H8マイコン内蔵周辺回路の働き

◆ クロック同期式モード(データフォーマットは1種類のみ):
  ・データ長……………8 bit
  ・受信エラー検出………オーバーランエラーを検出

以上の他,独立した送信部と受信部を備えているので全二重通信(同時送受信)が可能,内蔵ボーレートジェネレータで任意のビットレートの選択が可能,などの特徴を持っています。

●6● D/Aコンバータ

図1·13に示すような8 bit D/Aコンバータを2回路(CH 0/CH 1)内蔵しています。被変換ディジタルデータがCPU経由でDADR(D/Aデータレジスタ)に送り込まれると,それは直ちにD/A変換され,アナログ電圧

基準電圧(Reference Voltage)
　D/A変換やA/D変換のとき,アナログ電圧の基準値として用いられる直流電圧です。一般的にはディジタルデータのフルスケールがこの基準電圧に相当するものとしてディジタル値と比較/変換されます。たとえば8 bitのディジタルデータの場合なら,2進数の8 bit「11111111」に1 bit加算した「100000000」が基準電圧に対応します。

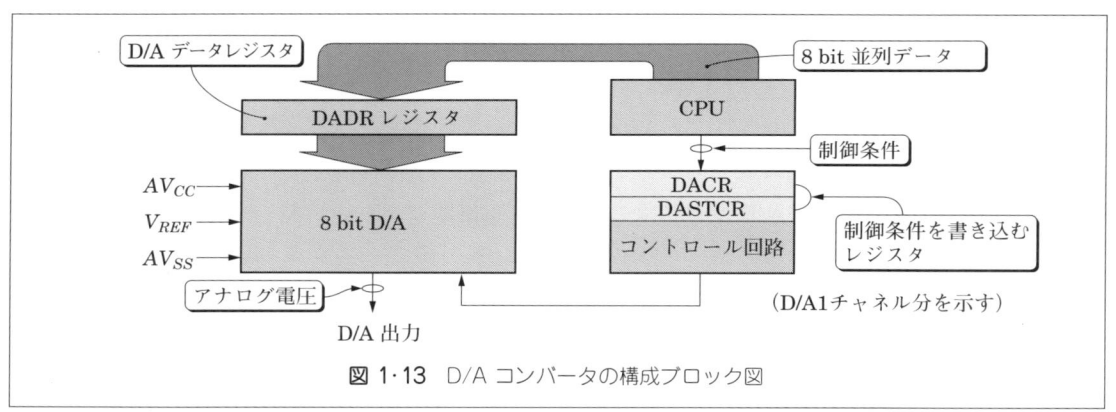

図1·13 D/Aコンバータの構成ブロック図

表1·1 D/Aコンバータの電気的特性

条件A ： $V_{CC}=2.7\sim5.5$ V, $AV_{CC}=2.7\sim5.5$ V, $V_{REF}=2.7$ V$\sim AV_{CC}$, $V_{SS}=AV_{SS}=0$ V, $\phi=1\sim8$ MHz
条件C ： $V_{CC}=5.0$ V$\pm10\%$, $AV_{CC}=5.0$ V$\pm10\%$, $V_{REF}=4.5$ V$\sim AV_{CC}$, $V_{SS}=AV_{SS}=0$ V, $\phi=1\sim16$ MHz
共通：$T_a=-20\sim+75$℃(通常仕様品),$T_a=-40\sim+85$℃(広温度範囲仕様品)

項 目	条件A 8 MHz			条件C 16 MHz			単 位	測定条件
	最小	平均	最大	最小	平均	最大		
分解能	8	8	8	8	8	8	bit	
変換時間	−	−	10	−	−	10	μs	負荷容量 20 pF
絶対精度	−	±2.0	±3.0	−	±1.0	±1.5	LSB	負荷抵抗 2 MΩ
	−	−	±2.0	−	−	±1.0	LSB	負荷抵抗 4 MΩ

DA0/DA1として出力されます.ただし,どのチャネルの変換動作をイネーブルとするかは,DACR(D/Aコントロールレジスタ)に制御コードを書き込んで設定する必要があります.変換に要する時間は10μs以下です.これは**表1・1**の電気的特性を参照してください.

D/Aの一般的な使い方としては,基準電圧V_{REF}を特別に用意せず,電源電圧V_{CC}をそのまま利用しますが,この場合,ディジタルのフルスケールH'FF+1bitがV_{CC}の5Vに対応します.

●7● A/Dコンバータ

図1・14が内蔵A/Dコンバータのブロック回路図です.変換回路本体は1回路のみですが,サンプル&ホールド回路に入力される前段でアナログ的にマルチプレクス化され,8チャネルを使うことができます.逐次比較型A/D変換方式で,分解能は10bitが得られます.その他の電気的特性については**表1・2**を参照してください.所要変換時間は,16MHzクロックのときで8.4μs以下となっています.なお,基準電圧V_{REF}についてはD/A変換回路のときと同様です.

A/D変換結果のディジタル値は16bitレジスタADDR(A〜Dの4個あ

サンプル&ホールド回路
A/D変換回路は,被変換アナログ電圧を基準に変換作業を行います.したがって,変換動作中はアナログ入力電圧が変動しては困ります.そこで,変換開始直前のアナログ値をサンプリングして,その値を変換終了まで保持しておきます.そのための回路がサンプル&ホールド回路です.

マルチプレクス化
多重化のことです.

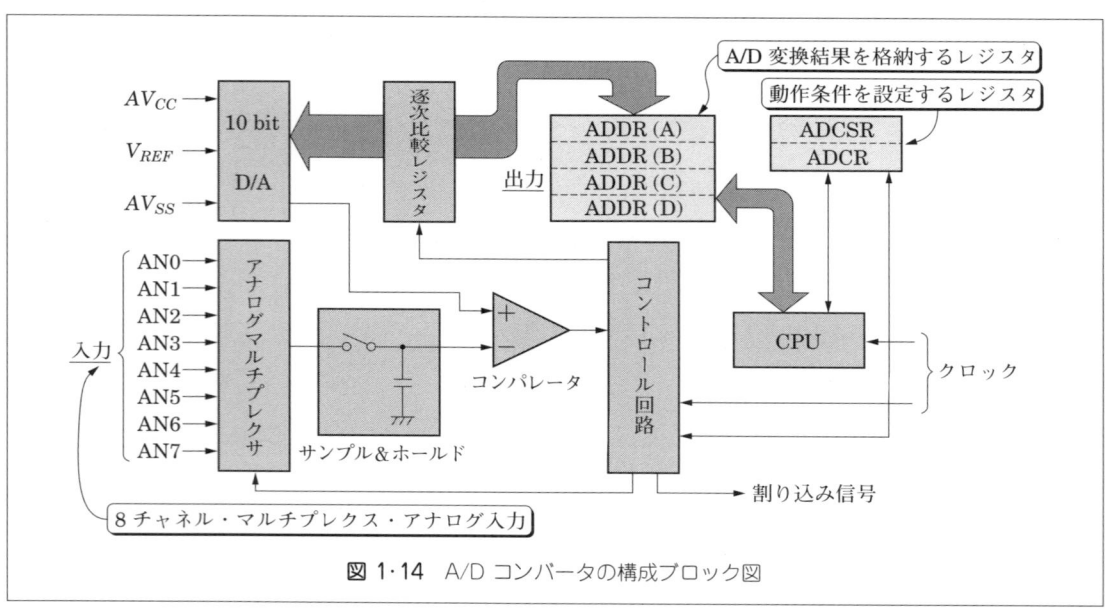

図1・14 A/Dコンバータの構成ブロック図

表1・2 A/Dコンバータの電気的特性

条件A：$V_{CC}=2.7\sim5.5\,\mathrm{V}$, $AV_{CC}=2.7\sim5.5\,\mathrm{V}$, $V_{REF}=2.7\,\mathrm{V}\sim AV_{CC}$, $V_{SS}=AV_{SS}=0\,\mathrm{V}$, $\phi=1\sim8\,\mathrm{MHz}$
条件C：$V_{CC}=5.0\,\mathrm{V}\pm10\%$, $AV_{CC}=5.0\,\mathrm{V}\pm10\%$, $V_{REF}=4.5\,\mathrm{V}\sim AV_{CC}$, $V_{SS}=AV_{SS}=0\,\mathrm{V}$, $\phi=1\sim16\,\mathrm{MHz}$
共通：$T_a=-20\sim+75$℃（通常仕様品），$T_a=-40\sim+85$℃（広温度範囲仕様品）

項 目	条件A 8MHz			条件C 16MHz			単 位
	最小	平均	最大	最小	平均	最大	
分解能	10	10	10	10	10	10	bit
変換時間	−	−	16.8	−	−	8.4	μs
アナログ入力容量	−	−	20	−	−	20	pF
許容信号源インピーダンス	−	−	10 [*1]	−	−	10 [*3]	kΩ
	−	−	5 [*2]	−	−	5 [*4]	
非直線性誤差	−	−	±6.0	−	−	±3.0	LSB
オフセット誤差	−	−	±4.0	−	−	±2.0	LSB
フルスケール誤差	−	−	±4.0	−	−	±2.0	LSB
量子化誤差	−	−	±0.5	−	−	±0.5	LSB
絶対精度	−	−	±8.0	−	−	±4.0	LSB

[*1] $4.0\leq AV_{CC}\leq5.5$の場合　　[*2] $2.7\leq AV_{CC}<4.0$の場合　　[*3] $\phi\leq12\,\mathrm{MHz}$の場合　　[*4] $\phi>12\,\mathrm{MHz}$の場合

る）に格納されますが，そのとき10bitの出力データはADDRの上位10bitに転送されるので，下位6bitは無関係となります．したがって変換ディジタル値を読み取る場合，うっかり下位10bitをそのまま取り込まないように注意が必要です．

マシン語とアセンブリ言語

―――――― 第2章

　本章では，CPUを動作させるために必要なプログラムについて述べます。プログラムとは何か，プログラムはどう作りどう保存するのか，プログラムとハードウェアの関係，プログラム作成に使われるツールなどが主なテーマです。

2.1 マシン語とは？

●1● ディジタルは「1」と「0」の世界

　ディジタル回路は，回路電圧がたとえば電源電圧の5Vに近い状態を「1」，アース(0V)に近い状態を「0」として，2値だけですべてを処理しようとする回路方式です。この「1」および「0」の状態を論理レベルと呼び，それぞれある程度の電圧変動幅が許されています。この許容変動幅より小さい雑音電圧や，回路自体の損失・誤差による変動などが発生しても，それぞれ「1」または「0」として確実に認識されるので，アナログ回路のような"歪み"や"ノイズ"は発生しません。したがって何回コピーを繰り返してもオリジナルと全く同じデータがエラーなく再現されるのです。このことが，こんにちのディジタル全盛を招いた最大の理由といえるでしょう。

　しかしこれを裏返せば，ディジタル回路は「1」と「0」以外は理解できないということです。ですから，もしCPUに何か仕事をやらせようとするのなら，そのやらせたい内容を「1」と「0」の集まりに変換してからCPUに与えなければなりません。この，CPUに対して与えられる「1」と「0」の集まりの形をした命令を"マシン語"または"機械語"と呼んでいます。

　図 **2・1** を見てください。いまのところ，CPUには人間のように複雑な

論理レベル
　ディジタル論理回路では，一般に電源電圧5Vが使用されます。このとき，たとえば，C-MOS・ICなら3.5～5Vが「1」，0～1.5Vが「0」として，また，TTL・ICでは2.4～5Vが「1」，0～1.5Vが「0」として取り扱われます。このように，論理レベルの電圧はICの種類によって一定値ではありません。

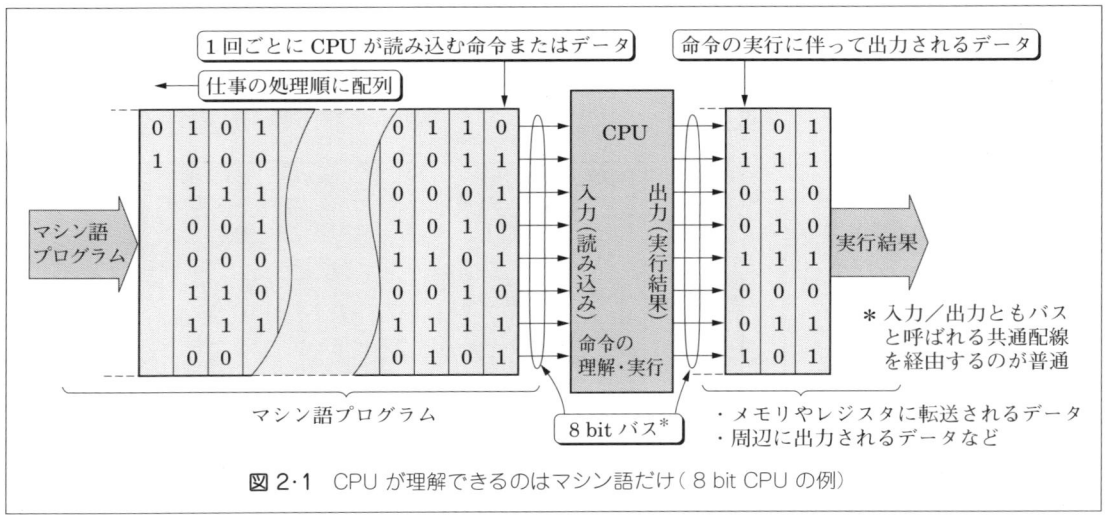

図 2・1　CPU が理解できるのはマシン語だけ（8 bit CPU の例）

動作を一度にこなす能力はありませんから，やらせたい作業の内容を CPU が実行できる単位作業に分解し，1動作について1命令ずつ，実行手順も人間が考えて，一連の命令の集まりを作り，それを「1」と「0」の集まりの形で順々に CPU に与えてやらなければなりません。それがマシン語プログラムです。図の例では，1回ごとの命令やデータの授受が 8 bit 単位で行われる，いわゆる 8 bit CPU の場合を示しています。

●2● マシン語とアセンブリ言語

では実際に，マシン語プログラムを図 **2・2** の一番左の列のように "10110100" "00101011" "00101100" ‥と書いてみましょう。CPU にはこれで理解できるのでしょうが，書いている人間の身になれば「1」と「0」ばかりで読みにくい，間違えやすい，単調ですぐ飽きる‥と，いいところはありません。そこでこのマシン語を図の左から2行目のように 16 進数で書いてみました。いくらかは改善されるものの基本的には同じです。

そこで考えられたのが左から3行目のアセンブリ言語です。たとえば英語の "move E 0 to R 0" を記号化して "MOV E 0, R 0" と書いたらどうでしょうか。このように英語に近い記号で覚えやすく作った記号化命令を "ニモニック" といいます。

ただし，このニモニックで書いたプログラムはマシン語そのものではあ

ニモニック／アセンブル
　ニモニックとは，記憶を助ける…というような意味の英語です。Move を「mov」，Bit Test を「btst」などと書けば覚えやすいので，アセンブリ言語ではニモニックが使われます。また，アセンブルとは，組み立てる…という意味で，これはアセンブラプログラムを記述する作業が組立に似ていることから，このように呼ばれています。

第2章 マシン語とアセンブリ言語

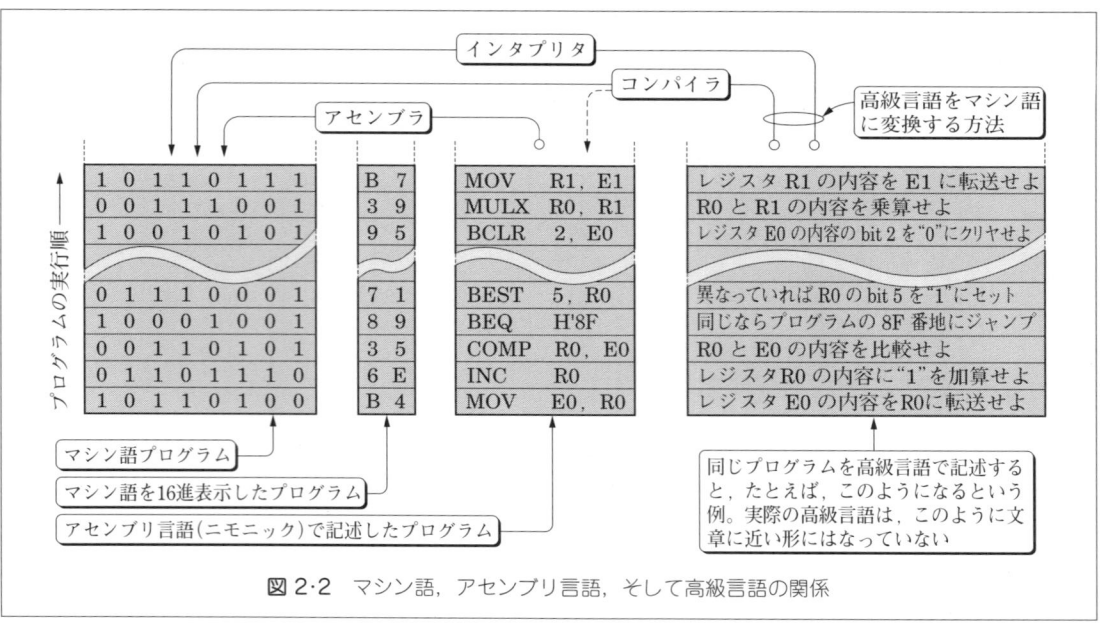

図2・2 マシン語，アセンブリ言語，そして高級言語の関係

りませんから，マシン語に変換しなければなりません。そのための変換用ソフトがアセンブラです。もちろんこのアセンブラプログラムも，最初はスイッチのON/OFFで「1」と「0」のマシン語を作り，1命令ずつメモリに書き込んで作りました。まるで鶏と卵ですが，一度アセンブラができあがってしまえば，それを元に改良発展させることは容易です。こうしてアセンブラの時代が築かれました。

2.2 マシン語と高級言語

●1● マシン語から高級言語へ

人間の欲望には際限がありません。アセンブラよりもっと便利で，もっと能率良くプログラムが開発できるソフトはないか‥と考えられたのが高級言語です。

図2・2の一番右の列を見てください。ここでは作業の手順，つまりプログラムが日常の言葉で書かれています。考えてみれば，私たちが人に仕事

2.3 マシン語への変換，コンパイラとインタプリタ

を頼むとき，話し言葉で頼んでいるわけで，これが一番よい方法です。しかし，いまのところCPUが理解できる命令の種類には限度があり，話し言葉をマシン語に変換する技術のほうもかなりむずかしいので，これら両方の理由から，ある程度文法的な制約の強い(使いにくい)いわゆる"高級言語"が使われているのが現状です。

●2● 高級言語の種類

こうして開発された高級言語ですが，実際は図2・2に示すような話し言葉プログラムのレベルには達していません。現在実用されている高級言語は，その記述方法に制約がかなり多く，日常の話し言葉でそのままプログラムが書けるようになるのは，まだまだ遠い先の夢のようです。というよりむしろ，現状は高級言語の使い方がより複雑化しているようにも見受けられます。

アセンブラが開発されたあと，パソコンにおまけで付いてきたりしておなじみの初期高級言語がBASICです。これはインタプリタ形式(次節で説明します)の言語で，これと前後して，FORTRAN，COBOLなどと呼ばれる高級言語が続々と開発されました。そのあとC言語，C++，Visual Basic，Visual C‥と，いろいろな言語が発表されましたが，いまのところ，アセンブラに近いといわれるC言語系が多く使われているようです。

2.3 マシン語への変換，コンパイラとインタプリタ

アセンブラを使って，アセンブリ言語で書かれたプログラムをマシン語に変換する手順は第3章で実習します。ここでは高級言語をマシン語に変換する一般的な手順について簡単に説明することにしましょう。

●1● 高級言語をコンパイラでマシン語に

高級言語で書かれたプログラムをマシン語に変換するには，一般的にコンパイラ(編集者の意味：翻訳ソフトのこと)が使われます。これは，図**2・3**を見てください。

図はすべての高級言語にそのまま当てはまるとは限りませんが，概念的な説明と考えてください。コンパイラを使って高級言語をマシン語に翻訳

第2章 マシン語とアセンブリ言語

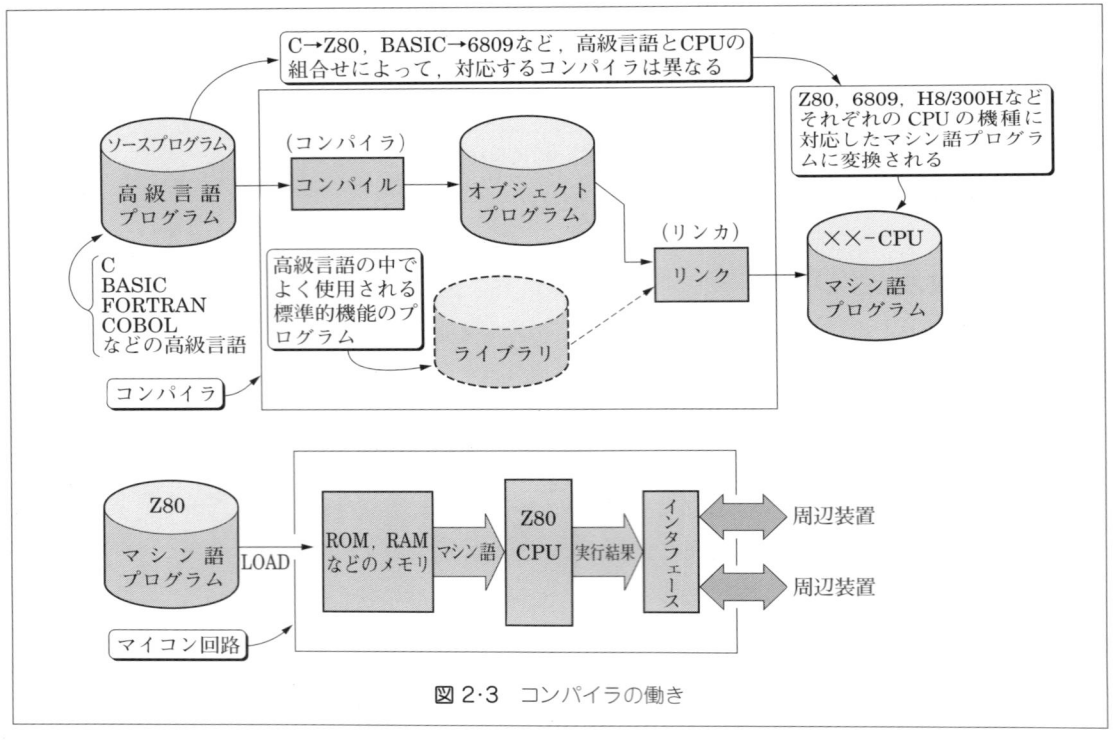

図2·3 コンパイラの働き

するとき，翻訳の対象となる元の高級言語プログラムのことをソースプログラム，そして翻訳した結果のプログラムをオブジェクトプログラムと呼びます。このオブジェクトはそのままマシン語として使える場合もありますが，一般的には，他のオブジェクトやライブラリ(高級言語が備える標準的な機能のプログラム)とリンカで結合して最終的なマシン語プログラムが完成します。

ここで注目すべきは，「ソースが記述されている高級言語」と「CPUの機種に対応するマシン語」の組み合わせによって，それぞれ異なるコンパイラを使わなければならないという点です。逆に言えば，同じソースから，異なるコンパイラを使って異なる機種のCPUに対応する複数のマシン語を作ることができるということです。

こうして作られたマシン語プログラムは，そのままコンピュータのメモリに書き込まれることもあり，あるいはハードディスク，フロッピーディスク，ROMなどに書き込んで保存されることもあります。

●2● インタプリタの働き

　高級言語をマシン語に変換するには，もう一つ別な方法があります。それが図 2·4 に示すインタプリタです。これは BASIC が典型的な例でしょう。高級言語で書かれたプログラムは，そのままコンピュータのメモリに読み込まれます。そして CPU がプログラムを実行するとき，メモリの内容である高級言語をインタプリタがマシン語に一語一語翻訳して CPU に実行させるのです。この動作は，コンパイラがソースプログラム全部をまとめてマシン語に変換してしまうのとは対照的です。

　このインタプリタ方式は，ユーザがソースプログラムをマシン語に変換する作業をしなくてもよいので簡便ですが，翻訳と命令実行が併行して行われることから実行速度が遅い欠点があります。しかし反面，プログラムに誤りがあればその時点で実行が停止しますから，初心者にとってはバグの発見に有利です。現在は，BASIC 用のコンパイラも開発され，インタプリタ方式はほとんど見られませんが，古いパソコンには付属しているので，押入から引っぱり出して試してみるのも楽しいと思います。

バグ
　小さな虫のことを英語でバグといいますが，パソコンの世界ではプログラム中に存在する「誤り」部分のことです。

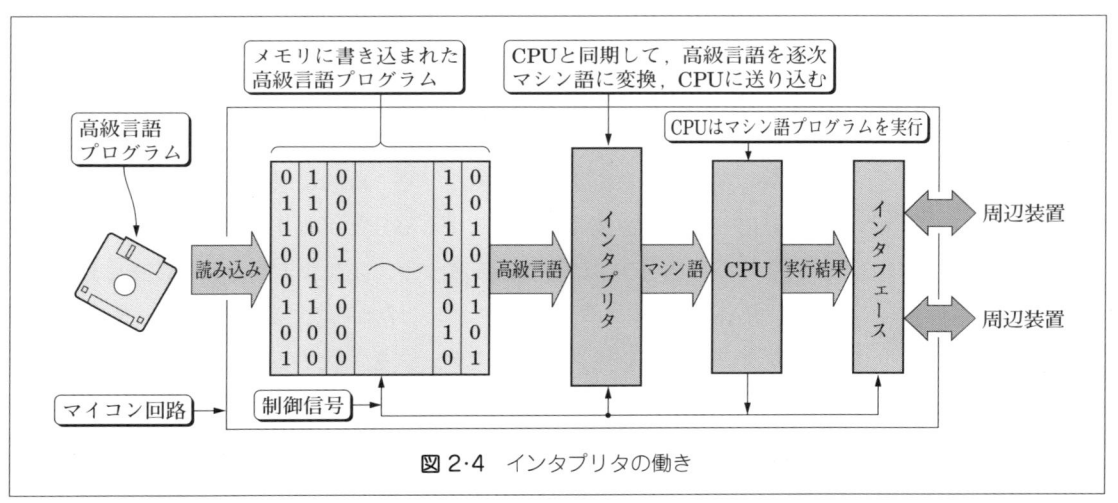

図 2·4　インタプリタの働き

2.4　プログラムの保存とマイコン回路への組み込み

●1● プログラムの保存方法

　できあがったマシン語プログラムは，最終的には使用するコンピュータのメモリに書き込まれるわけですが，その途中経過で一時的にフロッピディスク，CD-ROM，ハードディスクなどに書き込まれて保存されます。またROM外付け組込型マイコンの場合は，汎用ROMに書き込んで保存し，使用するときソケットに装着するという方法もあります。このとき書き込みに使われる道具が"ROMライタ"です。

　H 8/3048 FのようにROM内蔵型CPUの場合は，そのCPUチップに対する特別なROMライタを使います。前記ソケット装着型ROMの場合は，市販の汎用ROMライタでほとんど間に合いますが，ROM内蔵型ワンチップCPUでは，ピン接続，書き込み条件などが異なり，それぞれのCPUに対する専用ツールを使うことが多いようです。本書でも，H 8/3048 F用市販ツールを利用した書き込み方法をあとでご紹介します。

●2● ROMとRAMの役割分担

　いままで何度もお話ししてきたように，マシン語プログラムはコンピュータ内部のメモリに書き込んで実行されます。しかしよく考えてみると，プログラム中には変更されては困る部分（一連の命令語を書いた部分）と，命令の実行過程で変化する数値などを一時的に保存したり，外部から刻々と変化する条件を読み込んだりする部分とがあります。変化してはいけない部分は当然ROMに書き込みますが，変化する部分にROMは使えません。RAMやレジスタを使います。したがって"変化するデータ"も含めてプログラムを組む場合は，そのデータを保管するRAMの場所（番地）もプログラムの中で指定（確保）しておかなければなりません。つまり，プログラムを組むとき，ROMに書き込んでおく部分とRAMを使う部分とをきちんと区別する必要があるのです。

　以上で，マイコンとプログラム，ROMとRAM，CPUと周辺装置などについておよその概念が理解できたと思います。ではいよいよ，H 8/3048 Fを使った実験をしてみることにしましょう。

ツール

　道具や工具のことですが，パソコン用語として使うときは，たとえばファイルのフォーマットを変換するとか，開発したプログラムを試験的に走らせてバグを見つけるというように，特定用途の道具として使うソフトのこと，またはそれに伴い必要になるハードウェアなどをツールと呼んでいます。

スイッチ入力／LED 出力の実験

第 3 章

　手始めに，H 8/3048 F 内蔵の I/O ポート 2 組を使った実験をしてみます。一方のポートを，スイッチの ON/OFF による「1」，「0」データの入力用として，他方のポートは，その出力を LED の点滅用として使う，最も簡単な実験です。しかし，そのためには H 8/3048 F 搭載のマイコン回路が必要です。

　そこで本章では，市販キットを使ってボードマイコンを作ります。そしてプログラムを作成し，それを H 8/3048 F 内蔵のフラッシュ ROM に書き込む方法についても実習します。ここで作ったマイコンボードは，本書で行うすべての実験に共通して使えるようにしました。

3.1　実験ボードと ROM ライタ(マザーボード)の用意

● 1 ● 市販キットで CPU ボードとマザーボードを用意

　H 8/3048 F を使った安価で入手容易なキットを探しましたが，結局，アセンブラ，ROM ライタ，ライタ用ソフトなども含め，トータルでダントツに安い秋月電子のキットを使うことにしました。H 8/3048 F は日立製ですから一般ルートでも入手可能ですが，試作実験には秋月製キットの CPU ボードとマザーボードが手軽で最適だと思います(付録 p. 233 参照)。

　自作される方は，本書の回路図を参考に組み立てください。CPU のピンが 0.5 mm ピッチで半田付けがむずかしい点を除けば，ワイヤリングペンなどで配線して，なんとか自作も可能だと思います。

ワイヤリングペン
　細いエナメル線をリールに巻き，ペン先から引き出すようにして配線に使う，配線材料の一種です。絶縁皮膜を形成しているエナメル塗料が半田ごての熱で溶け，皮膜の上から半田付けができるのが特長です。

●2● CPUボードの回路と働き

図3・1がCPUボードの回路図です．CPUのピン数が多いので一見複雑そうに見えますが，実際は既製のプリント基板(キット付属)に抵抗，コンデンサ，クリスタル(水晶発振子)などをプラモデルよろしく半田付けするだけです．パターンが細かいので小さな半田ごて(10〜15W程度)で慎重に作業を進めます．2〜3時間もあれば完了するでしょう．

写真3・1〜3でわかるように，この基板はピンヘッダでマザーボードのソケットに着脱できるよう工夫されています．これは大変便利で，特にピンヘッダソケットを2個並べて取り付け，内側ソケットにCPUボードを差し込むように配置すると，外側ソケットはジャンパ線などの引き出し用

ピンヘッダ

細いピンを1列または2列に一定間隔で並べて取り付け，ソケットに差し込めるようにしたピン列端子をピンヘッダといいます．

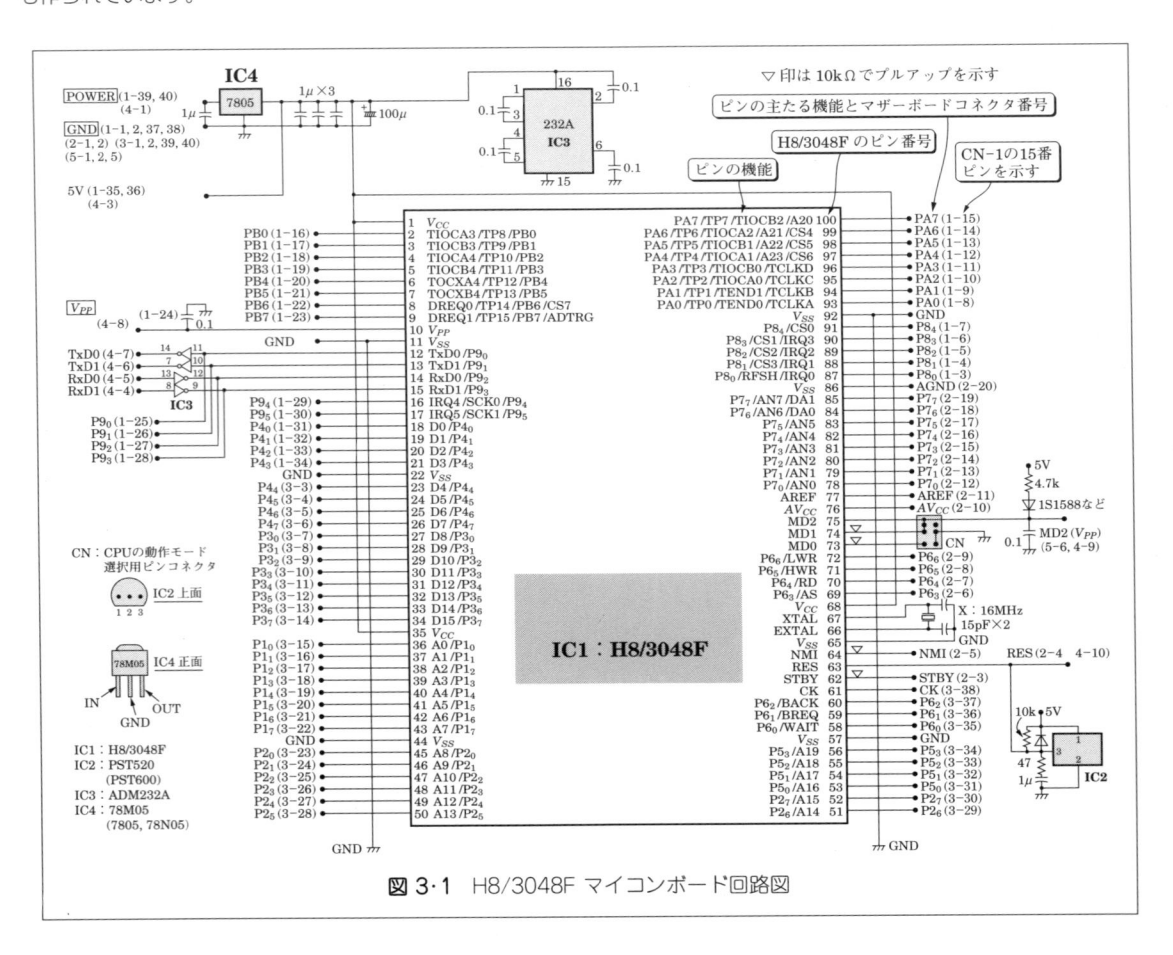

ICソケットと同じく2.5mmピッチのものが多く，ピンヘッダ用ソケットも作られています．

図3・1 H8/3048F マイコンボード回路図

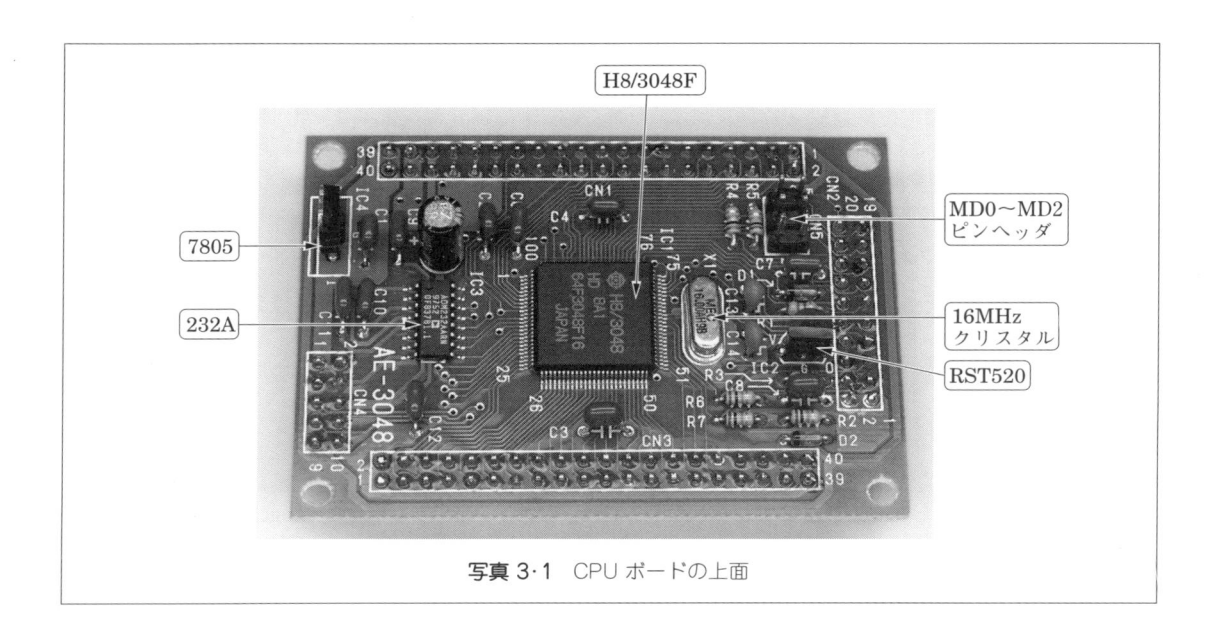

3.1 実験ボードとROMライタ(マザーボード)の用意

写真 3・1　CPU ボードの上面

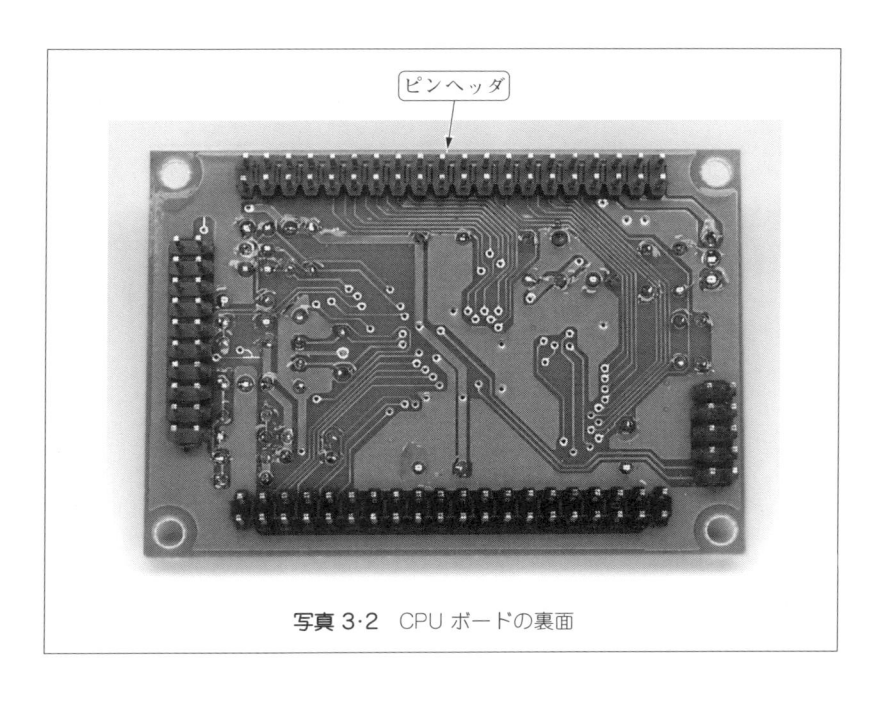

写真 3・2　CPU ボードの裏面

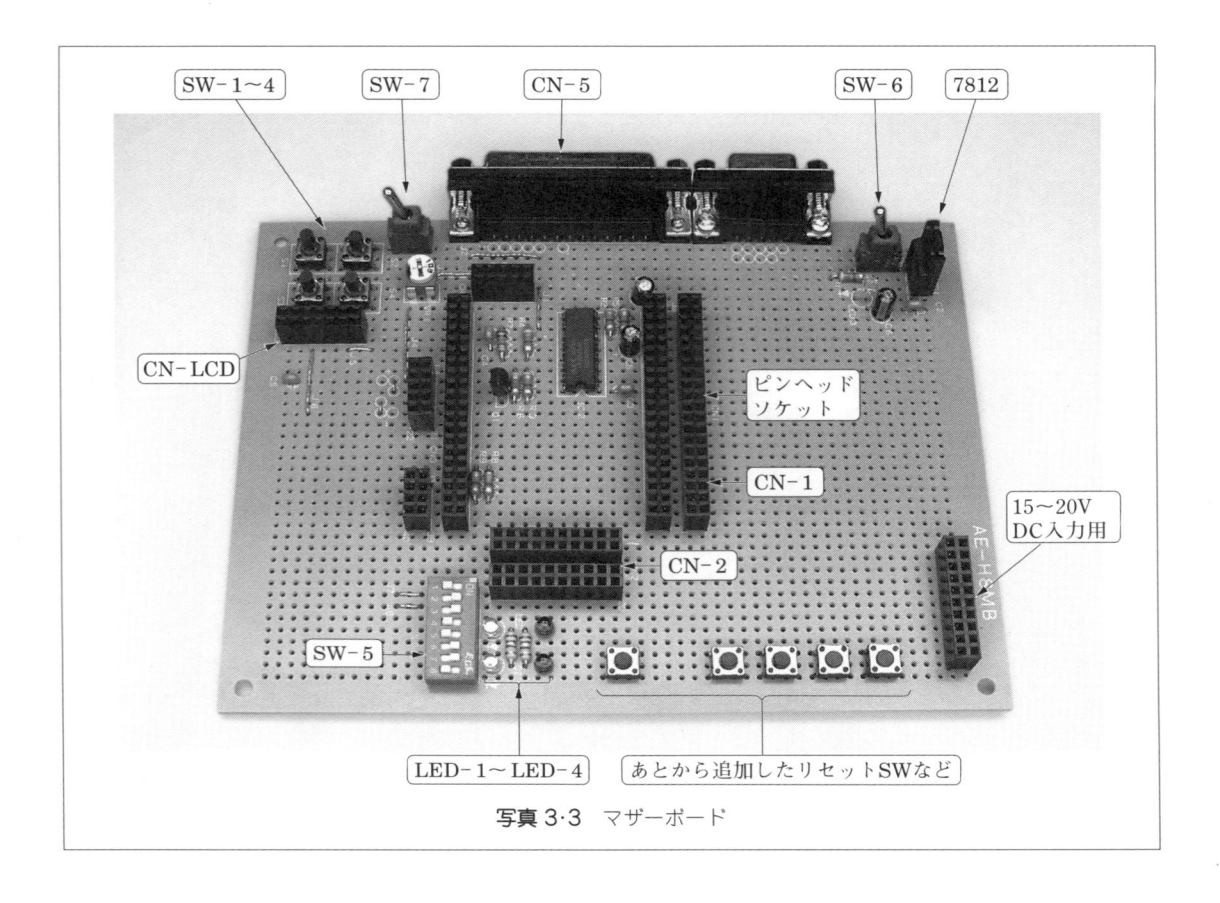

第3章 スイッチ入力／LED出力の実験

写真中のラベル: SW-1〜4, SW-7, CN-5, SW-6, 7812, CN-LCD, ピンヘッドソケット, CN-1, CN-2, 15〜20V DC入力用, AE-H8MB, SW-5, LED-1〜LED-4, あとから追加したリセットSWなど

写真3・3 マザーボード

RS232C
1969年にアメリカのEIAで制定されたシリアルインタフェースの規格です。論理レベル「1」を-3〜-25V，「0」を$+3$〜$+25$Vにそれぞれ変換して伝送し，無信号のときは「1」のままを持続します．かなり古い規格ですが，いまでも広く使われています．

に使えて重宝します．

◆ **電源**：CPUボードには5V定電圧ICが装着されています．したがって，このボードのPOWER〜GNDピン間に直流8〜12Vを加えれば，CPUボード上の全回路に安定化された5Vが供給されます．

筆者はCPUボードをマザーボードに装着して使いました．この場合マザーボードはH8/3048FのフラッシュROM書き込みボードとしても使うので，電源供給方法が少し変わります．すなわち，マザーボードのDC入力端子（p.32の図3・2参照）に15〜20V程度の直流電源を接続し，マザーボード上の12V定電圧IC経由でCPUボードに12Vを供給するような形になります．

◆ **RS232Cインタフェース**：H8/3048FとADM232Aは基板に実装済みです．232Aはシリアル（直列）データのインタフェースで，CPUか

3.1 実験ボードとROMライタ（マザーボード）の用意

らの「1」と「0」の論理レベル信号をRS 232 C 仕様の信号に変換します。

- ◆ **オートリセット IC**：電源ONの直後，およびリセットスイッチを押したとき，CPUをリセットするためPST 520が使われています。
- ◆ **モード選択**：基板上面にピンヘッダが6本出ています。これはMD$_0$～MD$_2$ピンを「1」または「0」にセットし，その組み合わせでCPUの動作モードを選択するためのものです。今回はモード7で使用するため全部オープンのまま（オール「1」）でOKです。

こうしてCPUボードはできあがりましたが，マイコンはソフトがなければただの箱（板？），完成したボードにいきなり電源電圧を加えても，プログラムを書き込むまでは何の働きもしてくれません。

● 3 ● マザーボード（ROMライタ）の回路と働き

図**3・2**がマザーボードの回路図です。秋月製キットではポート5の出力端子に接続されたLEDが2個になっていますが，写真3・3でわかるように，筆者の場合は4個に増設しました。ポート5出力端子のビットが「1」になると，そのビットに接続されたLEDが点灯します。

- ◆ **SW-1～SW-4**：ポート4のbit 4～7に接続されたスイッチで，押してONにすると「0」が，OFFなら「1」がポート4に入力されます。
- ◆ **SW-5**：ポート2の全ビットに接続された8 bitのDIPスイッチです。ONで「0」，OFFで「1」がポート2に入力されます。
- ◆ **SW-6**：マザーボード全体に直流12 Vを供給するスイッチです。ROMライタも，ピンヘッドソケットに差し込んだCPUボードも，このスイッチ経由で電源が供給されます。IC 6の入力は15～20 V程度，100 mA以上の電流容量があればOKです（実際は75 mA程度流れます）。
- ◆ **SW-7**：ROMライタ機能を使うときだけONにするスイッチです。これをONにするとH 8/3048 FのV_{PP}ピンが+12 Vとなり，フラッシュROM書き込み体制になります。

　このSW-7は，必ずSW-6がOFFの状態のときにON/OFF操作をしてください。SW-6は全電源をまとめてON/OFFします。

- ◆ **IC 5**：ROMライタ回路に使われるオープンコレクタのインバータICです。キット付属のμPA 2003でなくても，3回路以上のオープンコレクタインバータが内蔵されているICなら何でもOKです。

オートリセット
　電源をONにした直後，パソコン回路はどのような状態になっているか不定です。そこで，パソコン回路をある一定の初期状態に強制的にそろえるようにしています。この操作をリセットといいますが，普通は電源ONの直後，リセットが自動的に行われるようになっていて，これをオートリセットといいます。リセットピンを一定時間「0」または「1」の状態に保持する機能のICを使います。

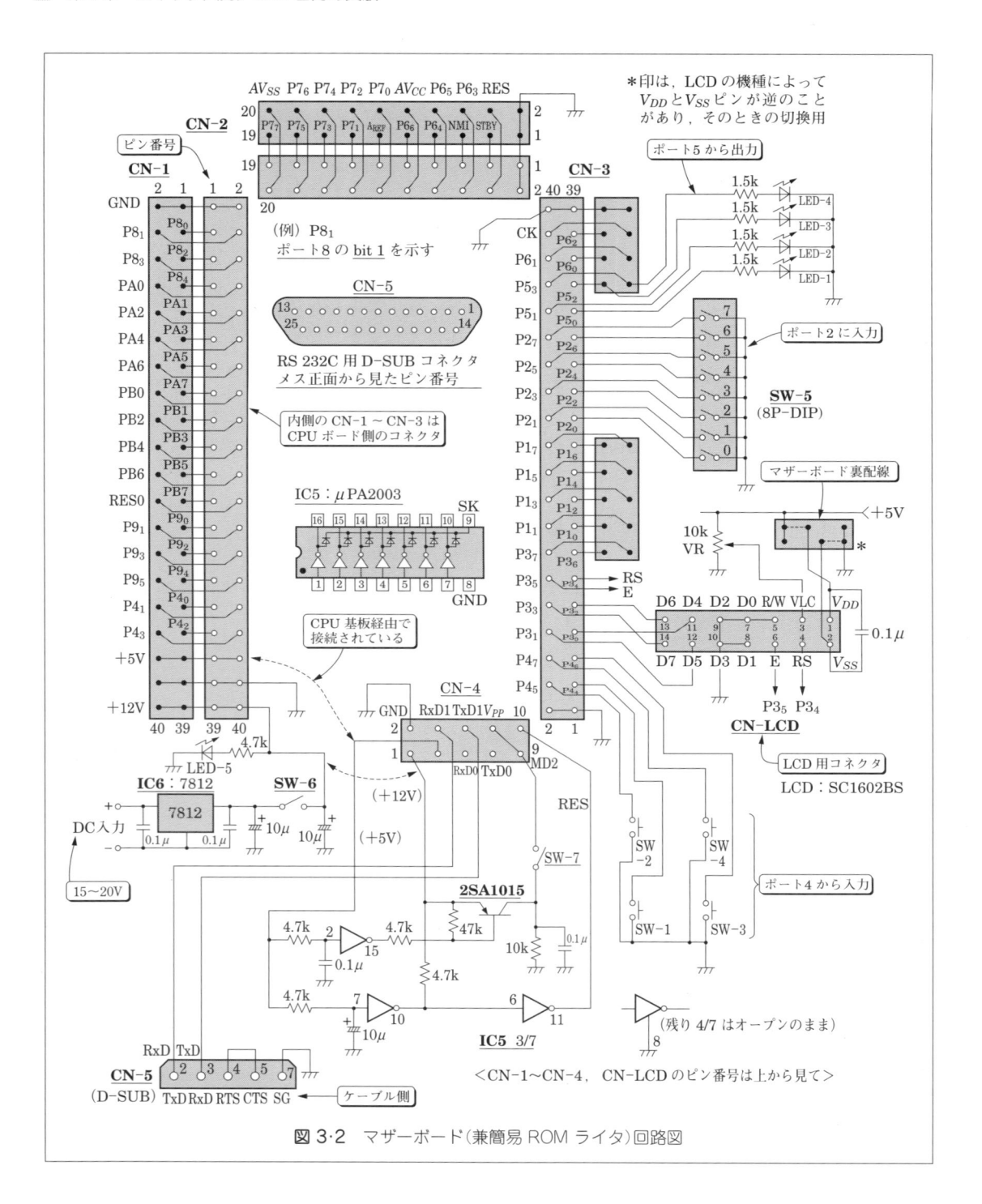

第3章 スイッチ入力／LED出力の実験

図3·2 マザーボード(兼簡易ROMライタ)回路図

3.2 フローチャートとプログラム

- ◆ **CN-5**：RS 232 C インタフェース用コネクタです。25 ピンの D サブコネクタで，図に記入してある番号はコネクタ側のもの，TxD などの記号はケーブル側のものです。
- ◆ **CN-LCD**：あとで増設する LCD（液晶表示器）取り付け用コネクタです。このピン接続も，秋月電子で入手できる LCD に合わせてあります。

CPU ボードとマザーボード（ROM ライタ）が組み上がったら，次はプログラムの作成に入ります。

D サブコネクタ
　ＲＳ232Ｃ用の標準コネクタです。アルファベットのDをタテに長くのばしたような側面形状からこのように呼ばれています。25ピンが標準で，ピン番号ごとにそれぞれの機能が割り当てられています。

3.2 フローチャートとプログラム

● 1 ● フローチャートを書く

　簡単なプログラムならフローチャートなしでも作れますが，間違いを防ぐため，また他の人にも理解してもらえるよう，チャートを書く習慣を付けておいたほうがよいでしょう。

・チャートの書き方，記号の使い方などには規格があり，正確に書こうとすれば結構面倒な作業ですが，本書では簡略化して書くことにします。また，作業手順をどの程度細かく分解して書くかにより，チャートの規模はかなり変わってきます。あまり細かく書くとプログラムそのものになってしまいます。

・ここでは，SW-1, SW-2 の ON/OFF により，LED-1, LED-2 がそれぞれ ON のとき点灯，OFF のとき消灯するという設定で図 **3・3** のようなフローを書いてみました。プログラムを簡単にするため，LED-3, LED-4 についてはあとで使うことにして，ここでは省略しました。

・初期設定は，マイコン回路では必ずやらなければなりません。フローチャート上はたったの 1 行ですが，大きなプログラムになると結構面倒な作業となります。

・続いてプログラム本体を記述します。大切なのは論理判断で分岐するポイントを明確にすることです。一般にコンピュータの論理判断命令は，1 個の事象に対し YES か NO かで 2 分岐するようになっています。ですからたとえば，SW-1 が ON で SW-2 が OFF なら LED-1 が点灯で LED-2 が消灯‥などという器用な同時判断はできません。ここでは図 3・3 のよう

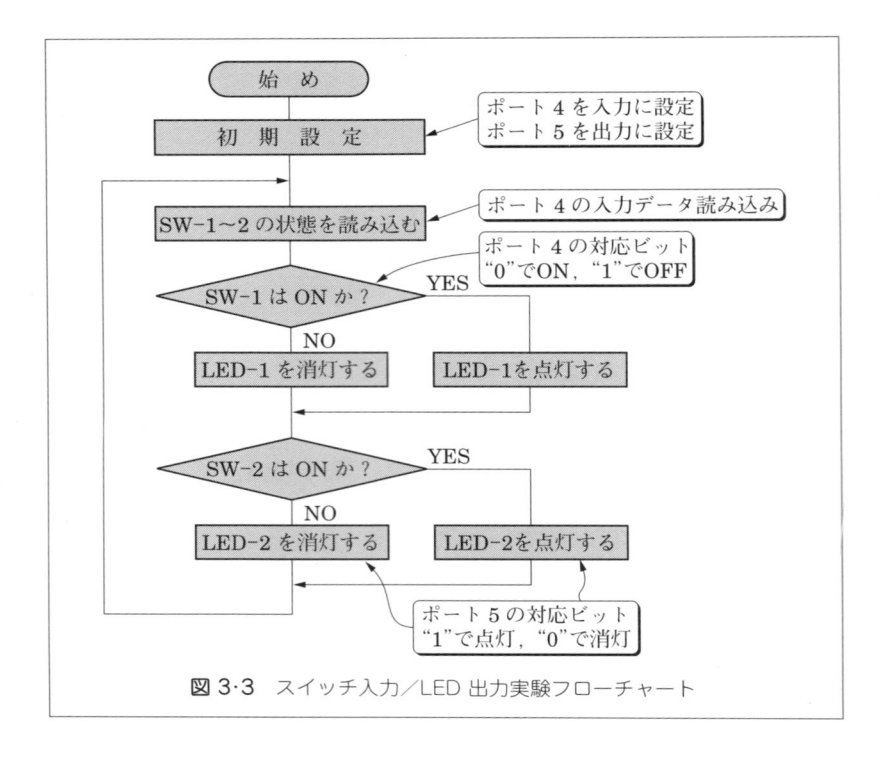

第3章 スイッチ入力／LED出力の実験

```
          ┌─────────────┐
          │    始  め   │
          └──────┬──────┘
          ┌──────┴──────┐   ┌─ ポート4を入力に設定
          │  初 期 設 定 │───┤
          └──────┬──────┘   └─ ポート5を出力に設定
                 │
          ┌──────┴──────────┐   ← ポート4の入力データ読み込み
     ┌──→│ SW-1～2の状態を読み込む │
     │   └──────┬──────────┘
     │          │              ┌─ ポート4の対応ビット
     │       ╱─┴─╲             │   "0"でON, "1"でOFF
     │      ╱SW-1は╲  YES       │
     │     ╱ ON か？ ╲──────┐   │
     │     ╲         ╱      │
     │      ╲  NO   ╱       │
     │       ╲─┬─ ╱        │
     │    ┌────┴─────┐  ┌───┴──────┐
     │    │LED-1を消灯する│  │LED-1を点灯する│
     │    └────┬─────┘  └───┬──────┘
     │         └─────┬───────┘
     │       ╱──┴──╲
     │      ╱ SW-2は ╲ YES
     │     ╱  ON か？ ╲──────┐
     │     ╲         ╱       │
     │      ╲  NO   ╱        │
     │       ╲─┬─ ╱         │
     │    ┌────┴─────┐  ┌───┴──────┐
     │    │LED-2を消灯する│  │LED-2を点灯する│
     │    └────┬─────┘  └───┬──────┘
     │         └─────┬───────┘
     └───────────────┘
                      ┌─ ポート5の対応ビット
                      │   "1"で点灯, "0"で消灯
```

図3・3　スイッチ入力／LED出力実験フローチャート

> **テキスト文／エディタ**
> ワープロなどで作成する文字データは，文字コードの他に文字のフォント，大きさ，文字飾りなどの情報も含めたデータで構成されています。これに対し，単に文字コードだけで構成された文章をテキスト文といいます。そして，このテキスト文を作成・編集するソフトをテキストエディタまたは単にエディタといいます。
>
> **MIFES**
> 代表的なテキストエディタです。このほかＶＺエディタなども有名で，Windows付属のワードパット，メモ帳などもテキストエディタとして使えます。
>
> **ラベルとシンボル**
> シンボルは，プログラムの初めにあらかじめ定義しておく番地やビットを表す記号です。ラベルは，プログラム行の先頭に記述すると，その行の番地の代わりに使用できる記号です。

にLED-1とLED-2を分解して書きます。

●2● プログラムを書く

　フローチャートを基に，CPUの持つ命令(できる仕事)の種類，コントロールレジスタの番地(ポートの動作条件を設定する制御コードの書き込み先)などを考慮して書いたのが図**3・4**のプログラムです。以下，**表3・1**も参照しながら解説していきます。図中で使われているＨ8/3048Ｆのマシン語命令，アセンブラの文法などについては，以下の説明の他，巻末付録などを参考にしてください。

　なお，プログラムは必ずテキスト文で作成します。筆者は使い慣れた**MIFES**を使いましたが，最終的にTEXT文になるのなら，一太郎でもWORDでもOKです。アセンブラはTEXT文で書いたプログラムでないとアセンブルしてくれませんから・・。

　また，アセンブラ記述上の注意ですが，ラベル，シンボル，オペコード，オペランドなどの相互間は，必ず1字以上のスペースを空けます。ただし，

3.2 フローチャートとプログラム

```
                    エディタでプログラムを作成するときには行番号は入れないが，本文中の説明の都合により入っている
         行番号         セミコロンから右は命令語ではなくコメントとして扱われる         LEDOUT.MAR   ファイル名
 1  ;
 2  ;****************************************************************
 3  ;*              スイッチ入力・LED出力プログラム                    *
 4  ;****************************************************************
 5          .CPU  300HA              ;CPUの指定   プログラムの初めにCPUの機種を指定する
 6          .SECTION  VECT, CODE, LOCATE=H'000000  ; セクションの宣言
 7  RES     .DATA. L  INIT            ;ラベルINIT：以降にプログラム領域を確保
 8  ;-----シンボルの定義（主として番地を記号に置き換えてわかりやすくする)-----
 9  P4DR    .EQU    H'FFFFC7          ;ポート4の入力データレジスタを指定する番地
10  P5DR    .EQU    H'FFFFCA          ;ポート5の出力データレジスタを指定する番地
11  LED1    .BEQU   0,P5DR            ;LED1(ポート5のbit0)
12  LED2    .BEQU   1,P5DR            ;LED2(ポート5のbit1)
13     プログラム中でH'FFFFCAと書く代わりにP5DRとも書ける
14          .SECTION   ROM,CODE,LOCATE=H'000100       ;セクションの宣言
15     セクション名ROM，属性はコードセクション，開始番地はH'000100を宣言
16  ;-----I/Oの初期設定-----
17  INIT:   MOV.L   #H'FFF10,ER7      ;スタックポインタSPの設定
18          MOV.B   #H'00,R0L         ;ポート4を入力に設定するため
19 1字以上  MOV.B   R0L,@H'FFFFC5     ;コントロールレジスタにH'00を書き込む
20 空ける   MOV.B   #H'FF,R0L         ;ポート4をプルアップに設定するため
21          MOV.B   R0L,@H'FFFFDA     ;コントロールレジスタにH'FFを書き込む
22          MOV.B   #H'FF,R0L         ;ポート5を出力に設定するため
23          MOV.B   R0L,@H'FFFFC8     ;コントロールレジスタにH'FFを書き込む
24
25  ;-----MAINルーチン-----   プログラム作成者が任意に注記できる
26  SW1LED: MOV.B   @P4DR,R0L         ;現在のSW-1～2の状態をR0Lに読み込む
27          BTST    #4,R0L            ;まずSW-1の状態（bit4）をチェック
28   ラベル  BEQ    BOTAN1            ;押されていればBOTAN1にジャンプ
29          BCLR    LED1              ;押されていないのでLED1は消灯
30          JMP     @SW2LED           ;SW2LEDにジャンプしてSW-2の状態をチェック
31  BOTAN1: BSET    LED1              ;押されているのでLED1点灯
32  SW2LED: BTST    #5,R0L            ;次にSW-2（bit5）の状態をチェック
33          BEQ     BOTAN2            ;押されていればBOTAN2にジャンプ
34          BCLR    LED2              ;押されていないのでLED2消灯
35          JMP     @SW1LED           ;SW1LEDにジャンプして同じ動作を繰り返す
36  BOTAN2: BSET    LED2              ;押されているのでLED2点灯
37          JMP     @SW1LED           ;SW1LEDにジャンプして同じ動作を繰り返す
38     オペコード（命令語）      オペランド（演算の対象を示す）
39          .END       プログラムの終わりには必ず「.END」を記入する
```

・オペコード，オペランドを併せてニモニックと呼ぶこともある

図3・4 スイッチ入力／LED出力実験のサンプルプログラム

ラベル内，オペコード内など各ブロック内では，絶対にスペースを空けてはいけません。

- **CPU**の指定（図3・4の5行目）：H8/3048F用アセンブラでは，プログラムの冒頭で，どの機種のCPUを使うかはっきり記述しなければなり

第3章　スイッチ入力／LED出力の実験

表3・1　図3・4で使われたアセンブリ言語の意味

① P4DR　.EQU　H'FFFFC7
意味：このプログラム中では，番地H'FFFFC7と書く代わりにP4DRと書くこともできる（P4DR＝H'FFFFC7と定義する）
② LED 1　.BEQ　0, P5DR
意味：P5DR（直前で定義済）のbit 0（LED-1に接続）を記号LED1で表す
③ INIT: MOV.L　#H'FFF10, ER 7
┗ ER 7レジスタ（32 bit） 　┗ ER7に書き込む数値を直接表記している 　　┗ MOV命令の取り扱うデータのサイズ（32 bit）を示す 　　　┗ 命令コード（Moveの意味） 　　　　┗ この命令行の番地を「INIT」というラベル名で示している 意味：ER7レジスタ（スタックポインタ）に数値（この場合はRAMの底番地）H'FFF10を書き込め
④ BTST　♯4, R 0 H
┗ R 0レジスタの上位8 bit 　┗ 0～7 bitのうちのbit 4を示す 　　┗ オペランドで指定するビットが"1"か"0"か調べよ（ビットテスト） 意味：R 0レジスタの上位8 bitのうち，下から5番目のビットの"1"，"0"を調べよ
⑤ JMP　@SW1LED
意味：ラベルSW1LEDの番地にジャンプ（プログラムを移行）せよ

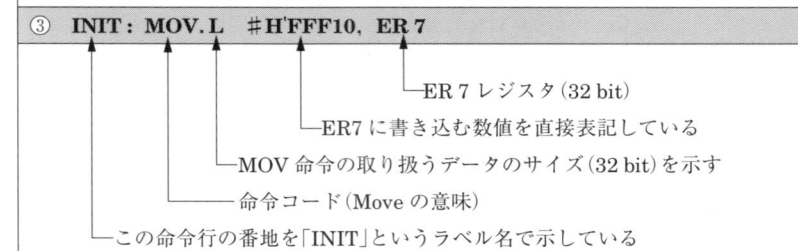

ません。これは，H 8シリーズとして他のCPU機種にも共通のアセンブラが使えるようになっているからです。

　ところでいま"プログラムの冒頭にCPUの指定を‥"といいましたが，実際はサンプルプログラムの5行目に書いてあります。これは，アセンブラプログラムの文法で；（セミコロン）から右に書かれた文字は命令語としてではなく，コメント（注釈）として扱われる（プログラムとしては無視される）ためで，この結果1～4行がコメント行となり，5行目がプログラム本体の1行目ということになるわけです。

◆ セクションの宣言と領域の確保(6，7，14行目)：H 8/3048 H用アセンブラでは，文章の"章"のようにプログラムの各章の初めに，その章の名称，性格，開始番地などを宣言することになっています。これを"セクションの宣言"といいますが，この宣言のあと，その章の領域を指定し

ます。それが6, 7行です。14行では，ラベル名"INIT"で始まる章が，H'000100番地から開始されることを宣言しています。

- **シンボルの定義**(9行目〜12行目)：アセンブラプログラムでは，プログラムを書き込むメモリの番地を絶えず意識しなければなりません。しかし，16進数の番地を間違いなく書くのは難しいことです。そこで，プログラムの中に頻繁に出てくる"番地"を"シンボル"という文字列に置き換えて記述する方法が考案されました。例えば表3.1①を見てください。プログラムに"H'FFFC7"番地と書く代わりに，シンボルとして"P4DR"と書いても良いように，プログラムの初めに約束(定義)しておくのです。このシンボルは，その番地が何を目的としているかによってわかりやすい記号で表します。この表の例では，ポート4のデータレジスタのことなので"P4DR"としました。他のシンボルも同様，好きなように定義していきます。

- **初期設定**(17行目〜23行目)：17行目の「INIT」は，H'000100番地に付けられたラベル名です。CPUの起動直後，またはリセット直後の処理はH'000000番地から開始されますが(6行目参照)，これは直ちに「INIT」に飛んで来て(7行目参照)，プログラムの実質先頭番地は「INIT」となります。この行では，スタックポインタSP(ER7レジスタ)にRAM領域の底番地H'FFF10を書き込んでいます。

スタックポインタとは，割り込みなどでプログラムの実行場所が一時的に他の番地にジャンプするとき，再び元のプログラムに復帰する戻り番地を記憶したり，そのとき使用中のレジスタの内容を一時保管したりするためのRAM領域を指定するレジスタのことです。このプログラムでは，割り込みのような形でプログラムの実行がジャンプする部分がないので，SPの設定は不要ですが，初期化の冒頭に必ず記述するのが一般的な習慣です。

次にポート4を入力用に，ポート5を出力用に設定します。これは図**3・5**を見てください。それぞれのポートのPDDR(ポート・データ・ディレクション・レジスタ)に所定の制御コードを書き込みます。マニュアルから，P4DDRの番地はH'FFFC5，P5DDRはH'FFFC8であることがわかりますから，その番地に，入力ビットに設定するのなら「0」を，出力ビットなら「1」をそれぞれ書き込めばOKです。また同時

スタックとスタックポインタ

スタックとはもともと積み上げ，書架などを意味する英語です。これから連想されるように，データを一時積み上げて(預けて)おく棚のような役目のメモリをスタックと呼んでいます。スタックポインタは，その棚の何段目…と，場所を指示する役目のカウンタをいいます。

割り込み／ルーチン

ルーチンとは，決まりきった，定型的な…というような意味の英語です。パソコンの世界では，あるまとまった機能を持つプログラムの固まりのことをいいます。割り込みは，現在実行中のプログラムに対し，任意のタイミングで，CPUに対し一時他のプログラムルーチンの実行に移行するよう要求することをいいます。

制御コード(コントロールコード)

CPUの周辺回路に対し，その動作条件，機能などを指示(設定)するため，外部から周辺回路の内部レジスタに対し書き込む，「1」と「0」を組み合わせた命令コードのことをいいます．

第3章 スイッチ入力／LED出力の実験

I/Oポートのコントロールレジスタ（いずれも8 bitレジスタ）

アドレス	名　　　称	略記	R/W	初期値
H'FFFFC5	ポート4データディレクションレジスタ	P4DDR	W	H'00
H'FFFFC7	ポート4データレジスタ	P4DR	R/W	H'00
H'FFFFDA	ポート4入力プルアップMOSコントロールレジスタ	P4PCR	R/W	H'00
H'FFFFC8	ポート5データディレクションレジスタ	P5DDR	W	H'F0
H'FFFFCA	ポート5データレジスタ	P5DR	R/W	H'F0
H'FFFFDB	ポート5入力プルアップMOSコントロールレジスタ	P5PCR	R/W	H'F0

（ポート5の入／出力ビットは0～3 bit）

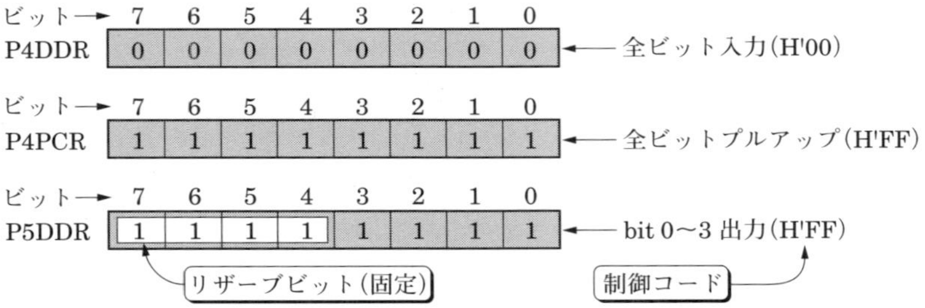

```
ビット→   7  6  5  4  3  2  1  0
P4DDR   [ 0  0  0  0  0  0  0  0 ]  ← 全ビット入力（H'00）

ビット→   7  6  5  4  3  2  1  0
P4PCR   [ 1  1  1  1  1  1  1  1 ]  ← 全ビットプルアップ（H'FF）

ビット→   7  6  5  4  3  2  1  0
P5DDR   [ 1  1  1  1  1  1  1  1 ]  ← bit 0～3 出力（H'FF）
          └─リザーブビット（固定）─┘ └──制御コード──┘
```

ポート4，ポート5とも，"0"のビットが入力，"1"のビットが出力に設定される

図3・5 ポート4，5に対する制御コードの書き込み方法

に，ポート4の入力ピンを内蔵のMOS-FETでプルアップ（プルアップ抵抗と同じ働き）するため，P4PCRにはH'FF（全ビットプルアップ）を書き込みます。

◆ **メインルーチン(26行目～37行目)**：続いてメインルーチンです。まずSW-1～2の状態を読み込み，それがONかOFFかを判定するわけですが，このH8/3048Fは，直接I/Oポートの状態をチェックする命令を持っていません。そこで，一度レジスタに読み込んでからそれが「1」であるか「0」であるかを"BTST"（ビットテスト）命令で判断します。

まず，ポート4の入力をP4DRからR0Lレジスタに読み込み，そのビット4（SW-1に対応）のON/OFFを判定します。「0」ならSW-1は押されているので"BEQ"（ビットイコール）命令でラベルBOTAN1:にジャンプしてLED-1を点灯（P5DRのビット0出力を"BSET"命令で「1」にビットセット）します。反対に「0」ならジャンプせず，そのまま次の番地に進み，LED-1を消灯（"BCLR"命令で「0」にビットクリア）します。

3.3 プログラムをアセンブルし，フラッシュROMに書き込む

続いてSW-2の状態チェックに移行します。ここでもLED-1のときと同様，SW-2が押されていればBOTAN 2：にジャンプしてLED-2を点灯，押されていなければそのまま進み，LED-2を消灯します。そしてどちらの場合も，最終的にはSW 1 LED：にジャンプして最初から同じ動作を無限に繰り返します。

このように，プログラムは無限ループになっているので，CPUをリセットしたり電源を切ったりしない限り，この動作は中断されません。

無限ループ／エンドレス
プログラムが一巡すると再び元の先頭に戻り，同じ動作を無限に繰り返すようなループ状のプログラムのことです。

3.3 プログラムをアセンブルし，フラッシュROMに書き込む

●1● アセンブラでプログラムをマシン語に変換

筆者が秋月電子から入手したH 8/3048 F用アセンブラソフトは評価版らしい？のですが，実用上は本仕様のものと変わりないはずです。アセンブラは，A 38 H. EXE，L 38 H. EXE，C 38 H. EXEの3個のファイルが主体となっていて，これは購入したソフトをパソコンに組み込まなければなりません。その具体的な方法については付録p. 232を参照してください。

これら3個のファイルを使い，前節で作成したアセンブリ言語のプログラムを，たとえば次のような手順で，フラッシュROMに書き込める形のマシン語に変換します。

① Windows 95または98の任意のドライブ（普通はCドライブ）にアセンブル用のディレクトリ（フォルダ）を作り，そこに上記3個のアセンブラファイルを書き込みます。筆者の場合，ディレクトリ名をH 8としたので，このディレクトリのパス名はC:¥H 8となります。

② 作成したプログラムは，拡張子を"mar"として（H 8用アセンブラからの指定）同じアセンブル用ディレクトリ内に書き込みます。とりあえず，この「スイッチ入力／LED出力サンプルプログラム」のファイル名は「ledout. mar」としました。

③ 次にWindows上のMS-DOSプロンプトを起動し，写真 **3・4** のようにカレントディレクトリをアセンブル用ディレクトリ（以降"H 8"とします）に変更します。写真では，「　cd␣¥　リターン　」，「　cd␣h 8

ディレクトリ／フォルダ
多数のファイルを整理して保存するため，一つのHDDやFDの領域をいくつかの小区分に分け，その区分ごとにファイルを収容する方法が採られています。このときその小区分をディレクトリと呼んでいたのですが，Windowsになってからは，いつの間にかフォルダと呼ぶようになってしまいました。

ＭＳ－ＤＯＳプロンプト
パソコンのOSとしてWindowsが一般化してきましたが，まだＭＳ－ＤＯＳを使う必要のあることも多く，そのためWindowsの中でＭＳ－ＤＯＳを起動し，ＭＳ－ＤＯＳプログラムを動作させる機能が設けられています。それがＭＳ－ＤＯＳプロンプトです。

第3章　スイッチ入力／LED出力の実験

```
Microsoft(R) Windows 98
   (C)Copyright Microsoft Corp 1981-1999.

C:\WINDOWS>cd \      ┐
                     ├ カレントディレクトリを"H8"に変更
C:\>cd h8            ┘

C:\h8>a38h ledouta   ← アセンブル
H8/300H ASSEMBLER (Evaluation software) Ver.1.0  ┐
   *****TOTAL ERRORS       0                     ├ アセンブル結果
   *****TOTAL WARNINGS     0                     ┘ エラーなし

C:\h8>l38h ledouta   ← リンク開始
H8/300H LINKAGE EDITOR (Evaluation software) Ver.1.0


LINKAGE EDITOR COMPLETED   ← リンク終了

C:\h8>   ← このあと「c38h␣ledouta」を実行する
```

写真3・4　アセンブル作業のMS-DOS画面

リターン　」と2回操作をしていますが，パソコンによっては「　cd␣h8 リターン　」の1回だけで済むこともあります。

④　DOSプロンプトの状態から写真の画面のように「　a38h␣ledout* リターン　」とキー入力するとアセンブル作業が実行されます。画面はプログラムにエラーがなかったときの例ですが，エラーがあった場合，そのエラーのある行の番号とエラー内容が表示されます。しかし簡単な表示しか出ませんから，詳しいことを知りたければアセンブラソフトのマニュアルを参照する必要があります。こうしてエラー表示がなくなるまで，プログラムを修正してはアセンブルを繰り返します。なお，エラーがあったときの例は，図4・7 (p.65)のところで説明します。

⑤　アセンブル作業がOKなら，次は「　l38h␣ledout リターン　」とキ

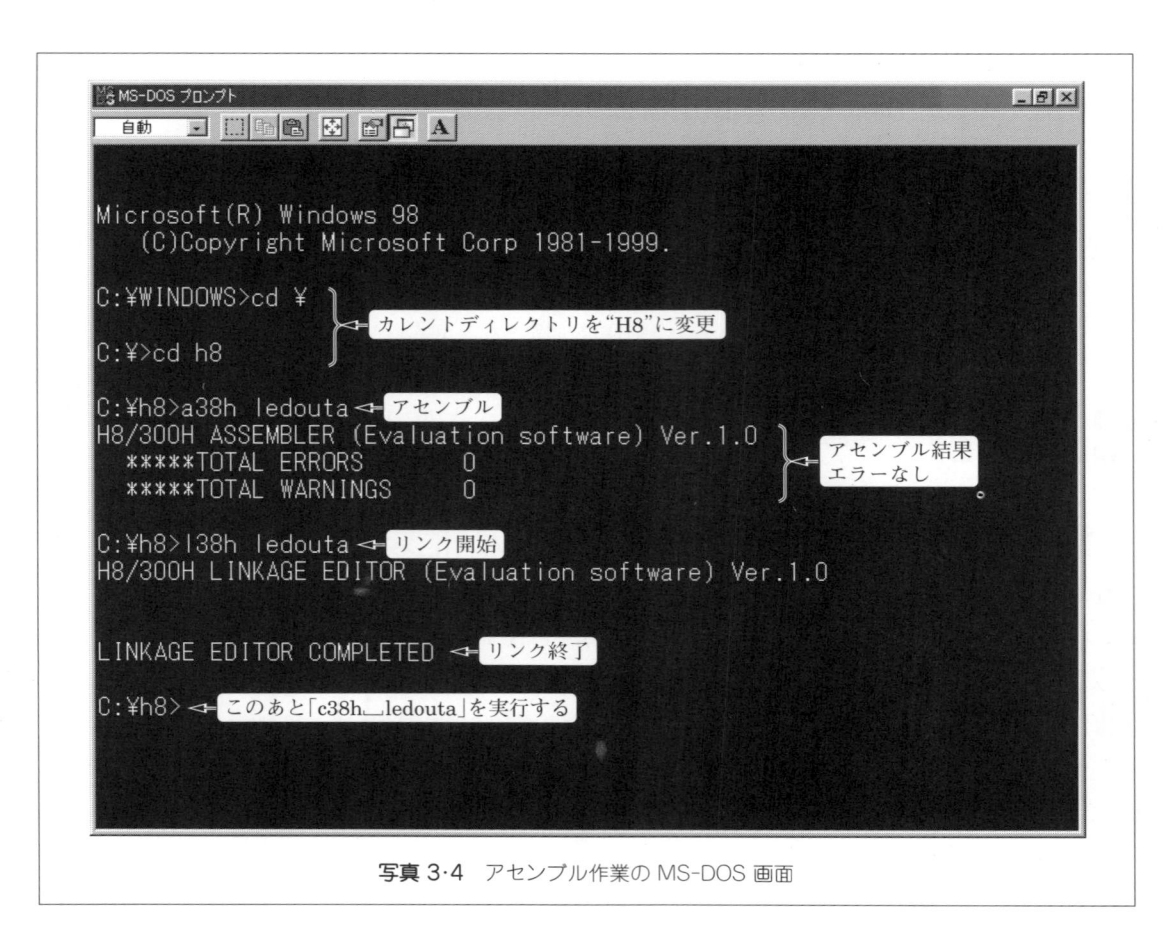

＊　写真3・4ではファイル名が「ledouta」となっていますが，実際の作業は「ledout」で行ってください。

3.3 プログラムをアセンブルし，フラッシュROMに書き込む

一入力します。これは"リンク"と呼ばれる作業です。この例のように簡単なプログラムでは，アセンブルがエラー無しに完了すれば，あとはほとんどノーエラーで進行します。

⑥　仕上げは"コンバージョン"です。これは「 c 38 h ␣ ledout リターン 」とキー入力します。これで作業は終了です。最後に「 exit リターン 」と入力してプロンプト画面からWindows画面に戻ります。

　この時点で，エクスプローラなどを使ってH8ディレクトリの内容を見てみると，ledout.marのほかにledout.lis，ledout.abs，ledout.obj，ledout.motの4ファイルが作成されていることがわかります。このうちledout.lisはいわゆるリストファイルで，図3·6のような内容です。またledout.motが目的のフラッシュROM書き込み用マシン語ファイルで，その他はアセンブル作業の途中経過で作成される中間ファイルです。なお，lis, motなどの拡張子はアセンブラが自動的につけてくれます。

　リストファイルledout.lisは，プログラムのアドレスとマシン語の関係，シンボルやラベルが使われている番地などを知るうえで，また，作成したプログラムの文法上の誤りを調べるときなどに便利です。ただし，アセンブラは作成したプログラムの論理的な誤りまでは見つけてくれませんから，結局，最後は自分の責任でプログラムをチェックするのが正解ということになりそうです。

●2● ROMライタでマシン語プログラムの書き込み

　ではいよいよ，H8/3048FのフラッシュROMにledout.motファイルを書き込みましょう。書き込み用ソフトはflash.exeというファイルです。これをWindows上から起動すると，H8/3048FのRAM領域にRS 232 C経由でフラッシュROM書き込み用プログラムが転送されますから，それを起動して書き込みを行います。このflash.exeの入手方法およびパソコンへの組み込み方法は付録p.232を参照してください。

　なおこのflash.exeも，他のアセンブルに関係するファイルと同じく，ディレクトリH8(ディレクトリ名は自由ですが‥)に書き込んでおきます。また，パソコン(Windows画面)を起動する前に，RS 232 C用ストレートケーブルでパソコンのRS 232 Cコネクタとマザーボードの25ピンDサブコネクタ間を接続しておきます。

スペースのキー入力
　c 38 h ␣ ledoutなどの␣記号は，スペースのキー入力(スペースを空ける)を示します。

エクスプローラ
　Windowsの持つ機能の一つで，パソコン内のあらゆる部分に配置されているファイルの状態を，ファイル単位，フォルダ単位で管理することができるユーティリティ(補助プログラム)です。

USBをRS 232 Cとして使う方法
　ノートパソコンなどでRS 232 Cポートを持っていない場合は，市販の「USB–RS 232 Cコンバータ」を使います。方法については巻末の付録「C.2」を参照してください。

ストレートケーブル
　RS 232 C用ケーブルは，そのコネクタのオス側とメス側で，TxDピンとTxRピンがストレートに同じピンに接続されているものと，クロスして逆接続になっているものとがあり，用途により使い分けられています。ここではストレート接続のものを用います。

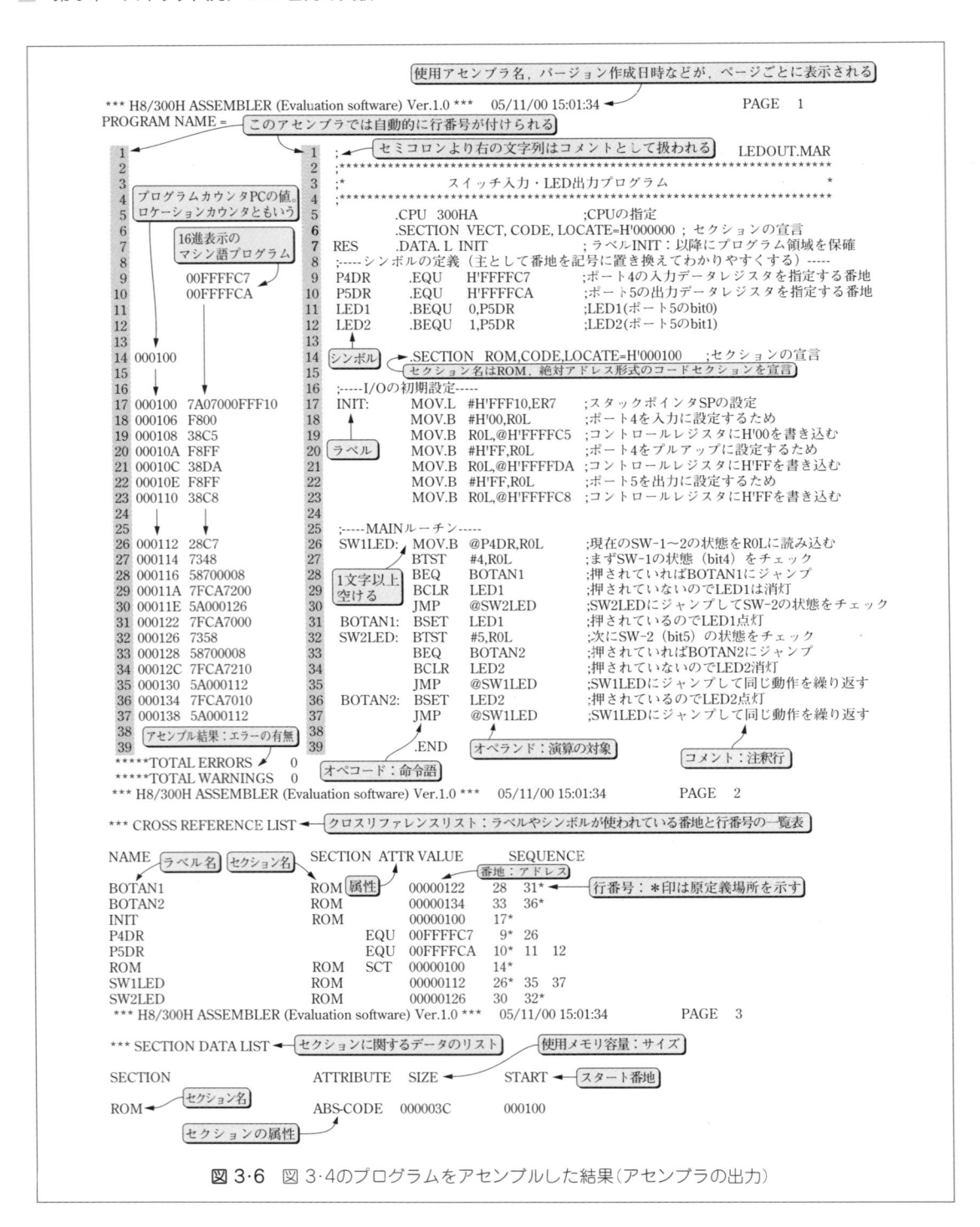

第3章　スイッチ入力／LED出力の実験

```
*** H8/300H ASSEMBLER (Evaluation software) Ver.1.0 ***   05/11/00 15:01:34        PAGE   1
PROGRAM NAME =                                                                      LEDOUT.MAR
 1                     1  ;
 2                     2  ;**************************************************************
 3                     3  ;*                  スイッチ入力・LED出力プログラム              *
 4                     4  ;**************************************************************
 5                     5          .CPU   300HA             ;CPUの指定
 6                     6          .SECTION VECT,CODE,LOCATE=H'000000 ; セクションの宣言
 7                     7  RES     .DATA.L INIT             ;ラベルINIT：以降にプログラム領域を確保
 8                     8  ;-----シンボルの定義（主として番地を記号に置き換えてわかりやすくする）-----
 9     00FFFFC7        9  P4DR    .EQU   H'FFFFC7          ;ポート4の入力データレジスタを指定する番地
10     00FFFFCA       10  P5DR    .EQU   H'FFFFCA          ;ポート5の出力データレジスタを指定する番地
11                    11  LED1    .BEQU  0,P5DR            ;LED1(ポート5のbit0)
12                    12  LED2    .BEQU  1,P5DR            ;LED2(ポート5のbit1)
13                    13
14     000100         14          .SECTION ROM,CODE,LOCATE=H'000100   ;セクションの宣言
15                    15
16                    16  ;-----I/Oの初期設定-----
17     000100 7A07000FFF10  17  INIT:   MOV.L  #H'FFF10,ER7         ;スタックポインタSPの設定
18     000106 F800    18          MOV.B  #H'00,R0L                  ;ポート4を入力に設定するため
19     000108 38C5    19          MOV.B  R0L,@H'FFFFC5              ;コントロールレジスタにH'00を書き込む
20     00010A F8FF    20          MOV.B  #H'FF,R0L                  ;ポート4をプルアップに設定するため
21     00010C 38DA    21          MOV.B  R0L,@H'FFFFDA              ;コントロールレジスタにH'FFを書き込む
22     00010E F8FF    22          MOV.B  #H'FF,R0L                  ;ポート5を出力に設定するため
23     000110 38C8    23          MOV.B  R0L,@H'FFFFC8              ;コントロールレジスタにH'FFを書き込む
24                    24
25                    25  ;-----MAINルーチン-----
26     000112 28C7    26  SW1LED: MOV.B  @P4DR,R0L          ;現在のSW-1～2の状態をR0Lに読み込む
27     000114 7348    27          BTST   #4,R0L             ;まずSW-1の状態（bit4）をチェック
28     000116 58700008  28        BEQ    BOTAN1             ;押されていればBOTAN1にジャンプ
29     00011A 7FCA7200  29        BCLR   LED1               ;押されていないのでLED1は消灯
30     00011E 5A000126  30        JMP    @SW2LED            ;SW2LEDにジャンプしてSW-2の状態をチェック
31     000122 7FCA7000  31  BOTAN1: BSET  LED1              ;押されているのでLED1点灯
32     000126 7358    32  SW2LED: BTST   #5,R0L             ;次にSW-2（bit5）の状態をチェック
33     000128 58700008  33        BEQ    BOTAN2             ;押されていればBOTAN2にジャンプ
34     00012C 7FCA7210  34        BCLR   LED2               ;押されていないのでLED2消灯
35     000130 5A000112  35        JMP    @SW1LED            ;SW1LEDにジャンプして同じ動作を繰り返す
36     000134 7FCA7010  36  BOTAN2: BSET  LED2              ;押されているのでLED2点灯
37     000138 5A000112  37        JMP    @SW1LED            ;SW1LEDにジャンプして同じ動作を繰り返す
38                    38          .END
39                    39
*****TOTAL ERRORS        0
*****TOTAL WARNINGS      0
*** H8/300H ASSEMBLER (Evaluation software) Ver.1.0 ***   05/11/00 15:01:34        PAGE   2

*** CROSS REFERENCE LIST

NAME            SECTION  ATTR  VALUE       SEQUENCE
BOTAN1          ROM            00000122    28   31*
BOTAN2          ROM            00000134    33   36*
INIT            ROM            00000100    17*
P4DR                     EQU   00FFFFC7     9*  26
P5DR                     EQU   00FFFFCA    10*  11  12
ROM             ROM      SCT   00000100    14*
SW1LED          ROM            00000112    26*  35  37
SW2LED          ROM            00000126    30   32*
*** H8/300H ASSEMBLER (Evaluation software) Ver.1.0 ***   05/11/00 15:01:34        PAGE   3

*** SECTION DATA LIST

SECTION             ATTRIBUTE    SIZE        START
ROM                 ABS-CODE     000003C     000100
```

図3・6　図3・4のプログラムをアセンブルした結果（アセンブラの出力）

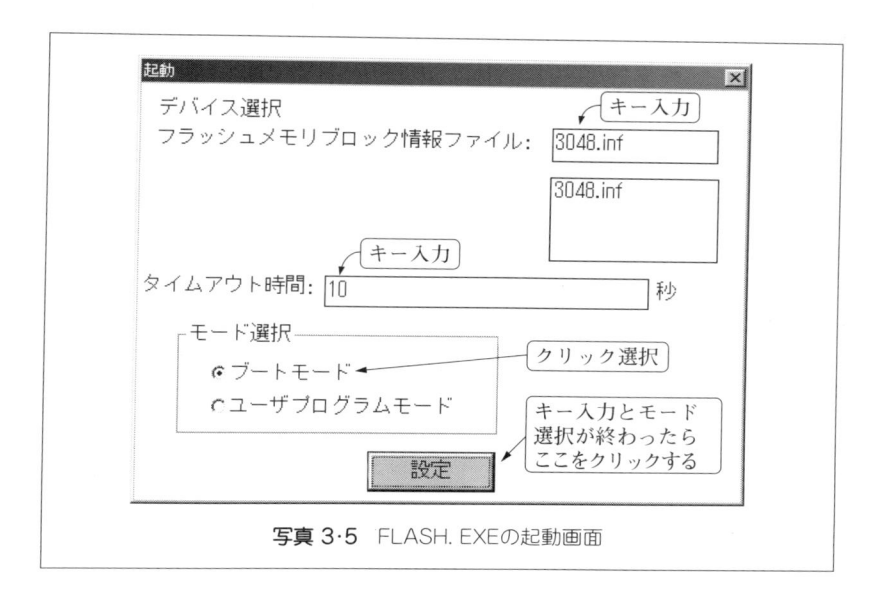

3.3 プログラムをアセンブルし，フラッシュ ROM に書き込む

写真 3・5　FLASH.EXE の起動画面

3048.inf
　これは，H8/3048F のフラッシュ ROM にプログラムを書きこむためのプログラムを，3048 F の RAM 領域にパソコン側から転送するときの，情報用ファイルです．flash.exe に添付されているので，特に気にする必要はありません．flash.exe と同じディレクトリに置きます．

書き込みは以下のような手順で行います．

① マザーボードの SW-7 を ON，SW-6 を OFF の状態で，15〜20 V 程度の電源を図 3・2 の"DC 入力"に接続しておきます．書き込み作業が終わるまで SW-7 は ON のまま，中途での ON/OFF は厳禁です．

② Windows のデスクトップ画面からエクスプローラを起動し，H8 ディレクトリ内の flash.exe をダブルクリックしてフラッシュメモリ書き込みソフトを起動します．起動画面は写真 3・5 のようになります．

　この画面で，モード選択を「ブートモード」，フラッシュメモリブロック情報ファイルは「3048.inf」，タイムアウト時間を 10 秒程度に設定し，画面の「設定」ボタンをクリックすると，「ブートモード設定画面」に変わります．ここで，マザーボードの SW-6(電源)を ON にし，「OK」ボタンをクリックすると，「書き込み制御プログラム転送中」の画面が現れ，H8/3048 F の RAM 領域にフラッシュ ROM 書き込み用プログラムの転送が開始されます．

③ この転送画面の表示が 100% になったら(写真 3・6 の状態)，画面上部メニューバー左側の"WRITE"をクリックします．すると画面は写真 3・7 のように変わります．

④ 初めは，写真 3・7 左上の画面が現れます．ここで，フラッシュ ROM

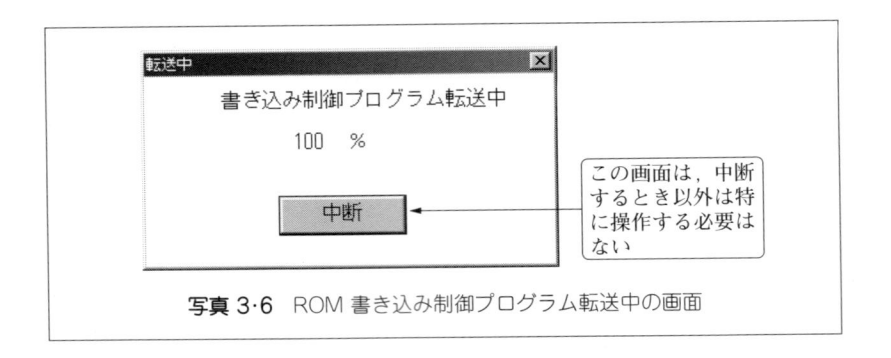

第3章 スイッチ入力／LED出力の実験

写真3·6 ROM書き込み制御プログラム転送中の画面

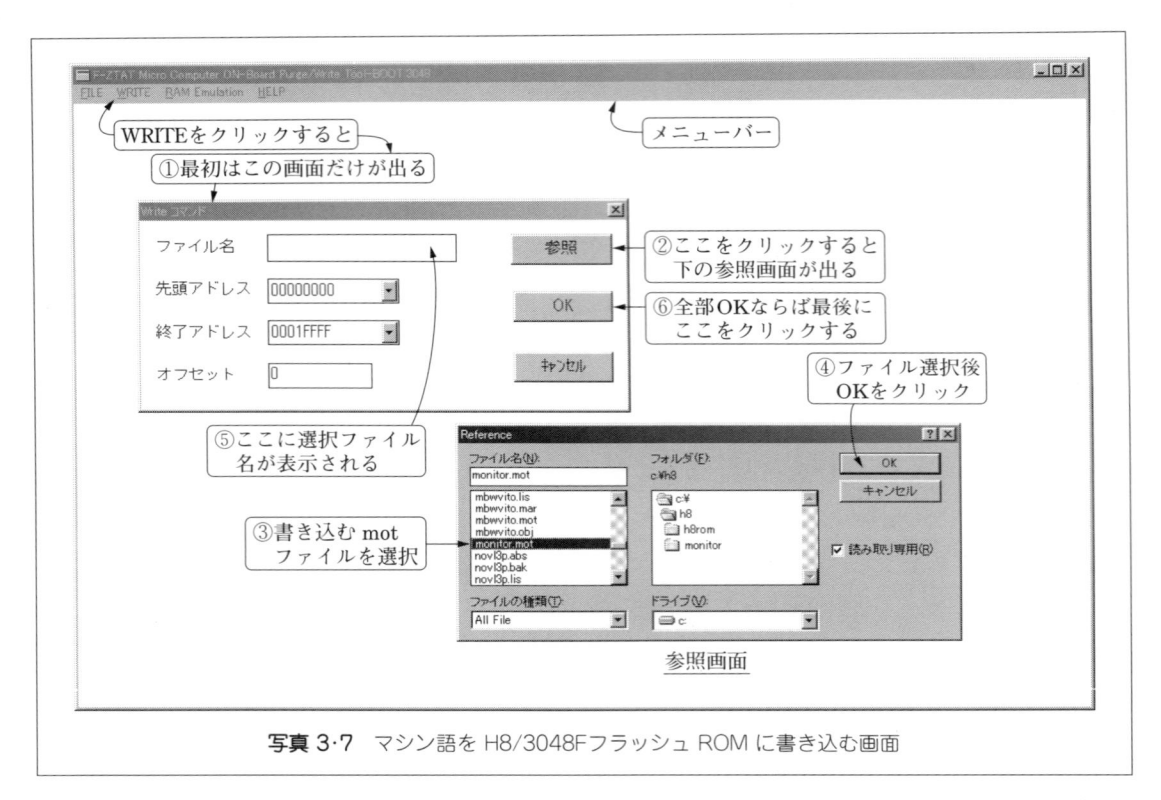

写真3·7 マシン語をH8/3048FフラッシュROMに書き込む画面

にmotファイル名をパス名とともに書き込み，"OK"をクリックしますが，念のため"参照"欄をクリックして右下画面を表示させ，その中から目的のファイルを選択したほうが確実でしょう．書き込みファイル名が左上画面中の"ファイル名"欄に確定したら，最後に"OK"をクリックします．これでROM書き込みが開始されます．

44

⑤ フラッシュ ROM 書き込みの進行状況は画面にパーセントで表示されます。今回の実験程度のプログラムなら，それこそあっという間に終了します。終わったら，マザーボードの SW-6 を切り，そのあと SW-7 を切ります。画面はメニューバー右端の×をクリックして終了させます。

●3● スイッチ入力／LED 出力の実験

　以上の作業で ledout.mot が H 8/3048 F に書き込まれました。もう RS 232 C ケーブルは用がありませんからはずします。そしてこんどは SW-7 を OFF のまま，マザーボードの"DC 入力"に 15〜20 V を接続し，SW-6 を ON にすれば，すぐ CPU は動作を開始します。5 V 電源だけで動作させたいときは，SW-6, 7 とも OFF のまま，マザーボード CN-1 の 35, 36 ピンに＋5 V を，37, 38 ピンにアース（−）を接続すれば OK です。ただしこのとき，CPU 基板上の 7805 には逆電圧がかかるので，壊れることはないにしてもちょっと気になります。筆者も試してみましたが，大丈夫なようでした。

　実験は簡単です。SW-1 を押せば LED-1 が，SW-2 を押せば LED-2 がそれぞれ点灯し，手を離せば消灯します。たったこれだけのことを CPU にやらせるために，いままで延々と時間をかけてきたのです。何だかばかばかしいような気もしますね。でも，どんなに立派な人だって，赤ちゃんのうちは口も利けないし歩けもしなかったのです。これからの実験で CPU が次第に実力を発揮してくれることに期待しましょう。

I/Oポートの入力をLCDに表示

第4章

アスキー文字

もともとは，7bitの英数文字コードと1bitのパリティビットの組み合わせであるアンスキーコード（ＡＮＳＣＩＩ：American National Standard Code For Information Interchange）のことですが，日本ではこれにカナ文字コードも加え，アルファベット，カナ，数字コードとして使われているコード体系のことをいいます。

ＬＥＤとＬＣＤ

前者は，発光ダイオード（Light Emitting Diode），後者は，液晶表示器（Liquid Crystal Display）です。

　本章では，I/Oポート入力データの状況（SW-1～5のON/OFF）をLCD表示で読み取ることができるようにしてみます。前章のSW-1～2のON/OFFによるLED-1，LED-2の点滅動作を，SW-3～4のON/OFFによるLED-1，LED-2の点滅動作に変更してみましょう。使用するLCDは，16文字×2行のアスキー文字（アルファベット，数字，カナ文字）を1文字につき5×7ドットまたは5×10ドットで表示する市販品（サンライク社製：SC 1602 BS）です。これは写真 **4・1** および **4・2** のような外観のモジュール形LCDで，外部との接続用に12本（2列6本）のピンヘッダ（2.5 mmピッチ）を持っています。

　マイコン回路によく使用される数字や文字のディスプレイ（表示器）としては，LEDやLCDが広く用いられています。LEDは輝度が高く見やすいのですが，電流消費量が大きく，多桁文字を表示できるモジュール化された製品が少ないので，ここでは消費電流も少なく，モジュール化されて使い勝手のよいLCDを使うことにしました。

4.1　LCDの構造と使い方

●1● LCDの基本構造

　図 **4・1** は，LCDの動作原理を説明した図です。ガラスなど透明な容器の中に透明な薄膜導電体の電極を接近して向かい合わせ，その間に液晶物質を封入してあります。一方の電極は全面に貼り付けてあり，これをバックプレーン（BP）といいます。他方の電極は表示する文字や図形の形をしていて，これをセグメントと呼びます。このセグメントとBP間に電圧が

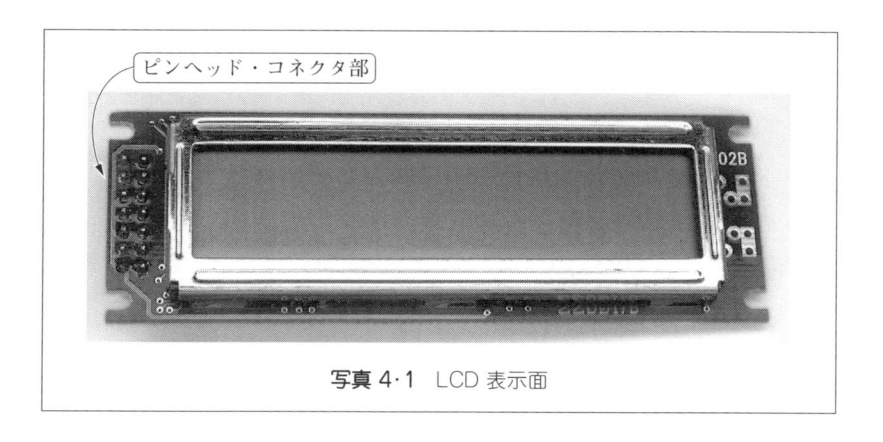

4.1 LCDの構造と使い方

写真4・1 LCD表示面

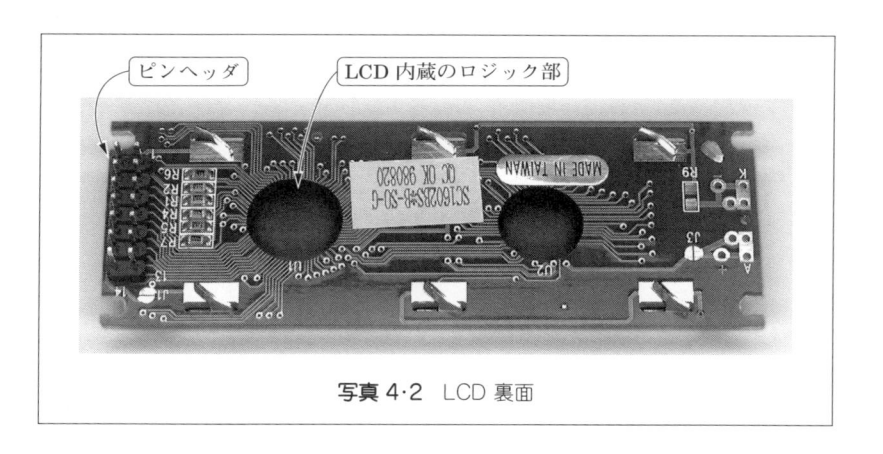

写真4・2 LCD裏面

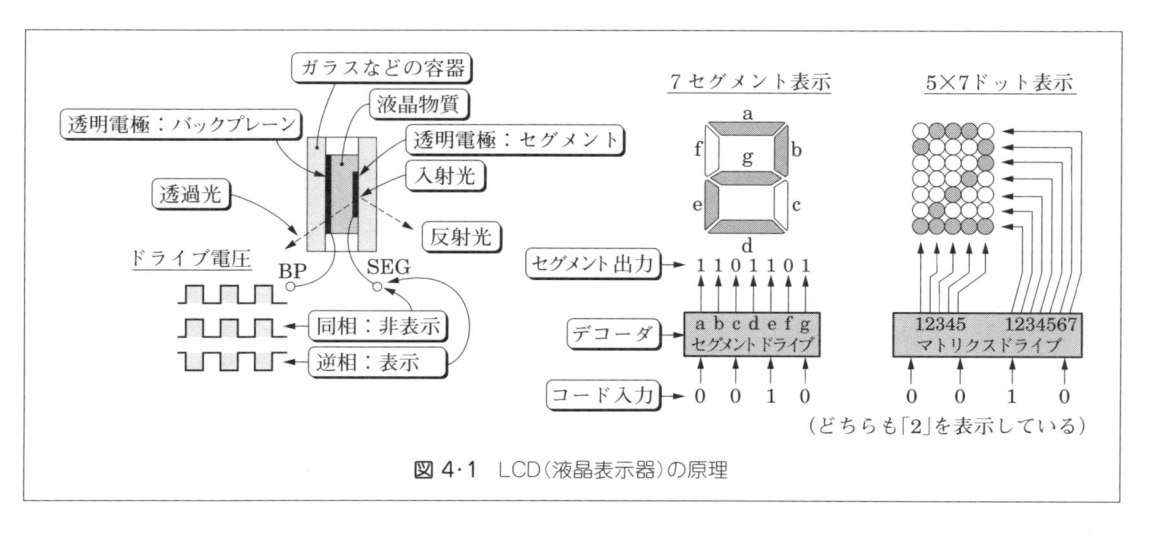

図4・1 LCD（液晶表示器）の原理

加えられると，液晶物質の電界による物理的変化から光の透過度または反射度が変化し，電界がないときは透き通っていたセグメントの形が見えるようになります。したがって，この両電極間に電圧を加えるかどうかでセグメントを表示したりしなかったりすることができるのです。また，この電圧が直流だと液晶物質に永久変化を起こすことがあり，ほとんどの場合交流電圧が使われます。図の例のように，両電極間に同相交流（方形波）電圧を加えたときは電極間電圧がゼロです。逆相電圧のときは差電圧が発生してセグメントが見えるようになります。

LCDはセグメントの形を自由に選定できるので，複雑な図形でも表示可能です。しかし，同じ表示面上に図形や文字を任意に切り換えて表示できる汎用製品となると，かなり限定されます。実際に入手可能なのは，図4・1のように7セグメントの組み合わせで16進数を表示するものか，あるいはドットマトリクスを使い，その交点に同相または逆相電圧を加えることでドットの組み合わせパターンを表示するものの2種類でしょう。

●2● 市販LCDの使い方

今回の実験に使うLCD：SC 1602 BSは，16字×2行，5×7または5×10ドット／文字のマトリクス表示方式で，構成は図**4・2**のようになっているものと推定（手許に詳しい資料がないため）されます。内部には32字

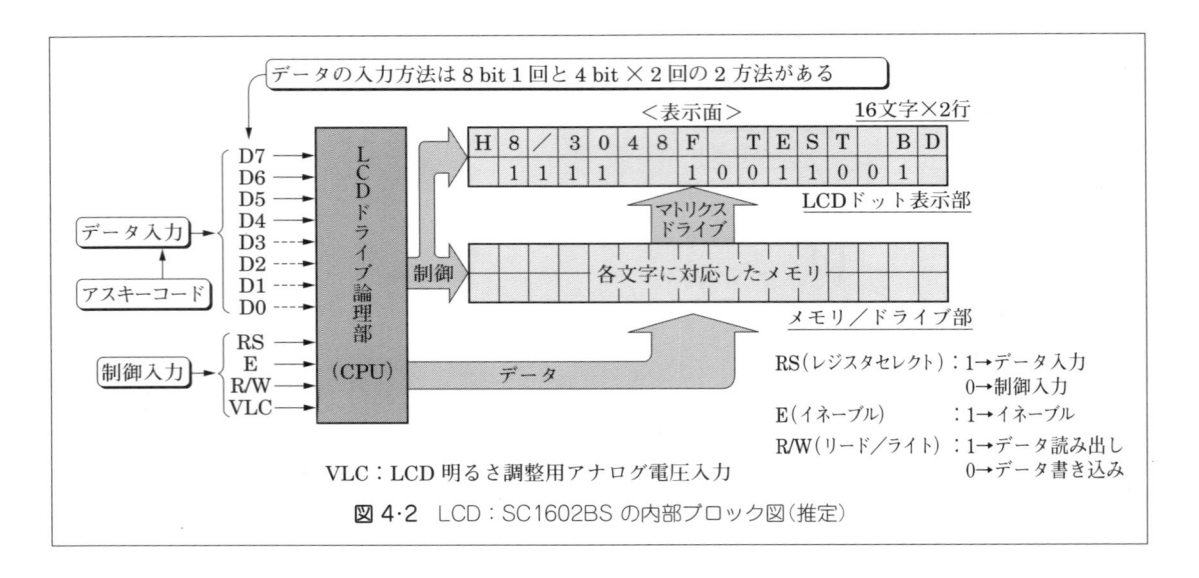

図4・2 LCD：SC1602BSの内部ブロック図（推定）

分のLCDドットマトリクスとそれに対応するメモリ，マトリクスドライバなどが組み込まれ，表示データはアスキーコード形式で8 bitのまま，または8 bitを4 bitずつ2回に分けて読み込まれます。

これら表示データの読み込みはすべて外部からの制御により行われますが，内部に読み込まれたデータは，それぞれの文字表示位置に対応するメモリに書き込まれ，それが書き改められない限りその内容は保持され，内蔵CPUの働きで自動的に表示され続けます。

4.2 LCDのドライブ方法

●1● LCDの初期設定

SC 1602 BSは，電源ONのあと，図4・3に示すような手順で一連の初期設定を行います。このLCDはいろいろな使い方が可能なので，その分，初期設定は複雑です。ここでは今回の実験に必要な設定項目に重点を置いて説明します。

- **ソフトウェアリセット**：最初のソフトウェアリセットでは，LCDのマニュアルに従い，リセットのためのファンクションセットを機械的に8 bit転送で4回続けて行います。
- **ファンクションセット**：ここから正規の初期設定に入ります。このファンクションセットではLCDの動作および機能を選択します。表示行数は2行に，表示ドット数は5×7ドットに，H 8/3048 FからLCDへのデータ転送は1アスキーコード/8 bitを4 bitずつ2回に分けて転送する，という設定にします。なお，この設定を行う制御コード自身も4 bit×2回でLCDに転送されます。
- **ディスプレイON/OFF制御**：ディスプレイON，カーソルON，カーソル位置のブリンクOFFに設定します。この制御コードも4 bit×2回転送でLCDに送られます。
- **エントリモードの設定**：カーソル移動はインクリメント方向に，ディスプレイシフト（入力に伴い文字が移動していく）はしない，という設定にします。これも4 bit×2回転送です。

図3・2(p.32)の試作マザーボード回路では，LCDに対する制御コー

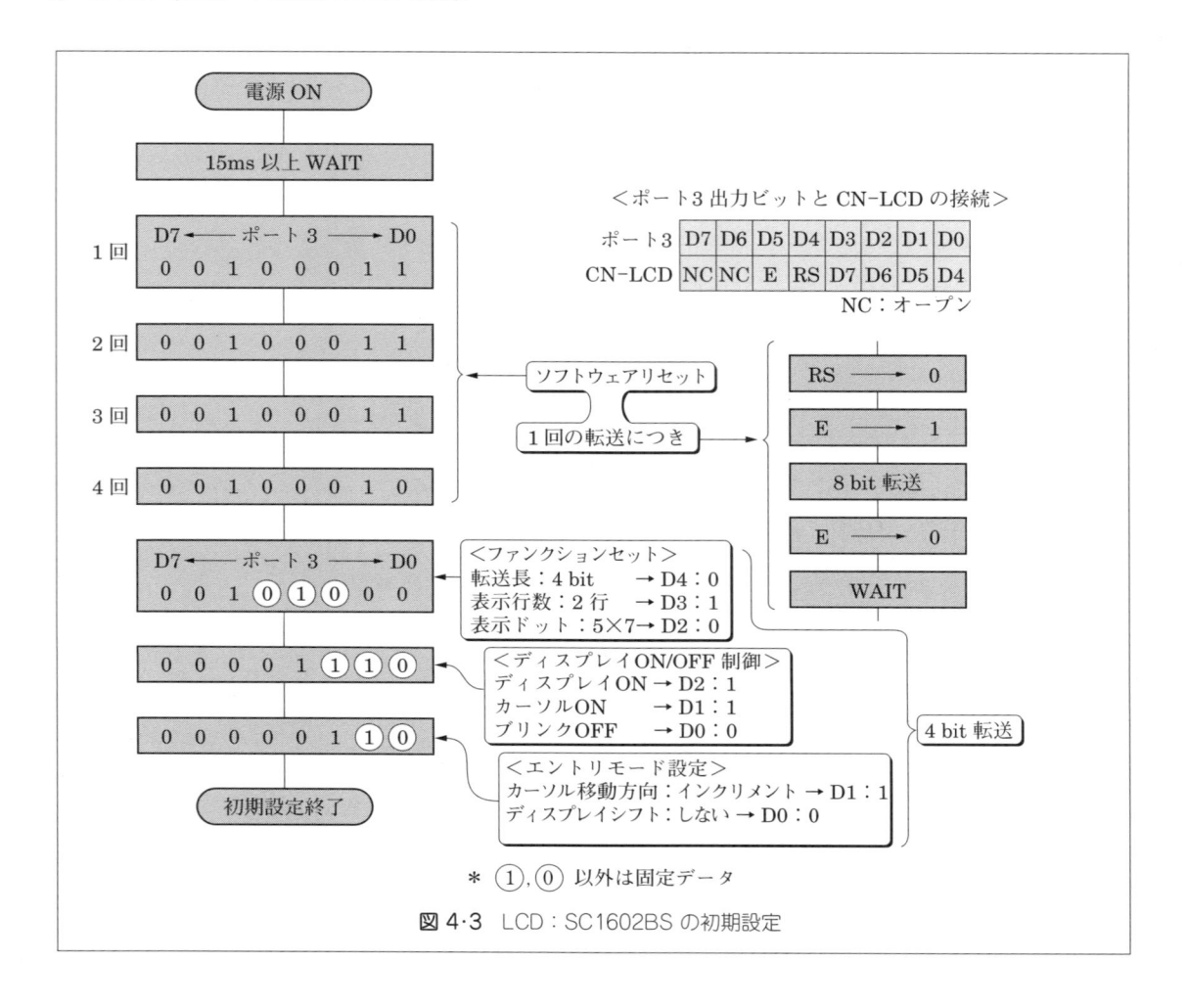

第4章 I/Oポートの入力をLCDに表示

```
                電源 ON
                  ↓
            15ms 以上 WAIT
                  ↓
1回  D7 ←— ポート3 —→ D0
     0 0 1 0 0 0 1 1
                  ↓
2回  0 0 1 0 0 0 1 1
                  ↓
3回  0 0 1 0 0 0 1 1
                  ↓
4回  0 0 1 0 0 0 1 0
                  ↓
     D7 ←— ポート3 —→ D0
     0 0 1 ⓪ 1 0 0 0
                  ↓
     0 0 0 0 1 ① ① ⓪
                  ↓
     0 0 0 0 0 1 ① ⓪
                  ↓
            初期設定終了
```

＜ポート3出力ビットとCN-LCDの接続＞

ポート3	D7	D6	D5	D4	D3	D2	D1	D0
CN-LCD	NC	NC	E	RS	D7	D6	D5	D4

NC：オープン

ソフトウェアリセット
1回の転送につき：
 RS → 0
 E → 1
 8 bit 転送
 E → 0
 WAIT

＜ファンクションセット＞
転送長：4 bit　　→ D4：0
表示行数：2 行　　→ D3：1
表示ドット：5×7 → D2：0

＜ディスプレイON/OFF制御＞
ディスプレイON → D2：1
カーソルON　　 → D1：1
ブリンクOFF　　→ D0：0

4 bit 転送

＜エントリモード設定＞
カーソル移動方向：インクリメント → D1：1
ディスプレイシフト：しない → D0：0

＊ ①，⓪ 以外は固定データ

図4・3 LCD：SC1602BSの初期設定

ドやデータの転送は，ポート3を出力モードに設定し，すべてこのポート経由で行うようにしています．ポート3経由で出力される制御コードは，図4・3の〇印内のビットだけが関係し，他は固定されたデータです．具体的には後出のプログラム(図4・6)を参照してください．

●2● データの転送と表示

　初期設定が完了すれば，もう表示データを自由にLCDに転送できます．その手順を示したのが図**4・4**です．表示データはRAM領域内に特定の場所(図4・6の12行目：LCD 162)を定め，そこに書き込んでおきます．そ

4.2 LCDのドライブ方法

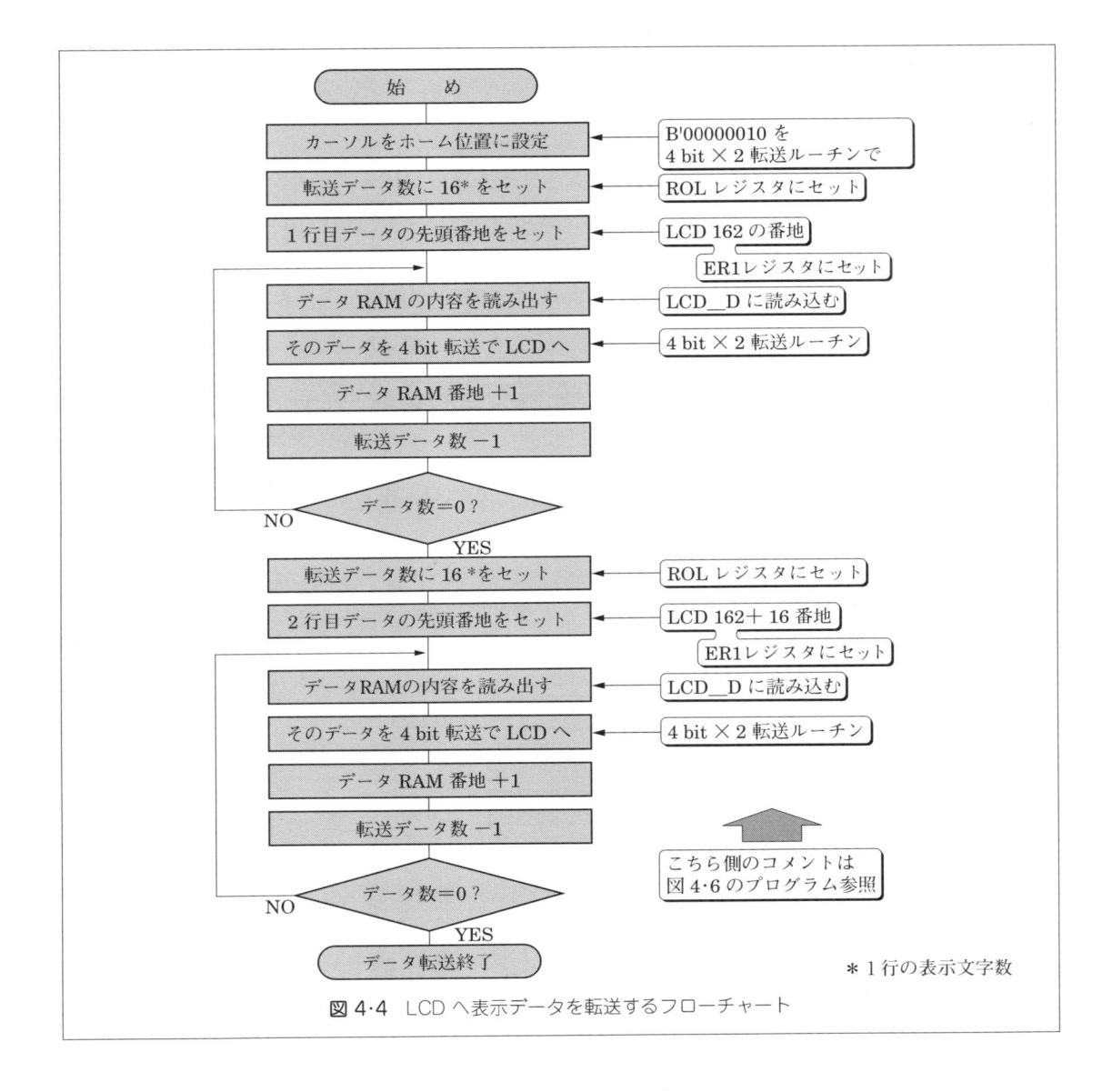

```
                    ┌─────────┐
                    │  始 め  │
                    └────┬────┘
                         ▼
         ┌───────────────────────────┐      ┌──────────────────┐
         │ カーソルをホーム位置に設定 │◀────│ B'00000010 を    │
         └───────────────┬───────────┘      │ 4 bit×2 転送ルーチンで│
                         ▼                   └──────────────────┘
         ┌───────────────────────────┐      ┌──────────────────┐
         │ 転送データ数に 16* をセット│◀────│ ROL レジスタにセット │
         └───────────────┬───────────┘      └──────────────────┘
                         ▼
         ┌───────────────────────────┐      ┌──────────────────┐
         │ 1行目データの先頭番地をセット│◀──│ LCD 162 の番地     │
         └───────────────┬───────────┘      └──────────────────┘
                         │                   ┌──────────────────┐
                         │                   │ ER1レジスタにセット │
                         │                   └──────────────────┘
                         ▼
      ┌─▶┌───────────────────────────┐      ┌──────────────────┐
      │  │ データ RAM の内容を読み出す│◀────│ LCD_D に読み込む   │
      │  └───────────────┬───────────┘      └──────────────────┘
      │                  ▼
      │  ┌───────────────────────────┐      ┌──────────────────┐
      │  │ そのデータを 4bit 転送でLCDへ│◀──│ 4 bit×2 転送ルーチン│
      │  └───────────────┬───────────┘      └──────────────────┘
      │                  ▼
      │  ┌───────────────────────────┐
      │  │ データ RAM 番地 +1         │
      │  └───────────────┬───────────┘
      │                  ▼
      │  ┌───────────────────────────┐
      │  │ 転送データ数 -1            │
      │  └───────────────┬───────────┘
      │                  ▼
      │              ╱ データ ╲
      └──NO────────╱  数=0?   ╲
                    ╲         ╱
                     ╲       ╱
                      ╲ YES ╱
                         ▼
         ┌───────────────────────────┐      ┌──────────────────┐
         │ 転送データ数に 16*をセット │◀────│ ROL レジスタにセット │
         └───────────────┬───────────┘      └──────────────────┘
                         ▼
         ┌───────────────────────────┐      ┌──────────────────┐
         │ 2行目データの先頭番地をセット│◀──│ LCD 162+16 番地    │
         └───────────────┬───────────┘      └──────────────────┘
                         │                   ┌──────────────────┐
                         │                   │ ER1レジスタにセット │
                         │                   └──────────────────┘
                         ▼
      ┌─▶┌───────────────────────────┐      ┌──────────────────┐
      │  │ データRAMの内容を読み出す  │◀────│ LCD_D に読み込む   │
      │  └───────────────┬───────────┘      └──────────────────┘
      │                  ▼
      │  ┌───────────────────────────┐      ┌──────────────────┐
      │  │ そのデータを 4bit 転送でLCDへ│◀──│ 4 bit×2 転送ルーチン│
      │  └───────────────┬───────────┘      └──────────────────┘
      │                  ▼
      │  ┌───────────────────────────┐
      │  │ データ RAM 番地 +1         │
      │  └───────────────┬───────────┘
      │                  ▼
      │  ┌───────────────────────────┐
      │  │ 転送データ数 -1            │
      │  └───────────────┬───────────┘      ┌──────────────────┐
      │                  ▼                   │ こちら側のコメントは│
      │              ╱ データ ╲              │ 図4·6のプログラム参照│
      └──NO────────╱  数=0?   ╲              └──────────────────┘
                    ╲         ╱
                     ╲ YES   ╱
                         ▼
                 ┌───────────────┐
                 │ データ転送終了 │
                 └───────────────┘
```

*1行の表示文字数

図 4·4 LCD へ表示データを転送するフローチャート

してそのデータを，中継用 RAM 領域 LCD_D に 1 B(バイト)ずつ順に読み出しては LCD に転送し，表示させます。

LCD に表示する内容は SW-1〜5 の ON/OFF の状態ですが，これは常時 CPU によって監視され，状態に変化があれば，この RAM 領域"LCD 162"のデータがそれに従って書き換えられるように別のプログラムで作っ

ておきます．こうすると，スイッチのON/OFF状態監視とLCDへのデータ転送がすっきりと分離され，輻輳がなくなるので，プログラムの間違いが少なくなります．

なお，図4・4のフローチャートの冒頭に書いてある「カーソルをホーム位置に設定」は，"LCD 162"番地のメモリ内容とLCD上のカーソル表示位置を一致させるための操作です．このため，LCD表示データ転送プログラムの最初で，制御コード"00000010"を書き込みます．

4.3 LCD表示を含む実験プログラムの作成

●1● 実験プログラムの流れ

では，SW-1～5のON/OFFの状態をLCDに1,0の数字で表示し，またSW-3,4のON/OFFでLED-1,2が点滅するプログラムを作ってみましょう．図**4・5**がその主な流れを示すフローチャートです．

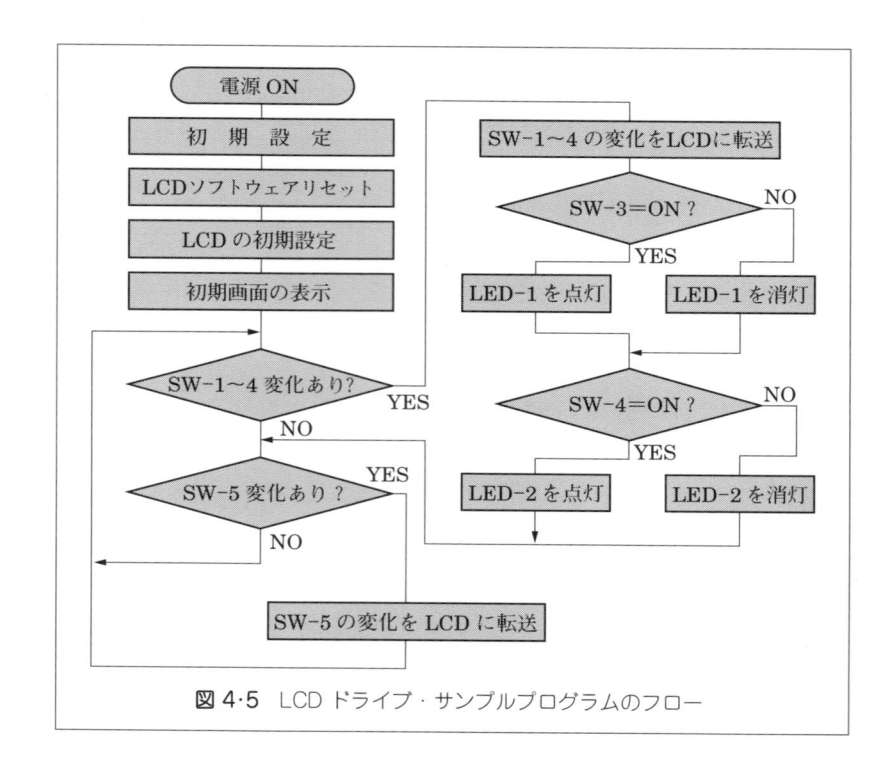

図4・5 LCDドライブ・サンプルプログラムのフロー

4.3 LCD表示を含む実験プログラムの作成

- **初期画面の表示**：初期設定が終わった時点では，LCDの内部メモリに何が書き込まれているか，つまり何が表示されるかわかりません。そこであらかじめROM内にデータ領域を設け，LCDに初期表示する文字列データを書き込んでおき，それをプログラム立ち上げ時にLCDに転送し，初期画面として表示させることにします。あとでプログラムを見ればわかりますが，LCD画面の上下2行のうち，2行目（下の行）の左側「1111」でSW-1～4を，そしてその右側の「11111111」でSW-5の8 bitを表示します（全部のスイッチがOFFの状態の表示）。1行目には何も表示されなくてもよいのですが，一応"H 8/3048 F TEST BD"と表示が出るようにしておきました（後出の図4・6：250行参照）。

- **SW-1～4のON/OFFチェック**：SW-1～4の状態が変化したら（どれかが押されたら），その4 bit分のデータをLCDに転送し，続いてSW-3がONならLED-1を点灯，SW-4がONならLED-2を点灯‥というように処理していきます。

- **SW-5のON/OFFチェック**：SW-1～4の処理が終わると，こんどはSW-5の様子を見にいきます。変化があればその8 bitのON/OFFデータをLCDに転送します。ただし，ここで「LCDに転送‥」というのは，前項で説明したように，実際はRAM領域"LCD 162"に書き込まれているLCD表示データを書き換えたあと，その内容を"LCD_D"経由でLCDに転送することを意味します。

- **無限ループのプログラム**：上記の作業が終わると，プログラムは再びSW-1～4の状態チェックに戻り，同じ動作が繰り返されます。これは電源を切らない限り永久に続きます。以上がメインルーチンの働きです。

●2● LCDドライブ・サンプルプログラムの解説

図4・5のフローと，図4・3，4・4などを見ながら書き上げたのが，図4・6のサンプルプログラムです。プログラムリストのコメント行には，それぞれの行の働きについて解説してありますが，アセンブラは初めてという読者のために，以下の説明で補足することにしましょう。

- **CPUの指定～I/Oの初期設定(5～37行)**：この部分は，図3・4(p.35)と基本的に同じです。ただし，初期設定を要するポートが，ポート2～5まで4ポートに増えています。PDDRに対する制御コードも，入力ビ

第4章 I/Oポートの入力をLCDに表示

```
 1  ;                      LCDDRV.MAR  ROM版                          図4･6
 2  ;****************************************************
 3  ;*           LCDドライブサンプルプログラム             *
 4  ;****************************************************
 5              .CPU  300HA              ;CPUの指定
 6              .SECTION VECT, CODE, LOCATE=H'000000 ; セクションの宣言
 7  RES         .DATA.L INIT             ;ラベルINIT：以降にプログラム領域を確保
 8  ;-----シンボルの定義(番地などを記号に置き換えわかりやすくする)-----
 9  SW_D        .EQU    H'FFEF10         ;SW-1～4の状態を記憶しておくRAMの番地
10  SW_D5       .EQU    H'FFEF11         ;SW-5(8bit-DIP)の状態を記憶しておくRAMの番地
11  LCD_D       .EQU    H'FFEF12         ;LCDに転送するデータ1バイトを一時入れておくRAMの番地
12  LCD162      .EQU    H'FFEF13         ;LCD表示16文字2行分のデータを入れておくRAMの番地
13  P2DR        .EQU    H'FFFFC3         ;ポート2入力データレジスタの番地 (8P-DIP, SW-5)
14  P3_D        .EQU    H'FFFFC6         ;ポート3出力データレジスタを指定する番地
15  E_SIG       .BEQU   5,P3_D           ;LCD制御イネーブル信号"E"
16  RS          .BEQU   4,P3_D           ;LCDデータ/制御識別信号"RS"
17  P4DR        .EQU    H'FFFFC7         ;ポート4入力データレジスタを指定する番地
18  P5DR        .EQU    H'FFFFCA         ;ポート出力データレジスタを指定する番地
19  LED1        .BEQU   0,P5DR           ;LED1(ポート5のbit0)
20  LED2        .BEQU   1,P5DR           ;LED2(ポート5のbit1)
21
22              .SECTION  ROM,CODE,LOCATE=H'000100    ;セクションの宣言
23
24  ;-----I/Oの初期設定-----
25  INIT:       MOV.L   #H'FFF10,ER7     ;スタックポインタの設定(ER7=SP)
26              MOV.B   #H'00,R0L        ;ポート2(SW-5接続)を入力に設定するため
27              MOV.B   R0L,@H'FFFFC1    ;ポート2コントロールレジスタに2を書き込む
28              MOV.B   #H'FF,R0L        ;ポート2入力端をMOS-FETプルアップするため
29              MOV.B   R0L,@H'FFFFD8    ;ポート2コントロールレジスタに"FF"を書き込む
30              MOV.B   #H'FF,R0L        ;ポート3を出力に設定するため
31              MOV.B   R0L,@H'FFFFC4    ;ポート3コントロールレジスタに"FF"を書き込む
32              MOV.B   #H'00,R0L        ;ポート4を入力に設定するため
33              MOV.B   R0L,@H'FFFFC5    ;ポート4コントロールレジスタに"00"を書き込む
34              MOV.B   #H'FF,R0L        ;ポート4入力端をMOS-FETプルアップするため
35              MOV.B   R0L,@H'FFFFDA    ;ポート4コントロールレジスタに"FF"を書き込む
36              MOV.B   #H'FF,R0L        ;ポート5を出力に設定するため
37              MOV.B   R0L,@H'FFFFC8    ;ポート5コントロールレジスタに"FF"を書き込む
38
39  ;-----LCDの初期設定-----
40  ;-----LCDのソフトウェアリセット-----
41              JSR     @TIME00          ;16msのWAIT(4ms×4)
42              JSR     @TIME00
43              JSR     @TIME00
44              JSR     @TIME00
45
46              MOV.B   #B'00100011,R0L  ;リセットのためのファンクションセット1回目
47              MOV.B   R0L,@LCD_D       ;LCD転送RAM領域に"00100011"を書き込む
48              BCLR    RS               ;リセットは制御動作なのでRSを"0"にする
49              JSR     @LCD_OUT8        ;以上のデータを8bit転送ルーチンでLCDに転送
50              JSR     @TIME00          ;リセットを有効にするため4msのWAIT
51              MOV.B   #B'00100011,R0L  ;リセットのためのファンクションセット2回目
52              MOV.B   R0L,@LCD_D       ;以下，1回目と同じ
53              BCLR    RS
54              JSR     @LCD_OUT8
55              JSR     @TIME00          ;4msのWAIT
56              MOV.B   #B'00100011,R0L  ;リセットのためのファンクションセット3回目
```

4.3 LCD表示を含む実験プログラムの作成

```
57          MOV.B    R0L,@LCD_D          ;以下，1回目と同じ                        図4・6
58          BCLR     RS
59          JSR      @LCD_OUT8
60          JSR      @TIME00             ;4msのWAIT
61          MOV.B    #B'00100010,R0L     ;マニュアルどおり最終回のファンクションセット
62          MOV.B    R0L,@LCD_D          ;転送データが"00100010"と変わった点に注意
63          BCLR     RS
64          JSR      @LCD_OUT8
65          JSR      @TIME00             ;4msのWAIT
66
67   ;------LCDの初期設定-----
68          MOV.B    #B'00101000,R0L     ;ここで正規のファンクションセット
69          MOV.B    R0L,@LCD_D          ;転送データが再び異なっている点に注意
70          BCLR     RS                  ;LCDに対する正規のデータ転送は
71          JSR      @LCD_OUT4           ;8bit分を4bit×2回で行う
72          JSR      @TIME00             ;4msのWAIT
73          MOV.B    #B'00001110,R0L     ;LCD表示をONにするための制御信号を送る
74          MOV.B    R0L,@LCD_D
75          BCLR     RS                  ;制御データ転送時は"RS"を"0"にする
76          JSR      @LCD_OUT4           ;4bit×2回転送サブルーチンへ
77          JSR      @TIME00             ;4msのWAIT
78          MOV.B    #B'00000110,R0L     ;エントリーモードの設定
79          MOV.B    R0L,@LCD_D          ;カーソル移動:インクリメント，表示のシフトは行わない，
80          BCLR     RS                  ;などを設定
81          JSR      @LCD_OUT4           ;4bit×2回転送サブルーチンへ
82          JSR      @TIME00             ;4msのWAIT
83   ;-----初期設定終了-----
84   ;-----LCD初期画面表示-----
85          MOV.B    #B'00000001,R0L     ;LCD内部の表示メモリをクリアする
86          MOV.B    R0L,@LCD_D
87          BCLR     RS                  ;制御データ転送時は"RS"を"0"にする
88          JSR      @LCD_OUT4           ;4bit×2回転送サブルーチンへ
89          JSR      @TIME00             ;4msのWAIT
90          MOV.B    #32,R0L             ;R0LレジスタにLCD表示文字数をセットする
91          MOV.L    #LCD162,ER1         ;ER1レジスタにLCD表示文字用RAM領域の先頭番地を
92          MOV.L    #MOJI,ER2           ;ER2に初期文字データの先頭番地をセットする
93   SHOKI0: MOV.B   @ER2+,R0H           ;最初の文字データをR0Hレジスタに書き込んだら
94          MOV.B    R0H,@ER1            ;それをLCD表示文字用RAM領域の先頭番地に転送し
95          INC.L    #1,ER1              ;そのあと番地を次の文字用に1番地進めておく
96          DEC.B    R0L                 ;転送文字数から1を引く
97          BNE      SHOKI0              ;文字数が0になるまでSHOKI0へジャンプを繰り返す
98          JSR      @LCDDSP             ;文字転送完了でLCD表示サブルーチンへジャンプ
99
100  ;-----MAINルーチン-----
101         MOV.B    #0,R0L              ;SW_D,SW_D5のRAM領域をクリヤする
102         MOV.B    R0L,@SW_D           ;(この動作は1回だけなので，実質的なMAINルーチンは
103         MOV.B    R0L,@SW_D5          ;次行BOTAN:からとなる)
104  BOTAN: MOV.B    @P4DR,R0L           ;SW-1～4の状態をR0Lに読み込む
105         MOV.B    @SW_D,R0H           ;SW_Dの内容をR0Hに読み込む
106         CMP.B    R0H,R0L             ;R0HとR0Lの内容を比較する
107         BEQ      S5CHK               ;同じなら(変化がなければ)S5CHKにジャンプ
108         JSR      @S1_4               ;変化があればS1_4サブルーチンへ
109  S5CHK: MOV.B    @P2DR,R0L           ;SW-5の状態をR0Lに読み込む
110         MOV.B    @SW_D5,R0H          ;SW_D5の内容をR0Hに読み込む
111         CMP.B    R0H,R0L             ;R0HとR0Lの内容を比較
112         BEQ      BOTAN               ;同じならBOTANにジャンプ
```

第4章 I/Oポートの入力をLCDに表示

```
113             JSR       @S5              ;変わっていればS5サブルーチンへ                図4・6
114             JMP       @BOTAN           ;BOTANにジャンプして同じ動作を繰り返す
115  ;-----MAINルーチン終了-----
116  ;-----サブルーチン-----
117  ;-----LCD文字出力16文字×2行転送サブルーチン-----
118  LCDDSP: PUSH.L    ER0              ;MAINルーチンで使っている可能性があるレジスタは
119          PUSH.L    ER1              ;内容をスタックに退避しておく
120          MOV.B     #B'00000010,R0L  ;カーソルをホーム位置にするための制御データを
121          MOV.B     R0L,@LCD_D       ;LCDに転送する
122          BCLR      RS               ;制御データ転送なのでRSを"0"にする
123          JSR       @LCD_OUT4        ;4bit×2回転送サブルーチンへ
124          JSR       @TIME00          ;4msのWAIT
125
126  ;-------LCD表示1行目の16文字転送--------
127          MOV.B     #16,R0L          ;表示文字数"16"をR0Lにセット
128          MOV.L     #LCD162,ER1      ;LCD表示用RAM領域の先頭番地をER1にセット
129  LCDDSP1:          MOV.B @ER1+,R0H  ;表示文字データをR0Hに入れ1番地進める
130          MOV.B     R0H,@LCD_D       ;表示文字データを転送用RAM領域に入れる
131          BSET      RS               ;データ転送なのでRSを"1"にする
132          JSR       @LCD_OUT4        ;4bit×2回転送サブルーチンへ
133          BCLR      RS               ;RSを"0"に戻す
134          DEC.B     R0L              ;セットした文字数から1を減じる
135          BNE       LCDDSP1          ;文字数が0になるまで同じ動作を繰り返す
136          MOV.B     #B'11000000,R0L  ;カーソルを2行目に変更するための制御データを
137          MOV.B     R0L,@LCD_D       ;LCDに転送する
138          BCLR      RS               ;制御データの転送なのでRSを"0"にする
139          JSR       @LCD_OUT4        ;4bit×2回転送サブルーチンへ
140  ;-------LCD表示2行目の16文字転送--------
141          MOV.B     #16,R0L          ;表示文字数"16"をR0Lにセット
142          MOV.L     #LCD162+16,ER1   ;2行目表示用RAM領域の先頭番地をER1にセット
143  LCDDSP2:          MOV.B @ER1+,R0H  ;表示文字データをR0Hに入れ1番地進める
144          MOV.B     R0H,@LCD_D       ;表示文字データを転送用RAM領域に入れる
145          BSET      RS               ;データ転送なのでRSを"1"にする
146          JSR       @LCD_OUT4        ;4bit×2回転送サブルーチンへ
147          BCLR      RS               ;RSを"0"に戻す
148          DEC.B     R0L              ;セットした文字数から1を減じる
149          BNE       LCDDSP2          ;文字数が0になるまで同じ動作を繰り返す
150          POP.L     ER1              ;スタックに退避したER1とER0を復帰する
151          POP.L     ER0              ;退避するときと順番が逆になる点に注意
152          RTS                        ;もとのルーチンに戻る
153  ;-----LCDへのデータ/コマンドの転送サブルーチン(8bit)-----
154  LCD_OUT8:         PUSH.L ER0       ;レジスタER0の内容をスタックに待避
155          BSET      E_SIG            ;LCDのE信号を"1"にセットする
156          MOV.B     @LCD_D,R0L       ;データ(コマンド)をR0Lに入れる
157          MOV.B     R0L,@P3_D        ;LCDにデータ(コマンド)を出力
158          JSR       @TIME10          ;WAIT
159          BCLR      E_SIG            ;LCDのE信号を"0"に戻す
160          JSR       @TIME10          ;WAIT
161          POP.L     ER0              ;退避したER0レジスタを復帰する
162          RTS                        ;もとのルーチンに戻る
163  ;-----LCDへのデータ/コマンドの転送サブルーチン(4bit×2回)-----
164  LCD_OUT4:         PUSH.L ER0       ;レジスタER0の内容をスタックに待避
165  ;--上位4bit送出
166          BSET      E_SIG            ;LCDのE信号を"1"にセットする
167          MOV.B     @LCD_D,R0L       ;データ(コマンド)をR0Lに入れる
168          SHLR.B    R0L              ;4bit単位の転送なので上位4bitを
```

```
169            SHLR.B    R0L                        ;下位4bitにシフトする              図4・6
170            SHLR.B    R0L
171            SHLR.B    R0L
172            AND.B     #B'00001111,R0L            ;データの下位4bit以外をマスクする
173            MOV.B     @P3_D,R0H                  ;RS信号の待避
174            AND.B     #B'11110000,R0H            ;RS信号,E信号以外をマスクする
175            OR.B      R0H,R0L                    ;RS信号,E信号,データ(4bit)を合成し
176            MOV.B     R0L,@P3_D                  ;合成したすべての信号をLCDに転送する
177            JSR       @TIME10                    ;WAIT
178            BCLR      E_SIG                      ;E信号を"0"にリセットする
179            JSR       @TIME10                    ;WAIT
180   ;--下位4 bit 送出
181            BSET      E_SIG                      ;LCDのE信号を"1"にセットする
182            MOV.B     @LCD_D,R0L                 ;データ(コマンド)をR0Lに入れる
183            AND.B     #B'00001111,R0L            ;データ線下位4bit以外をマスクする
184            MOV.B     @P3_D,R0H                  ;RS信号の待避
185            AND.B     #B'11110000,R0H            ;RS信号,E信号以外をマスクする
186            OR.B      R0H,R0L                    ;RS信号,E信号，データ(4bit)を合成し
187            MOV.B     R0L,@P3_D                  ;合成したすべての信号をLCDに転送する
188            JSR       @TIME10                    ;WAIT
189            BCLR      E_SIG                      ;E信号を"0"にリセットする
190            JSR       @TIME10                    ;WAIT
191            POP.L     ER0                        ;ER0レジスタの内容をスタックから復帰する
192            RTS                                  ;もとのルーチンへ戻る
193   ;-----SW-1～4のON/OFFをLCDに表示するサブルーチン-----
194   S1_4:    MOV.B     R0L,@SW_D                  ;現在のON/OFF状態をRAM領域SW_Dに書き込む
195            MOV.B     #4,R1L                     ;文字数(スイッチ数)をR1Lにセット
196            MOV.L     #LCD162+21,ER2             ;LCD表示データの先頭番地をER2にセットする
197            MOV.B     @SW_D,R0L                  ;スイッチの状態をR0Lレジスタに読み込む
198   BOTAN1:  ROTL.B    R0L                        ;R0L最上位bitを最下位bitに左ローテート
199            MOV.B     R0L,R0H                    ;これをR0Hに転送
200            AND.B     #B'00000001,R0H            ;最下位bitの"1"か"0"かを判定する
201            OR.B      #B'00110000,R0H            ;これにH'30を加算してアスキーコードに変換
202            MOV.B     R0H,@-ER2                  ;それをLCD表示RAM領域に格納
203            DEC.B     R1L                        ;文字数から1を減じる
204            BNE       BOTAN1                     ;文字数が0になるまで同じ動作を繰り返す
205            JSR       @LCDDSP                    ;LCD表示ルーチンへジャンプ
206   ;-----LED点灯サブルーチン(SW-3とSW-4を押したとき点灯)-----
207   SW3LED:  MOV.B     @SW_D,R0L                  ;現在のSW-1～SW-4の状態をR0Lに書き込む
208            BTST      #6,R0L                     ;SW-3の状態をチェック
209            BEQ       BOTAN2                     ;押されていればBOTAN2にジャンプ
210            BCLR      LED1                       ;押されていなければLED1を消灯してから
211            JMP       @SW4LED                    ;SW4LEDにジャンプする
212   BOTAN2:  BSET      LED1                       ;押されていたならLED1を点灯してから
213   SW4LED:  BTST      #7,R0L                     ;SW-4の状態をチェックする
214            BEQ       BOTAN3                     ;押されていればBOTAN3にジャンプ
215            BCLR      LED2                       ;押されていなければLED2を消灯してから
216            RTS                                  ;もとのルーチンに戻る
217   BOTAN3:  BSET      LED2                       ;押されていたときはLED2を点灯してから
218            RTS                                  ;もとのルーチンに戻る
219   ;-----S5の状態のLCD表示ルーチン-----
220   S5:      MOV.B     R0L,@SW_D5                 ;現在の状態をRAM領域SW_D5に格納
221            MOV.B     #8,R1L                     ;文字数(SW-5のbit数)をR1Lにセット
222            MOV.L     #LCD162+23,ER2             ;LCD表示データRAMの先頭番地をER2にセット
223            MOV.B     @SW_D5,R0L                 ;SW_D5の内容をR0Lレジスタに読み込む
224   BOTAN4:  ROTL.B    R0L                        ;左ローテートして最上位bitを最下位bitへ
```

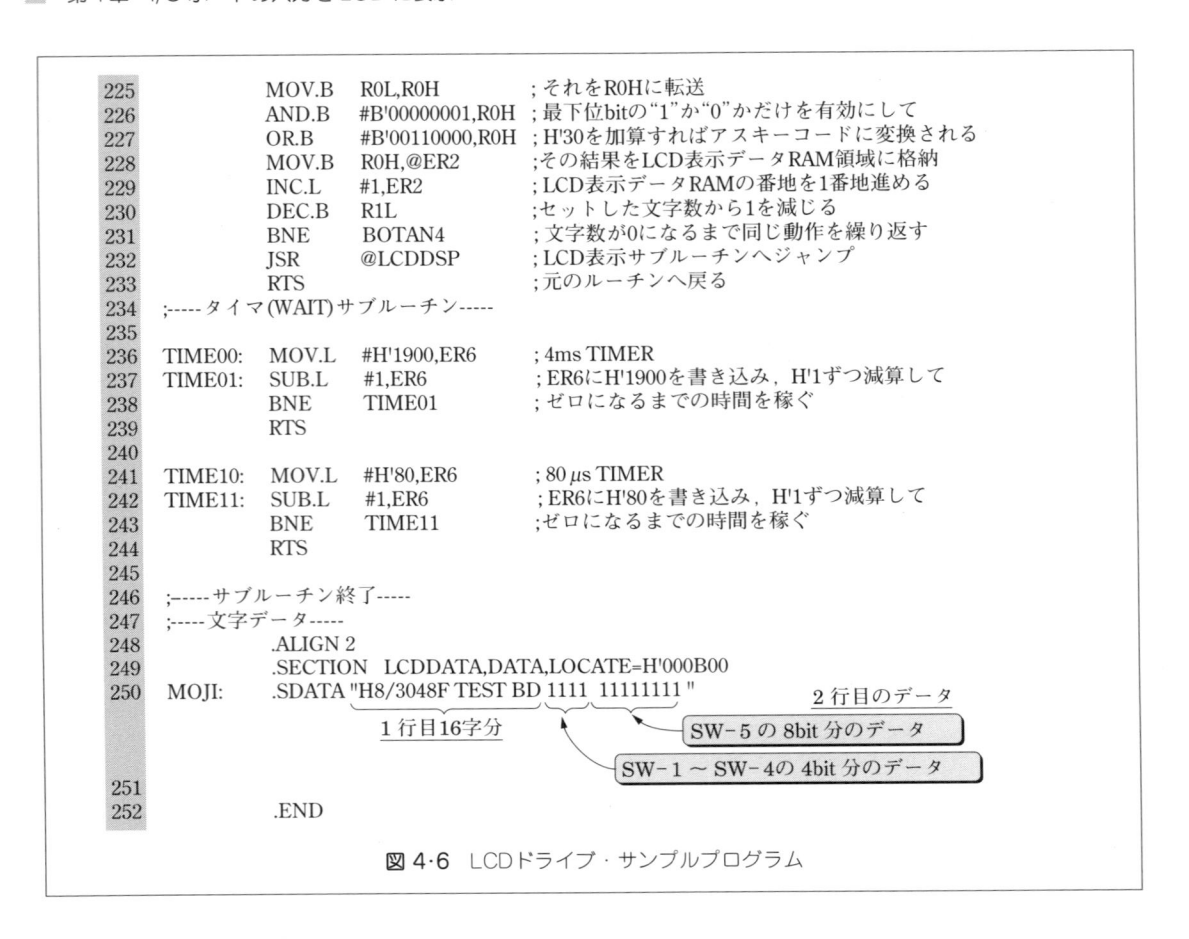

第4章　I/Oポートの入力をLCDに表示

```
225            MOV.B    R0L,R0H          ;それをR0Hに転送
226            AND.B    #B'00000001,R0H  ;最下位bitの"1"か"0"かだけを有効にして
227            OR.B     #B'00110000,R0H  ;H'30を加算すればアスキーコードに変換される
228            MOV.B    R0H,@ER2         ;その結果をLCD表示データRAM領域に格納
229            INC.L    #1,ER2           ;LCD表示データRAMの番地を1番地進める
230            DEC.B    R1L              ;セットした文字数から1を減じる
231            BNE      BOTAN4           ;文字数が0になるまで同じ動作を繰り返す
232            JSR      @LCDDSP          ;LCD表示サブルーチンへジャンプ
233            RTS                       ;元のルーチンへ戻る
234   ;-----タイマ(WAIT)サブルーチン-----
235
236   TIME00:  MOV.L    #H'1900,ER6      ;4ms TIMER
237   TIME01:  SUB.L    #1,ER6           ;ER6にH'1900を書き込み，H'1ずつ減算して
238            BNE      TIME01           ;ゼロになるまでの時間を稼ぐ
239            RTS
240
241   TIME10:  MOV.L    #H'80,ER6        ;80μs TIMER
242   TIME11:  SUB.L    #1,ER6           ;ER6にH'80を書き込み，H'1ずつ減算して
243            BNE      TIME11           ;ゼロになるまでの時間を稼ぐ
244            RTS
245
246   ;-----サブルーチン終了-----
247   ;-----文字データ-----
248            .ALIGN 2
249            .SECTION   LCDDATA,DATA,LOCATE=H'000B00
250   MOJI:    .SDATA "H8/3048F TEST BD 1111 11111111 "
                                          ┌─ 2行目のデータ
                       └─1行目16字分─┘  │  ┌─ SW-5の8bit分のデータ
                                          └──┤
                                              └─ SW-1〜SW-4の4bit分のデータ
251
252            .END
```

図4・6　LCDドライブ・サンプルプログラム

ットに設定する場合が「0」，出力ビットに設定なら「1」と同じですが，書き込み先レジスタの番地がポートごとに違うので注意しましょう。

◆ **LCDの初期設定**(41〜82行)：この部分は，すでに説明したLCDのソフトウェアリセットと，それに続くファンクションセットなどの初期設定です。また，LCDに制御コードを転送するため，プログラムの154行目以降に記述してある「8 bit 転送サブルーチン」および「4 bit×2回・転送サブルーチン」が使われます。そして，転送した制御コードが有効になるまで少し時間がかかるので，時間稼ぎに236行以降の「タイマサブルーチン」も使われています。

　プログラムの途中からこれらのサブルーチンにジャンプするのは"JSR"命令です。ジャンプ先の作業が終了すると，プログラムの実行は

再び元のプログラムの，"JSR"命令の次の行に戻ってきます。

- **LCD の初期画面表示**(85～98 行)：まず LCD 内部の表示メモリ領域に初期画面データを送り込む下準備として，制御コード"00000001"を転送し内部メモリをクリアします。そのあと，R 0 L レジスタに表示文字数(16 字×2 行＝32)を，ER 1 レジスタに表示データ用 RAM 領域の先頭番地(LCD 162)を，そして ER 2 レジスタにはあらかじめ用意してある初期表示文字データの先頭番地(250 行：ラベル"MOJI")をそれぞれ書き込み，"MOJI"から"LCD 162"に表示データを転送します。

　このあと ER 1，ER 2 レジスタの番地を 1 番地進め，再び"MOJI＋1"から"LCD 162＋1"に‥と転送を 32 回繰り返します。これで初期表示データ 32 字分が"LCD 162"～"LCD 162＋31"に転送されました(以下の説明では，この 32 B 分の領域を代表して"LCD 162"と書き表すこともあります)。

　表示データが一旦"LCD 162"に書き込まれる理由は前にも説明しましたが，仮に他の操作で LCD の表示を変更するような場合があったとしても，そのデータを"LCD 162"に転送しさえすれば，あとはサブルーチンで簡単に表示が変更できるからです。

　全文字データの転送が終わったら，98 行の"JSR"命令で LCD 表示サブルーチン"LCDDSP"(118 行)に飛び，初期画面データを LCD に表示させます。

- **メインルーチン**(101～114 行)：メインルーチンはたったこれだけです。SW-1～4 の状態チェックと SW-5 の状態チェックを永久ループで繰り返します。もしこれらのスイッチの状態に変化があれば，それぞれのサブルーチンにジャンプして，LCD の表示を変更したり，LED の点／滅を行ったりします。

- **LCD 文字表示サブルーチン**(118～152 行)：メインルーチン以降の行は全部サブルーチンです。ラベル LCDDSP から始まる行は，"LCD 162"(実際は LCD 162＋0，LCD 162＋1，‥LCD 162＋31 までの 32 番地)に書き込まれている表示データを 1 B ずつ"LCD_D"経由で LCD に転送し表示するサブルーチンです。このうち 124 行までは，表示データ転送準備の前処理部分です。

　127 行以降のデータ転送部は，LCD の 1 行目転送用と 2 行目転送用

に分かれています。これは初期画面表示のときと同じように32字分を通し1回で転送してもかまいませんが，こうして別々にすることで，表示が変化しないところまでデータ転送しなくても済み，無駄な時間が省けるというだけの理由です。

◆ **LCDへのデータ転送サブルーチン**(154～192行)：前項のサブルーチンの中で，RAM領域の"LCD_D"からLCD(の内部データメモリ)に対しデータを転送するサブルーチンが使われています。サブルーチンからさらに他のサブルーチンにジャンプするわけです。これは「8 bit転送サブルーチン」と「4 bit×2回・転送サブルーチン」の2組が用意されています。

◆ **SW-1～4のON/OFFをLCDに転送するサブルーチン**(194～205行)：メインルーチンでSW-1～4の状態に変化があると，このルーチンに飛んできます。この変化したデータはRAM領域の"SW_D"に一旦取り込まれ，ここを経由して"LCD 162"内の2行目表示データ位置(LCD 162＋21)に転送されます。実は，プログラムを見ればわかると思いますが，この"LCD 162＋21"というデータ格納番地に対し，202行の"-ER 2"命令が実行される結果，番地を1番地減じた"LCD 162＋20"がSW-4に対応する格納番地となります。このあと1番地ずつ減じながらLCDにデータを転送するので，SW-3が"LCD 162＋19"，SW-2が"LCD 162＋18"，SW-1が"LCD 162＋17"となります。2行目の最左端が"LCD 162＋16"(ブランク)ですから，SW-1に対応する表示位置は2行の2桁目です。これらの位置関係については，図6・6(p.88)も参照してください。

ここで「1」のビットには「文字：1」，「0」のビットには「文字：0」をそれぞれ表示するわけですが，そのためには，「1」をアスキーコードの1(H'31)，「0」をアスキーコードの0(H'30)に変換してからLCDに転送する必要があります。なぜならLCD内部回路は，アスキーコードだけを受け付け，表示するように作られているからです。

◆ **アスキーコード**：アスキーコードについては**表4・1**を参照してください。プログラムの200～201行でH'30を加算(00110000とのOR)していますが，この部分がアスキーコードへの変換操作です。データの最下位ビットが「1」(スイッチのOFFに対応)なら，これにH'30を加算すればH'31，「0」(スイッチのONに対応)ならH'30となります。これがそれ

漢字コードとアスキーコード

アスキーコードは8 bit符号なので，256種類のアルファベット，カナ，数字しか記号化できません。これに対し数万種類あるといわれる漢字を記号化するため2バイト符号が制定されています。これが漢字コードで，JIS第1水準，第2水準，およびシフトJIS第1水準，第2水準などのコードがあります。

4.3 LCD表示を含む実験プログラムの作成

表4・1 アスキーコードの一部

下位\上位	0	1	2	3	4	5	6	7	8	9	A	B	C	D	E	F
2		!	"	#	$	%	&	'	(	)	*	+	,	-	.	/
3	0	1	2	3	4	5	6	7	8	9	:	;	<	=	>	?
4	@	A	B	C	D	E	F	G	H	I	J	K	L	M	N	O
5	P	Q	R	S	T	U	V	W	X	Y	Z	〔	¥	〕	^	_
6	`	a	b	c	d	e	f	g	h	i	j	k	l	m	n	o
7	p	q	r	s	t	u	v	w	x	y	z	|	|	|	~	

（例） H'31→1, H'32→2, H'52→R, H'5C→¥

ぞれ文字1および0のアスキーコードであることはもうおわかりでしょう。LCDにこれらのデータが全部転送されたら，205行のジャンプ命令でLCD文字表示サブルーチンに飛んでいきます。

◆ **LED点灯サブルーチン**(207～218行)：SW-1～4の状態が変化したときは，LCD表示を変化させるのと同時に，SW-3が押されていたらLED-1を，SW-4が押されていればLED-2を点灯させる‥という操作もしなければなりません。それがこのサブルーチンです。したがって，205行の"JSR"命令で"LCDDSP"にジャンプしLCD表示を変化させたら，再び207行に戻ってきて，こんどはLEDの点／滅を制御します。そして，218行の"RTS"命令で，最初194行に飛んできた元のプログラムに復帰します。

◆ **SW-5の状態のLCD表示サブルーチン**(220～233行)：メインルーチンでチェックした結果SW-5の状態に変化があれば，それをLCD表示させるためこのサブルーチンに飛んできます。そしてこんどは最上位のビットから順に"LCD 162＋23"，"LCD 162＋24"‥"LCD 162＋30"と番地を増加させながらLCDに転送されます。したがってLCDに表示されるSW-5の「1」と「0」の状態は，左側が上位ビットとなります。

◆ **タイマサブルーチン**(236～244行)：たとえばLCDに転送した制御コードが有効になるまでの時間を待つために，時間待ちのサブルーチンが必要です。このプログラムでは，2個のサブルーチン，"TIME 00"と"TIME 10"を持っています。どちらも，ER6レジスタにセットした数値を1ずつ減算してゼロになるまでの時間を稼ぎます。

なお，タイマサブルーチンで使われるER6レジスタは，他のルーチ

ンでは使われていないので，タイマサブルーチンを含め，他のサブルーチンでも ER 6 レジスタ内容のスタックへの退避は行っていません。
- **文字データ MOJI**：プログラム中で必要な固定データは，ROM 領域にデータセクションを設定し，そこに書き込んでおきます。このプログラムでは，LCD の初期表示データがそれに該当します。そこで，249 行でデータセクションの宣言を行い，250 行のラベル"MOJI："の番地以降に 32 バイト連続データとして 2 行分の LCD 表示データを書き込んでおきます。この場合，空白の部分もアスキーコード（ブランク）で書き込んでおく必要があるはずですが，プログラム上ではデータ領域を空白にしておけば，空白に相当するアスキーコードが生成されます。
- **ALIGN 2**（248 行）：詳しいことは省略しますが，H 8/3048 F ではプログラムの番地を偶数に揃えなければいけない場合があり，そのようなときこの命令を使って番地を揃えます。ここではたぶん必要ないと思いますが，一応書いておきました。じゃまにはなりません。

　図 4・6 のプログラムは全部で 250 行以上もあり，テキストエディタで作成するには結構大変な作業です。しかしこれをベースに次章以降で何回も利用しますから，面倒がらずに是非挑戦してみてください。もちろん，コメント行は入力しなくても OK です。

●3● プログラムの書き込みと実験

　できあがったプログラムのファイル名は，とりあえず lcddrv. mar としておきます。ここでマザーボードに CPU ボードと LCD を装着し，H 8/3048 F のフラッシュメモリにプログラムを書き込みます。装着状態のマザーボードは写真 **4・3** を参考にしてください。
- **プログラムのアセンブル**：図 4・6 のプログラムを前章のときと同じ手順でアセンブルし，lcddrv. mot ファイルを作成します。Windows 画面から MS-DOS プロンプトを起動，カレントディレクトリをアセンブラの書き込まれているディレクトリ（筆者の場合 C：¥H 8）に変更してから，A 38 H. EXE，L 38 H. EXE，C 38 H. EXE の順に実行していけば OK です。

＜バグの例＞

　写真 **4・4** は，プログラム lcddrv. mar にわざとバグを作り，それをアセ

写真 4・3 組みあがった実験基板

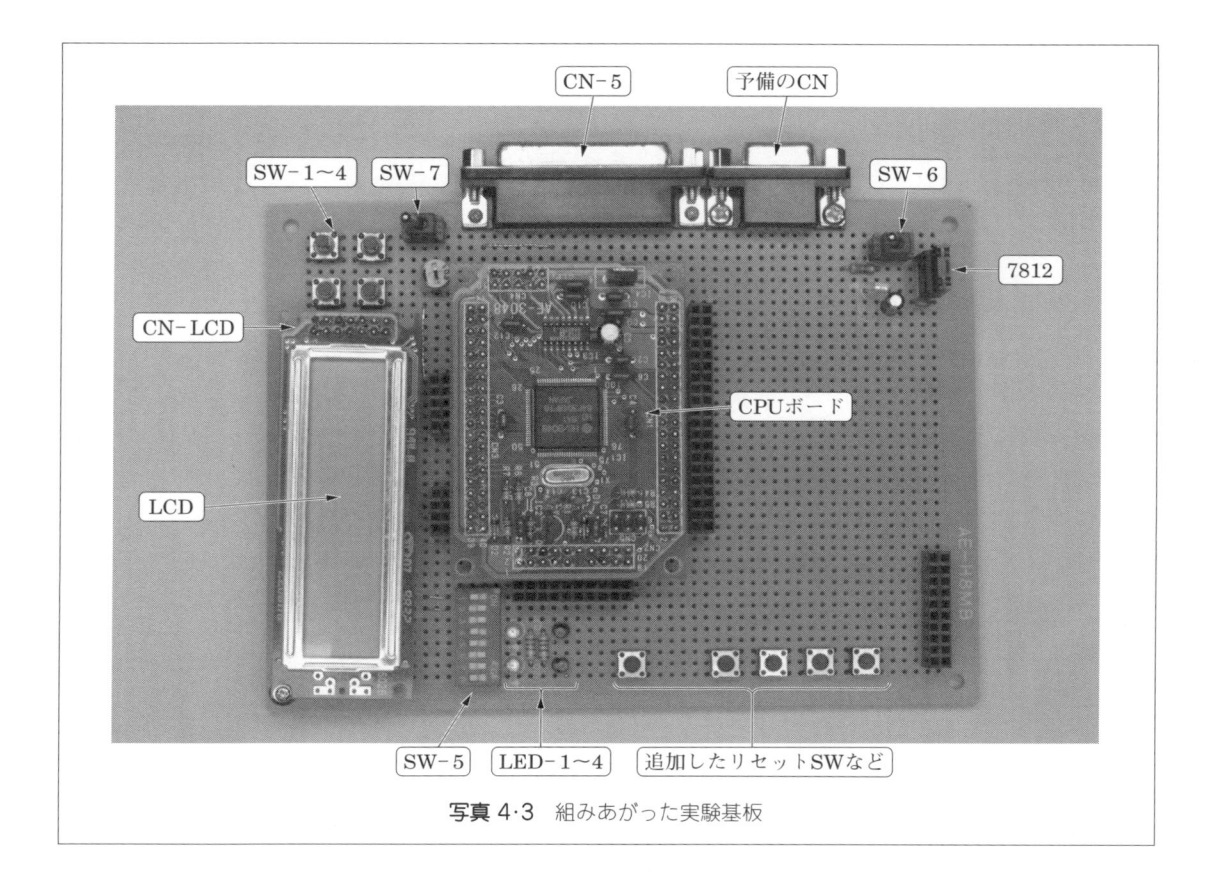

ンブルしたときの画面です。このときのアセンブルリストは図 **4・7** のようになっています。

- 85 行目の MOV は，MOV.B が正しいのですが，ここではエラーになっていません。このアセンブラではデータサイズを省略した場合，サイズ B (バイト) として扱われるようです。
- 88 行目の LCD_OUT 4 は，@LCD_OUT 4 が正しく，アドレシングエラー (写真 4・4：上から 7 行目) と表示されました。
- 95 行目の MOV は，MOV.L とするところを「MOV」としてしまったので，命令語のサイズミスマッチ (同：8 行目) となります。そして L がないので B として扱われるのですが，その場合はオペランドが不正 (同：9 行目，サイズが大きすぎる：32 bit) と，2 個の警告が出ています。
- 92 行目の MOZI は，初期画面データ領域のラベル「MOJI」を「MOZI」と

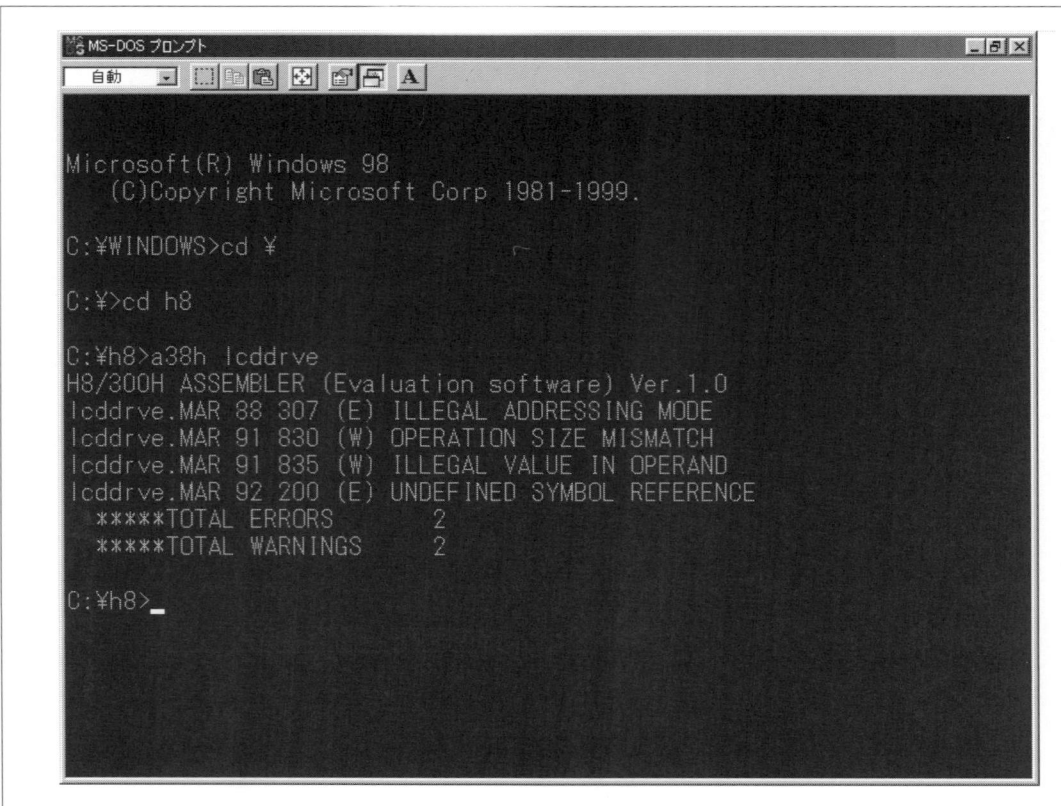

第 4 章　I/O ポートの入力を LCD に表示

```
Microsoft(R) Windows 98
    (C)Copyright Microsoft Corp 1981-1999.

C:\WINDOWS>cd \

C:\>cd h8

C:\h8>a38h lcddrve
H8/300H ASSEMBLER (Evaluation software) Ver.1.0
lcddrve.MAR 88 307 (E) ILLEGAL ADDRESSING MODE
lcddrve.MAR 91 830 (W) OPERATION SIZE MISMATCH
lcddrve.MAR 91 835 (W) ILLEGAL VALUE IN OPERAND
lcddrve.MAR 92 200 (E) UNDEFINED SYMBOL REFERENCE
  *****TOTAL ERRORS         2
  *****TOTAL WARNINGS       2

C:\h8>_
```

写真 4・4　アセンブルの結果エラーが表示されている画面（例）

　間違えたので，未定義のシンボル（同：10 行目，MOZI は定義していない）が使われている‥とエラーが出ています。
　このように，アセンブル画面でどこに間違いがあるのかおよその見当がつきますから，それを手がかりに修正を繰り返し，バグをつぶしていきます。アセンブラのマニュアルからは，エラー画面に表示される 3 桁数字（図中の"エラー参照番号"）をもとにもっと詳しいエラー情報が得られます。勉強したい方はそちらを見てください。
　L 38 H. EXE と C 38 H. EXE の実行に関しては，特に他のプログラムとリンクしたり，複雑なセクション構成にしたりしない限り，まずエラーは出ないと思って結構です。

4.3 LCD表示を含む実験プログラムの作成

```
       81  0001A4 5E00028E              81        JSR    @LCD_OUT4      ;4bit×2回転送サブルーチンへ
       82  0001A8 5E00034C              82        JSR    @TIME00        ;4msのWAIT
       83           [エラー参照番号]     83  ;-----初期設定終了-----
       84                                84  ;-----LCD初期画面表示-----
       85  0001AC F801                  85   ①   MOV    #B'00000001,R0L ;LCD内部の表示メモリをクリアする
       86  0001AE 6A88EF12              86        MOV.B  R0L,@LCD_D
       87  0001B2 7FC67240              87        BCLR   RS             ;制御データ転送時は"RS"を"0"にする
       88  0001B6 0000                  88   ②   JSR    LCD_OUT4       ;4bit×2回転送サブルーチンへ
エラー→ *****ERROR (307)(lcddrve.MAR)
       89  0001B8 5E00034C              89        JSR    @TIME00        ;4msのWAIT
       90  0001BC F820                  90        MOV.B  #32,R0L        ;R0LレジスタにLCD表示文字数をセットする
       91  0001BE F913                  91   ③   MOV    #LCD162,ER1    ;ER1レジスタにLCD表示文字用RAM領域の先頭番地を
                                                                        ; セットする
ワーニング→ *****WARNING 830 (lcddrve.MAR)
           *****WARNING 835 (lcddrve.MAR)
       92  0001C0 7A0200000000          92   ④   MOV.L  #MOZI,ER2      ;ER2に初期文字データの先頭番地をセットする
エラー→ *****ERROR  200 (lcddrve.MAR)
       93  0001C6 6C20                  93  SHOKI0: MOV.B @ER2+,R0H    ;最初の文字データをR0Hレジスタに書き込んだら
       94  0001C8 6890                  94        MOV.B  R0H,@ER1      ;それをLCD表示文字用RAM領域の先頭番地に転送し
       95  0001CA 0B71                  95        INC.L  #1,ER1        ;そのあと番地を次の文字用に1番地進めておく
       96  0001CC 1A08                  96        DEC.B  R0L           ;転送文字数から1を引く
       97  0001CE 46F6                  97        BNE    SHOKI0        ;文字数が0になるまでSHOKI0へジャンプを繰り返す
       98  0001D0 5E000200              98        JSR    @LCDDSP       ;文字転送完了でLCD表示サブルーチンへジャンプ
       99                                99
      246                               246  ;-----サブルーチン終了-----
      247                               247  ;----- 文字データ -----
      248  00036C                       248        .ALIGN 2
      249  000B00                       249        .SECTION LCDDATA,DATA,LOCATE=H'000B00
      250  000B00 48382F3330343846      250  MOJI: .SDATA "H8/3048F TEST BD 1111 11111111 "
           000B08 2054455354204244
           000B10 2031313131202031
           000B18 3131313131313120
      251                               251
      252                               252        .END                [エラー2件,ワーニング2件が表示されている]
      *****TOTAL ERRORS      2
      *****TOTAL WARNINGS    2
      *** H8/300H ASSEMBLER (Evaluation software) Ver.1.0 ***   05/18/00 21:33:49

      ①:MOV.B    ②:@LCD_OUT4    ③:MOV.L    ④:#MOJI   [正しいリスト]
```

図4・7 エラーがあるときのアセンブルリストの例

- **プログラムの書き込み**：無事lcddrv.motファイルが作成できたら，それを3.3節の2で説明した手順でH8/3048FのフラッシュROMに書き込みます。これは写真3・5～3・7(p.43～44)を思い出してください。2kB程度の小さなファイルですから，あっという間に書き込み終了です。くれぐれも，マザーボードのSW-7をONにしてからSW-6のON/OFFをすることを忘れないよう注意してください。H8/3048Fを壊す可能性がありますから‥。

- **実験**：書き込みが終わったら，SW-6をOFFにし，そのあとSW-7をOFFにします。その状態で，マザーボードのDC入力端子に15～20Vの直流を接続し，SW-6をONにすればCPUはすぐに動作を開始します。

・初めは，LCD画面にラベル「MOJI」に書き込んだデータがそのまま表

示されるはずですが，実際は初期表示の直後プログラムの実行がメインルーチンに移行するので，現在のSW-1～5のON/OFFがチェックされ，その状態が表示されています．1行目の表示は変化しません．そしてSW-3，4を押せばLED-1，2が点滅します．

・SW-1～4をON/OFFし，DIPスイッチ(SW-5)をぽちぽちと切り換えてみてください．LCDの2行目には，ONなら「0」，OFFなら「1」が表示されます．

・なお，LCD表示の明るさを調節するのは，LCDのVLC端子電圧です．実際にはVR1を回転させて調節します．

　プログラムの動作は全部でたったこれだけです．それに比べてプログラムが長いのは，LCD表示の部分が多いからです．もし，実験がこれだけではつまらないというのなら，MOJI：領域のデータを書き換えてみたらどうでしょうか．LCD2行目のデータは前記のようにすぐ書き換えられてしまいますから，1行目を書き換えます．プログラムはアスキーコードで書かれているので，表示したい文字が，たとえば"I love you"なら，プログラムにそのまま記入します．漢字は残念ながらアスキーコードにはありませんから表示はできません．

　H8/3048Fのフラッシュメモリは100回の消去／書き込みを保証しています．一説によると300回は大丈夫？という話もあります．安心して何回でも書き込み直し実験してみてください．

D/A 変換の実験

第 5 章

本章では，H 8/3048 F 内蔵の D/A コンバータを使った実験を行います。8 P-DIP スイッチ(SW-5)の ON/OFF データを 8 bit の I/O(ポート 2)から読み込み，それを D/A コンバータでアナログ電圧に変換します。変換結果の直流電圧値はとりあえずテスタで読むことにしましょう。被変換ディジタルデータは，その「1」，「0」の組み合わせを LCD ディスプレイ上の「1」，「0」の表示で確認することができます。

5.1 H 8/3048 F 内蔵 D/A コンバータ

● 1 ● D/A コンバータの使い方

H 8/3048 F 内蔵 D/A コンバータの構成については，1・3 節の 6 を参照してください。CH 0，CH 1 の 2 チャネルを持ち，それぞれを独立して使うことができます。そして，これらのコンバータは，コントロールレジスタに動作条件を指定する制御コードを書き込めば，直ちに変換動作を開始するように作られています。

なお，H 8/3048 F 内蔵の D/A・A/D コンバータは，その電源を AV_{CC} および AV_{SS} として別に用意するようになっています。これは雑音対策などが理由ですが，今回は実験なので V_{CC}，V_{SS} と共用することにしました。さらに，D/A・A/D コンバータは変換ディジタルデータのフルスケールに対応する比較基準直流電圧 V_{REF} が必要ですが，これにも今回は電源電圧 V_{CC} の 5 V をそのまま使うことにしました。

マザーボードの回路図を見ると AV_{CC}，AV_{SS}，V_{REF} などのピンがどこにも接続されていませんが，実は秋月製キットでは，CPU ボード上で V_{CC}，

8 bit フルスケール

8 bit フルスケールは H' F F ですから，10 進数の 255 が 8 bit フルスケールに相当します。H 8/4038 F 内蔵 D/A のように，はしご回路による D/A 変換回路の場合，変換出力が V_{REF} と同じになるのは H' 100 のとき，すなわち 10 進数の 256 のときなので，フルスケール時の出力電圧は $V_{REF}×255/256$ となります。

V_{SS} に接続されているのです。ボードを自作する方は AV_{CC}, AV_{SS}, V_{REF} の配線を忘れないようにしてください。

したがって，秋月製キットで正確な外部 V_{REF} を使いたいという人は，CPU ボードを少し加工しなければならないでしょう。ただし別電源を使う場合でも V_{REF} の範囲は 4.5～5 V 程度が最適です。

この内蔵 D/A の被変換ディジタルデータは SW-5 の ON/OFF の組み合わせ，"00000000"～"11111111"ですから，変換結果の直流電圧出力は，"00000000" が 0 V，"11111111" では $5(=V_{REF}) \times 255/256 = 4.98047$ V となります。

● 2 ● コントロールレジスタによる D/A 動作条件の初期設定

図 **5・1** は，H 8/3048 F 内蔵 D/A コンバータの 4 個のレジスタについて，

D/A コンバータのコントロールレジスタ

アドレス	名　　　称	略記号	R/W	初期値
H'FFFFDC	D/A データレジスタ 0	DADR0	R/W	H'00
H'FFFFDD	D/A データレジスタ 1	DADR1	R/W	H'00
H'FFFFDE	D/A コントロールレジスタ	DACR	R/W	H'1F
H'FFFF5C	D/A スタンバイコントロールレジスタ	DASTCR	R/W	H'FE

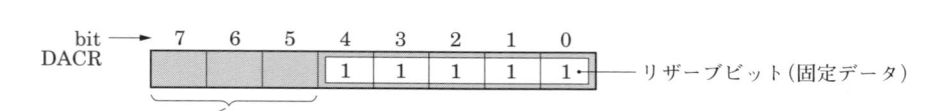

DADR0 / DADR1　bit → 7 6 5 4 3 2 1 0 ← 被 D/A 変換データ (8 bit)

DACR　bit → 7 6 5 4 3 2 1 0　（bit 4〜0 は 1 1 1 1 1）← リザーブビット（固定データ）

DACR のコントロールコード

bit 7	bit 6	bit 5	説　　　明
0	0	—	CH0,1 の D/A 変換を禁止
0	1	0	CH0 の D/A 変換を許可，CH1 の D/A 変換を禁止
0	1	1	CH0,1 の D/A 変換を許可
1	0	0	CH0 の D/A 変換を禁止，CH1 の D/A 変換を許可
1	0	1	CH0,1 の D/A 変換を許可
1	1	—	CH0,1 の D/A 変換を許可

このほかに D/A スタンバイコントロールレジスタ（DASTCR）があるが，省略する

図 5・1 D/A コンバータの制御コードの書き込み方法

そのアドレス，および制御コードの決め方などを説明した図です。

- ◆ データレジスタ：DADR 0，DADR 1 にはそれぞれのチャネルの被変換ディジタルデータを書き込みます。このレジスタは D/A 変換回路に直結されているので，書き込めば直ちに変換出力が得られます。ただし，変換に要する時間が最大 $10\,\mu$s とのことなので，正確な変換結果を得るためには，この時間が経過するまで待つ必要があります。
- ◆ D/A コントロールレジスタ：DACR は CH 0，CH 1 共通です。8 bit のレジスタですが，bit 0～4 はリザーブビットといって常に一定値に固定され，コントロール動作とは関係ありません。したがって bit 5～7 の 3 bit の「1」と「0」で，図のように，CH 0，CH 1 それぞれの単独使用，同時使用などを決定します。
- ◆ スタンバイコントロールレジスタ：ソフトウェアスタンバイモード時における D/A 変換を許可または禁止しますが，ここでは詳しい説明は省略します。

5.2 プログラムの作成と実験

●1● プログラムの流れ

図 5・2 は，この実験の D/A 変換動作に直接関係のある部分を抜き出して書いたフローチャートです。

今回は CH 0 だけを使うことにしたので，そのための設定としてコントロールレジスタ DACR に書き込む制御コードは"01011111"，つまり H'5F となります。これを書き込むと，その時点で D/A コンバータの CH 0 は変換動作を開始します。

続いて，被変換ディジタルデータを SW-5 から読み込み，それを DADR 0 に転送するわけですが，SW-5 の内容が変化していないのに同じデータを繰り返し転送しても意味がありませんから，データを読み込んだあと，それが前回の読み込み内容と比べて変化したかどうかをチェックし，もし変化していれば DADR 0 に転送するようにしています。

転送が終わると，再び SW-5 のデータ読み込みに戻り，以降，同じ動作を無限ループで繰り返すことになります。もちろん，これらの動作の合

第5章 D/A変換の実験

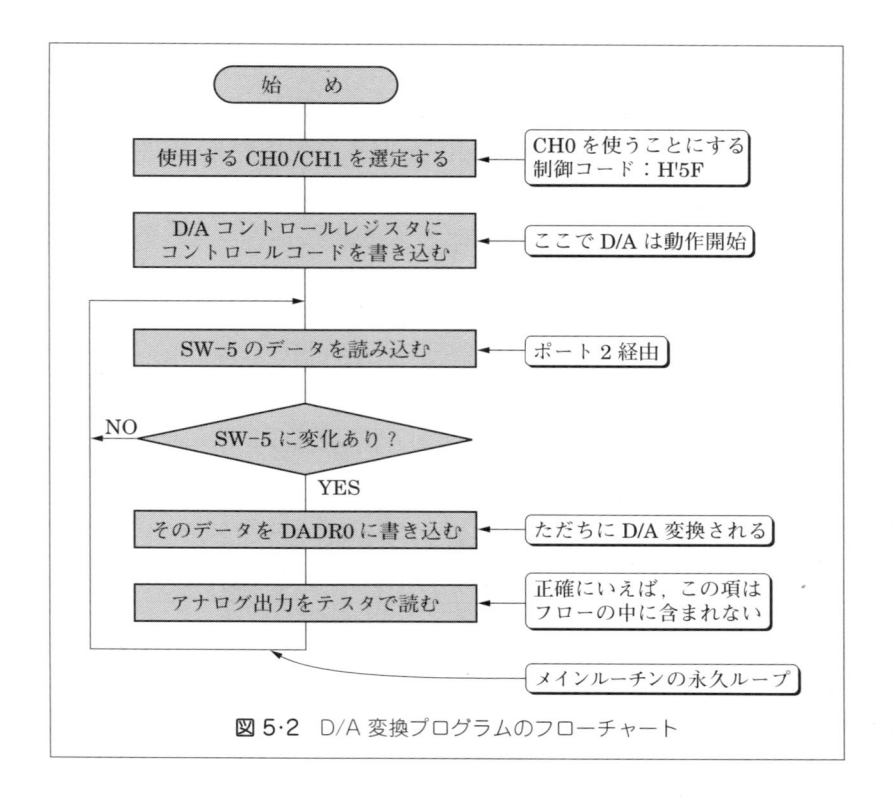

```
                    ┌─────┐
                    │ 始 め │
                    └──┬──┘
                       ▼
          ┌─────────────────────┐   ┌──────────────────┐
          │ 使用するCH0/CH1を選定する │◄──│ CH0を使うことにする │
          └──────────┬──────────┘   │ 制御コード：H'5F  │
                     ▼              └──────────────────┘
          ┌─────────────────────┐   ┌──────────────────┐
          │ D/Aコントロールレジスタに │◄──│ ここでD/Aは動作開始│
          │ コントロールコードを書き込む│   └──────────────────┘
          └──────────┬──────────┘
       ┌─────────────▼──────────┐
       │  ┌─────────────────────┐│   ┌──────────────┐
       │  │ SW-5のデータを読み込む │◄──│ ポート2経由  │
       │  └──────────┬──────────┘│   └──────────────┘
       │             ▼           │
       │        ◇─────────◇      │
       │◄──NO──│SW-5に変化あり？│
       │        ◇────┬────◇      │
       │           YES           │
       │             ▼           │
       │  ┌─────────────────────┐│   ┌──────────────────┐
       │  │ そのデータをDADR0に書き込む│◄──│ ただちにD/A変換される│
       │  └──────────┬──────────┘│   └──────────────────┘
       │             ▼           │
       │  ┌─────────────────────┐│   ┌──────────────────┐
       │  │ アナログ出力をテスタで読む│◄──│ 正確にいえば，この項は│
       │  └──────────┬──────────┘│   │ フローの中に含まれない│
       │             │           │   └──────────────────┘
       └─────────────┘           │   ┌──────────────────┐
                                 └──►│ メインルーチンの永久ループ│
                                     └──────────────────┘
```

図5・2 D/A変換プログラムのフローチャート

間にはSW-1～4の読み込みやON/OFFチェックなどが入りますが，D/A動作とは関係ないので省略します。

●2● プログラムの作成

第4章でせっかくLCD表示プログラムを組んだので，これをそのまま利用してD/A変換機能を追加することにしました。図5・3がそのサンプルプログラムです*。以下，変更部分(というより追加部分)を説明しましょう。下記以外の部分はどこもいじる必要はありません。

* 図5・3中で≈の部分は，図4・6と同じなので省略した行を示します。ただし，行番号は変わります。「追加行」は，図4・6に対し，D/A変換のために追加した行を示します。

◆ シンボルの定義を追加(22～23行)：DADR 0(データレジスタ0)とDACR(D/Aコントロールレジスタ)のシンボル定義をここに追加します。

　このシンボルを使う場所は少ないので，定義をせずプログラム中のオペランドにこれらレジスタの番地を直接書き込んでも差し支えありませんが，間違いを防ぐため，また番地を変更する場合など，シンボルの定義1ヵ所の修正で一括して済ませることができるメリットもあるので，

5.2 プログラムの作成と実験

図5・3

```
1    ;                              MBDAO.MAR ROM版
2    ;*********************************************************
3    ;*              D/A変換サンプルプログラム                *
4    ;*********************************************************
5              .CPU  300HA                    ;CPUの指定
6              .SECTION VECT, CODE, LOCATE=H'000000  ; セクションの宣言
7    RES      .DATA. L INIT                   ;ラベルINIT：以降にプログラム領域を確保
8    ;-----シンボルの定義(番地などを記号に置き換えてわかりやすくする)-----
9    SW_D     .EQU   H'FFEF10              ;SW-1～4の状態を記憶しておくRAMの番地
10   SW_D5    .EQU   H'FFEF11              ;SW-5(8bit-DIP)の状態を記憶しておくRAMの番地
11   LCD_D    .EQU   H'FFEF12              ;LCDに転送するデータ1バイトを一時入れておくRAMの番地
12   LCD162   .EQU   H'FFEF13              ;LCD表示16文字2行分のデータを入れておくRAMの番地
〜
19   LED1     .BEQU  0,P5DR                ;LED1(ポート5のbit0)
20   LED2     .BEQU  1,P5DR                ;LED2(ポート5のbit1)
21
22   DADR0    .EQU   H'FFFFDC              ;D/AコンバータCH0のデータ入力レジスタの番地
23   DACR     .EQU   H'FFFFDE              ;D/AコンバータCH0, CH1コントロールレジスタの番地
24
25            .SECTION ROM,CODE,LOCATE=H'000100    ;セクションの宣言
26
27   ;-----I/Oの初期設定-----
28   INIT:    MOV.L  #H'FFF10,ER7          ;スタックポインタの設定(ER7=SP)
29            MOV.B  #H'00,R0L             ;ポート2(SW-5に接続)を入力に設定するため
〜
37            MOV.B  #H'FF,R0L             ;ポート4入力端をMOS-FETプルアップするために
38            MOV.B  R0L,@H'FFFFDA         ;ポート4コントロールレジスタに"FF"を書き込む
39            MOV.B  #H'FF,R0L             ;ポート5を出力に設定するために
40            MOV.B  R0L,@H'FFFFC8         ;ポート5コントロールレジスタに"FF"を書き込む
41            MOV.B  #H'40,R0L             ;D/AコンバータCH0を動作状態にするために
42            MOV.B  R0L,@DACR             ;D/Aコントロールレジスタに H'5F を書き込む
43
44   ;-----LCDの初期設定-----
45   ;-----LCDのソフトウェアリセット-----
46            JSR    @TIME00               ;16msのWAIT(4ms×4)
47            JSR    @TIME00
48            JSR    @TIME00
49            JSR    @TIME00
50
51            MOV.B  #B'00100011,R0L       ;リセットのためのファンクションセット1回目
52            MOV.B  R0L,@LCD_D            ;LCD転送RAM領域に"00100011"を書き込む
53            BCLR   RS                    ;リセットは制御動作なのでRSを"0"にする
〜
101           DEC.B  R0L                   ;転送文字数から1を引く
102           BNE    SHOKI0                ;文字数が0になるまでSHOKI0へジャンプを繰り返す
103           JSR    @LCDDSP               ;文字転送完了でLCD表示サブルーチンへジャンプ
104
105  ;-----MAINルーチン-----
106           MOV.B  #0,R0L                ;SW_D, SW_D5のRAM領域をクリヤする
107           MOV.B  R0L,@SW_D             ;(この動作は1回だけなので，実質的なMAINルーチンは
108           MOV.B  R0L,@SW_D5            ; 次行BOTAN:からとなる)
109  BOTAN:   MOV.B  @P4DR,R0L             ;SW-1～4の状態をR0Lに読み込む
110           MOV.B  @SW_D,R0H             ;SW_Dの内容をR0Hに読み込む
111           CMP.B  R0H,R0L               ;R0HとR0Lの内容を比較する
112           BEQ    S5CHK                 ;同じなら(変化がなければ)S5CHKにジャンプ
113           JSR    @S1_4                 ;変化があればS1_4サブルーチンへ
```

追加行（19-20行）
追加行（41-42行）

第5章　D/A 変換の実験

```
114  S5CHK:   MOV.B    @P2DR,R0L         ;SW-5の状態をR0Lに読み込む
115           MOV.B    R0L,@DADR0        ;それをD/Aコンバータに入力    ←─ 追加行
116           MOV.B    @SW_D5,R0H        ;SW_D5の内容をR0Hに読み込む
117           CMP.B    R0H,R0L           ;R0HとR0Lの内容を比較
118           BEQ      BOTAN             ;同じならBOTANにジャンプ
119           JSR      @S5               ;変わっていればS5サブルーチンへ
120           JMP      @BOTAN            ;BOTANにジャンプして同じ動作を繰り返す
121  ;-----MAINルーチン終了-----
122  ;-----サブルーチン-----
123  ;-----LCD文字出力16文字×2行転送サブルーチン-----
124  LCDDSP:  PUSH.L   ER0               ;MAINルーチンで使っている可能性があるレジスタは
125           PUSH.L   ER1               ;内容をスタックに退避しておく
126           MOV.B    #B'00000010,R0L   ;カーソルをホーム位置にするための制御データを
127           MOV.B    R0L,@LCD_D        ;LCDに転送する
128           BCLR     RS                ;制御データ転送なのでRSを"0"にする
129           JSR      @LCD_OUT4         ;4bit×2回転送サブルーチンへ
 ～
251
252  ;-----サブルーチン終了-----
253  ;----- 文字データ-----
254           .ALIGN 2
255           .SECTION   LCDDATA,DATA,LOCATE=H'000B00
256  MOJI:    .SDATA "H8/3048F TEST BD 1111  11111111 "
257
258           .END
```

図 5·3　D/A変換テストプログラム

やはり定義しておくべきでしょう。

- **I/O の初期設定に追加**(41～42 行)：I/O ポートの初期設定が終わったあと，引き続き D/A コンバータの初期設定を行います。H 8/3048 F はポートや RAM から DACR，DADR 0，DADR 1 などに直接にデータや制御コードを書き込む命令を持っていないので，R 0 L レジスタを介して書き込みます。前記のようにこの書き込みが終わった直後から，D/A コンバータは DADR 0 の内容をアナログ電圧に変換する動作を開始します。

- **制御コードとリザーブビット**(41 行)：ここでちょっとプログラムの 41 行を見てください。前項フローチャートの説明のところで，DACR に書き込む制御コードは H'5 F だといいましたが，41 行では H'40 となっています。これは間違いではないのでしょうか？。実は図 5·1 のところで説明したように，DACR の bit 0～4 はリザーブビットであるため，制御コードで「1」を書き込んでも「0」を書き込んでも，結局は「1」となってしまうのです。ここでの制御コードの目的は，D/A の CH 0 だけを変換

動作にセットすることですから，DACRのbit 7〜5を「010」とすればよいのです。したがって，残りのbit 4〜0が，「11111」でも「00000」でも関係ありません。これを確かめるため，わざとH'40としてみました。

◆ **メインルーチンに追加（115行）**：メインルーチンでは，ラベルBOTAN：でSW-1〜4のON/OFFの組み合わせに変化があったかどうかを，またラベルＳ５CHK：でSW-5のON/OFFに変化があったか？のチェックを交互に無限ループで繰り返しています。

　ラベルＳ５CHK：の行でポート2の状態をＲ０Ｌに読み込み，115行でDADR 0にその内容を転送しています。これでSW-5のデータはD/A変換され，アナログ電圧として出力されるわけですが，ここでちょっと図5・2をもう一度見てください。

＜考えてみましょう＞

　気が付きませんでしたか？。実はこのプログラム，ちょっと間違っているのです。もちろんD/A変換動作は正確にやってくれます。しかし，図5・2のフローとは違っているのです。それは，114行目でSW-5の状態を読み込んだあと，すぐDADR 0にそのデータを転送している点です。フローでは，SW-5に変化があったときだけデータをDADR 0に転送するようになっています。

　実際に図5・3のプログラムのままでは，DADR 0に対するデータ転送時隔が非常に短くなり，もしSW-5からの入力が急激に変化するデータだったなら，D/A変換速度が追いつけず正確な変換結果が得られない可能性があるのです。たまたまSW-5は手で操作するため，DADR 0入力は電気的には静止状態に近く，結果的に正常動作をしているにすぎません。では，フローチャートどおりにするにはどうしたらよいのでしょうか？。

◆ **アセンブラプログラムの限界?**：このたぐいの論理的な誤りは，アセンブラプログラムでは見つけることができません。アセンブラにできることは，そのアセンブラプログラムの文法に照らし，間違いがあるかどうかをチェックすることだけです。ですから，複雑なプログラムで上記のような間違いがあると，それこそ発見に何日もかかる・・ということにもなりかねません。実はこのプログラム，筆者がフローチャートも書かずに直接作ってしまったものなのです。やはり，面倒でもきちんと手順を踏むべきだと思いました。

<正解は?>

　プログラム訂正の正解は，115 行目の命令をほんの数行あとにずらすだけです。これは簡単ですから皆さんで考えてください。自信のない方はこのサンプルプログラムのままでアセンブルしても，実験結果に何の変わりもありません。なお，次章 D/A・A/D テストプログラムのメインルーチンを見ると答えがわかります。

　プログラムの作成作業それ自体は，前章のサンプルプログラム lcddrv.mar に 5～6 行を追加挿入するだけで簡単に済みます。挿入箇所を間違えないように注意して作成してください。

●3● プログラムの書き込みと実験

　できあがったプログラムは，仮にファイル名 mbdao.mar としておきます。これをアセンブルして mbdao.mot ファイルを作成し，フラッシュROM に書き込むまでの手順は，前章とまったく同じです。

　書き込みが完了したら，例によってマザーボードの SW-6，7 を OFFにしたまま DC 入力端子に 15～20 V を接続し，SW-6 を ON にすれば，回路は直ちに動作を開始します。

　ここで写真 5・1 のように，テスタの⊕リードをマザーボード・CN-2 の 18 ピン（DA 0 出力）に，⊖リードをアース（たとえば CN-1 の 37，38 ピン）に接続すると，SW-5 のディジタルデータを D/A 変換した直流電圧を読むことができます。

　SW-5 の各ビットをぽちぽちと ON/OFF してみてください。このスイッチの "00000000"～"11111111" が LCD の 2 行目右側に 8 bit 並んで表示され，そのディジタルデータを D/A 変換した直流電圧 0～4.98047 V がテスタで読み取れます。ただしこれは，比較基準電圧 V_{REF} が 5 V のときの値です。異なる V_{REF} を使えば D/A 出力電圧も比例して変化します。

　SW-1～4 については前章と同様，SW-3，4 を押すと LED-1，LED-2 が点灯します。そしてこのスイッチの 4 bit の状態は，LCD の 2 行目左側に「1」，「0」の組み合わせで表示されます。

5.2 プログラムの作成と実験

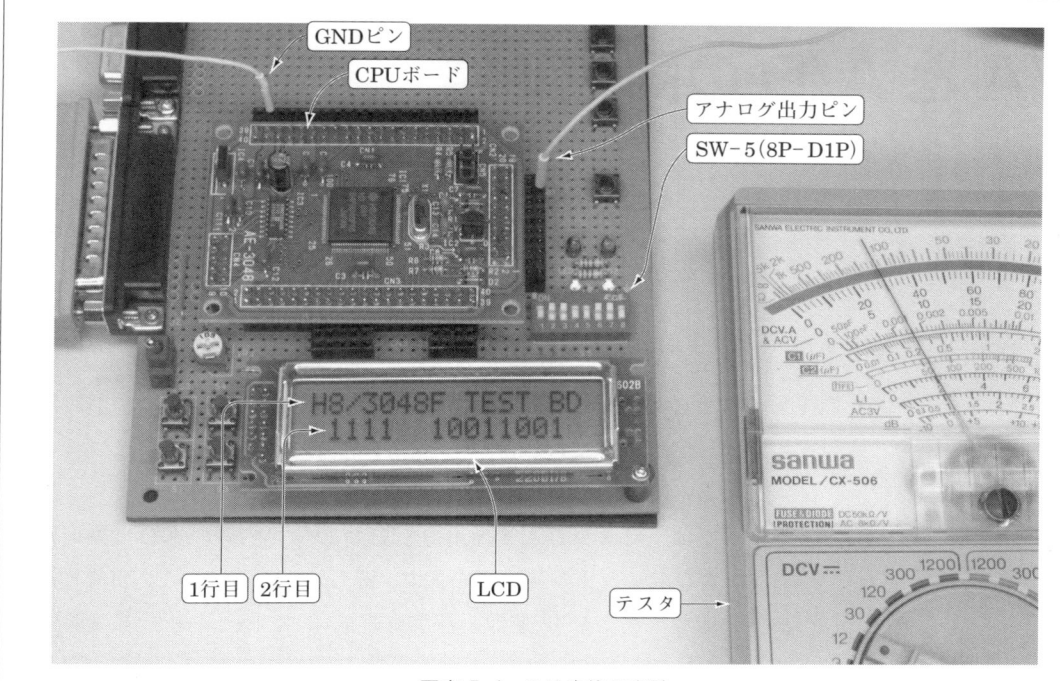

写真 5・1　D/A変換の実験

D/A と A/D の同時変換

―――――― 第 6 章

　前章の実験では，SW-5 から読み込んだ 8 bit のディジタル値を D/A コンバータでアナログ値に変換し，得られた直流電圧をテスタで読み取りました．しかし，テスタでは 3 桁，4 桁の精度で読みとることはできません．本当に正確に D/A 変換されているのでしょうか？．

　本章では，前章の D/A 変換出力を H 8/3048 F 内蔵の A/D 変換回路に入力して再びディジタル値に戻します．そしてこんどは，この再変換結果である 2 進数データを 10 進数の数字コード（アスキーコード）に変換し，これを LCD ディスプレイの 1 行目に転送して直流電圧値を数字で表示します．したがって，LCD 表示面には，D/A コンバータに入力される 8 bit の「1」，「0」が 2 行目右側に，それを D/A 変換した直流電圧の 10 進数表示が 1 行目に，並んで同時に見られます．

6.1　H 8/3048 F 内蔵 A/D コンバータ

●1● 内蔵 A/D コンバータの使い方

　内蔵 A/D コンバータの概要は，1・3 節の 7 で説明しました．被変換直流電圧を入力するアナログ入力ピンは AN 0〜AN 7 まで 8 チャネルあります．しかし A/D 変換回路そのものは 1 回路だけで，入力を切り換えることでマルチプレクス化（多重化）しています．そして A/D 変換出力としては 10 ビットの 2 進データが得られます．

　この内蔵 A/D 変換回路を使うときは，原則としてディジタル回路用電源 V_{CC}，V_{SS} とは別にアナログ回路用電源 AV_{CC}，AV_{SS}，および比較基準電圧 V_{REF} が必要です．しかしこれは前章の D/A のときと同じように，V_{CC}（電

源／+5V）と V_{ss}（GND/0V）に接続することにしました。一般的な使い方ならこれで差し支えないと思います。

●2● 制御コードを書き込んで A/D 動作条件の初期設定

　内蔵 A/D 変換回路の動作モードには，単一モード，スキャンモードの2種類があります。単一モードは AN0～AN7 のうち1入力だけを使い，スキャンモードでは2～4チャネルを時分割で切り換えて使用します。この実験では A/D コンバータを「単一モード」の「AN0入力」で使用することにしました。これらの動作条件を設定するには，図 **6・1** に示す ADCSR レジスタに制御コードを書き込まなければなりません。

・図6・1のレジスタ10個のうち，ADDRAH～ADDRDL までの8個は，A/D 変換結果のディジタル出力を格納する出力用レジスタです。Hレジスタ／Lレジスタ2個1組で 16 bit レジスタを構成し，A～D の4グループがあります。そして A/D 変換出力の 10 bit データはこのペアレジスタの上位 10 bit に書き込まれます。したがって，Lレジスタの下位6 bit は無効（数値に意味がない）ですから，データ取り込みのときには注意を要します。なお，AN0入力を A/D 変換した結果は ADDRAH～ADDRAL に書き込まれます。

・ADCSR レジスタは，動作モードの設定，変換作業開始，割り込み許可／不許可，A/D 変換終了フラグの取得などの目的に使われるコントロール兼ステータス（状態監視）レジスタです。

・A/D 変換動作を「単一モード」で，さらに「AN0入力」に設定するには，ADCSR の bit 0～2 に「000」を書き込みます。しかしこのレジスタはリセット直後の初期値が「000」になっているので，この条件を設定する場合に限り，改めて書き込む必要はありません。

・A/D 変換を開始させるには，ADCSR の bit 5 を「1」にセットします。また，A/D 変換が終了したかどうかは，bit 7（A/D 変換終了フラグ）が「1」になったかどうかで調べます。

・ADCR は，外部トリガによる A/D 変換開始の許可／不許可を選択するレジスタですが，ここでは説明を省略します。

ステータス
　コンディションコードレジスタやコントロールレジスタのように，そのレジスタのビットの状態がある回路の動作状態を示しているような場合，そのビットの状態のことをステータスといいます。

フラグ
　回路動作のステータスを示すレジスタのそれぞれのビットのことをフラグ（旗）といいます。たとえば，A/D 変換動作のステータス（変換終了か？）を示すビットのことを変換終了フラグなどと呼びます。

第6章 D/AとA/Dの同時変換

A/Dコンバータの各種レジスタ

アドレス	名　　称	略記号	R/W	初期値
H'FFFFE0	A/Dデータレジスタ AH	ADDRAH	R	H'00
H'FFFFE1	A/Dデータレジスタ AL	ADDRAL	R	H'00
H'FFFFE2	A/Dデータレジスタ BH	ADDRBH	R	H'00
H'FFFFE3	A/Dデータレジスタ BL	ADDRBL	R	H'00
H'FFFFE4	A/Dデータレジスタ CH	ADDRCH	R	H'00
H'FFFFE5	A/Dデータレジスタ CL	ADDRCL	R	H'00
H'FFFFE6	A/Dデータレジスタ DH	ADDRDH	R	H'00
H'FFFFE7	A/Dデータレジスタ DL	ADDRDL	R	H'00
H'FFFFE8	A/Dコントロール／ステータスレジスタ	ADCSR	R/(W)	H'00
H'FFFFE9	A/Dコントロールレジスタ	ADCR	R/W	H'7F

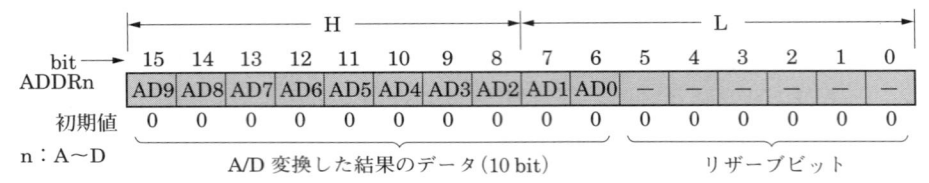

ADDRn（n：A〜D）

bit	15	14	13	12	11	10	9	8	7	6	5	4	3	2	1	0
	AD9	AD8	AD7	AD6	AD5	AD4	AD3	AD2	AD1	AD0	−	−	−	−	−	−
初期値	0	0	0	0	0	0	0	0	0	0	0	0	0	0	0	0

H：A/D変換した結果のデータ（10 bit）　　L：リザーブビット

A/Dデータレジスタ：ADDRAH, L〜ADDRDH, Lのビット配置

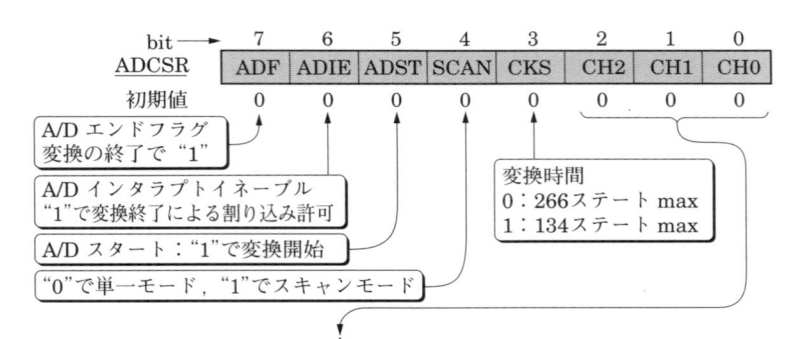

ADCSR

bit	7	6	5	4	3	2	1	0
	ADF	ADIE	ADST	SCAN	CKS	CH2	CH1	CH0
初期値	0	0	0	0	0	0	0	0

- ADF：A/Dエンドフラグ　変換の終了で"1"
- ADIE：A/Dインタラプトイネーブル　"1"で変換終了による割り込み許可
- ADST：A/Dスタート："1"で変換開始
- SCAN："0"で単一モード，"1"でスキャンモード
- CKS：変換時間　0：266ステート max　1：134ステート max

グループ選択	チャネル選択		説　　明	
CH2	CH1	CH0	単一モード	スキャンモード
0	0	0	AN0	AN0
0	0	1	AN1	AN0, AN1
0	1	0	AN2	AN0〜AN2
0	1	1	AN3	AN0〜AN3
1	0	0	AN4	AN4
1	0	1	AN5	AN4, AN5
1	1	0	AN6	AN4〜AN6
1	1	1	AN7	AN4〜AN7

図6・1　A/Dコンバータのレジスタと制御コード

6.2 プログラムの作成と実験

●1● プログラムの流れ

プログラムを作る前に，図 **6·2** で全体の流れについて整理しておきましょう。ただし図では D/A・A/D に関係のない部分は省略してあります。

◆ 初期設定：D/A の初期設定は前章と同じです。また A/D の初期設定は，

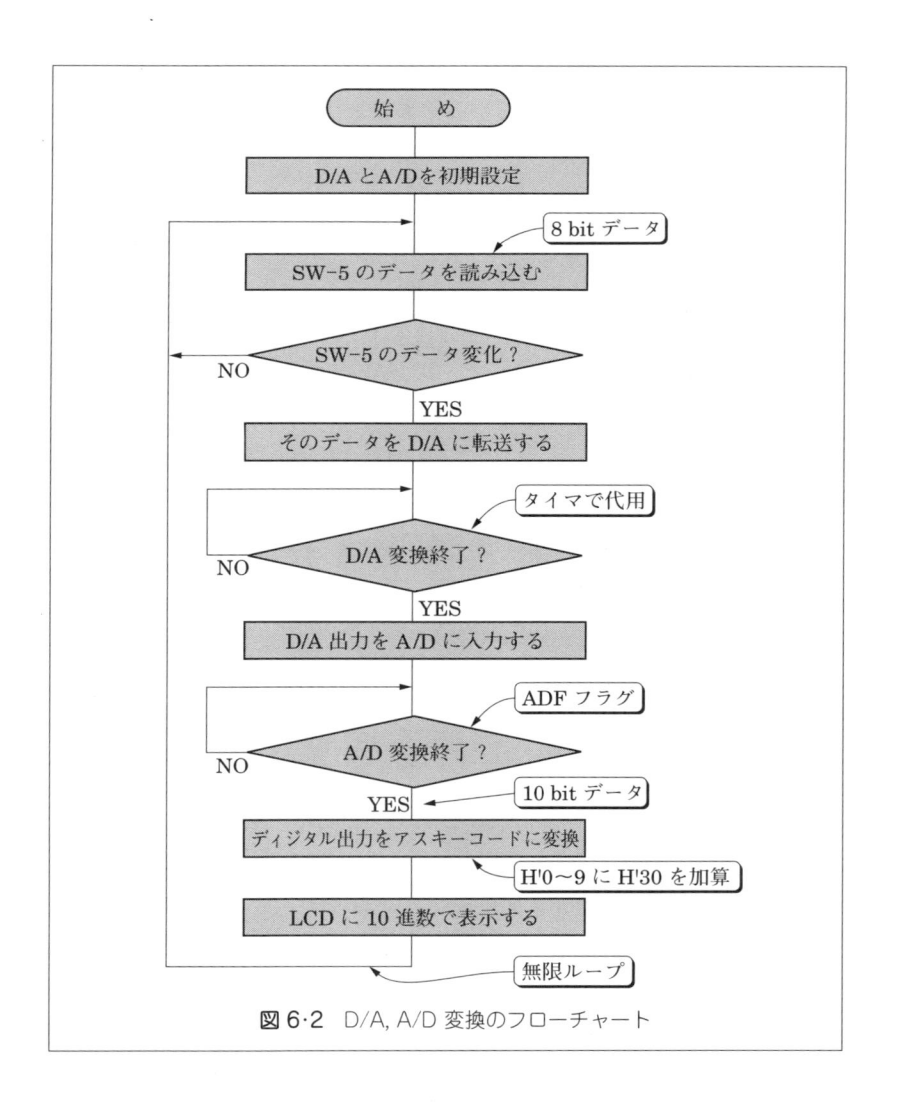

図 6·2 D/A, A/D 変換のフローチャート

前記のようにH8/3048Fリセット直後の初期値がAN0入力/単一モードとなるので，この設定に限り何もしないでOKです。

- **SW-5の読み込み**：SW-5の状態に変化がなければ，プログラムは変化が起きるまで待ち続けます。変化が見られると，直ちにそれを読み込んでD/Aに転送します。D/Aは初期設定するとその直後からD/A変換動作を開始しているので，この転送データはすぐアナログ出力DA0となって出力されます。

  ここで，DA0出力とAN0入力は配線で接続されているものとします。

- **A/D変換の開始**：このDA0出力はA/D変換されるわけですが，SW-5のデータがD/Aに転送されてからその変換出力が安定するまでに約10μsかかります。しかし，あいにくD/Aには変換終了のフラグがありません。そこで，このプログラムではサブルーチンのタイマを使って時間待ちすることにしました。そしてタイムアップしたら，ADCSRのビット5を「1」にセットし，A/D変換を開始させます。

- **ディジタルデータのアスキーコード変換**：DA0をA/D変換した出力は，10bitの2進データです。これとSW-5の8bitデータを並べて表示したところで，面白くもおかしくもありません。そこで，この10bitデータをアスキーコードに変換し，LCDに10進数の電圧値として表示させるようにしました。

- **無限ループ**：10進数に変換した電圧値のLCD表示作業が終わったら，プログラムは再びSW-5の変化を見に行きます。変化がなければ変化の起きるまで待ち，変化があれば再び上記の動作を繰り返します。

●2● D/A，A/D変換テストプログラムの説明

今回も，図5・3(p.71〜72)のD/A変換サンプルプログラムを修正する形でD/A・A/D変換テストプログラムを作ってみました。以下，図**6・3**＊を見ながら，追加・変更部分を中心に説明していきましょう。

- **シンボルの定義の追加**(13行および23〜27行)：ここでは，2進→10進アスキーコード変換作業のとき使う中継用RAM領域としてLC_DATAを，およびA/D関係のシンボルとしてADCSRなど5行を，それぞれ追加しています。

＊ 図6・3中で≈の部分は図5・3と同じなので省略した行です。ただし，行番号は同じではありません。また「追加行」は，A/D変換のために，図5・3に追加した行を示します。

6.2 プログラムの作成と実験

図6·3

```
 1  ;                              MBDADO.MAR ROM版
 2  ;************************************************************
 3  ;*              D/A, A/D変換テストプログラム                  *
 4  ;************************************************************
 5              .CPU   300HA           ;CPUの指定
 6              .SECTION VECT, CODE, LOCATE=H'000000 ; セクションの宣言
 7   RES        .DATA.L INIT           ; ラベルINIT：以降にプログラム領域を確保
 8  ;-----シンボルの定義（主として番地を記号に置き換えてわかりやすくする）-----
 9   SW_D       .EQU   H'FFEF10        ;SW-1～4のON/OFF状態を記憶するRAMの番地
10   SW_D5      .EQU   H'FFEF11        ;SW-5(8bit-DIP)の状態を記憶するRAMの番地
11   LCD_D      .EQU   H'FFEF12        ;LCDに転送するデータ1バイトを一時入れるRAMの番地
12   LCD162     .EQU   H'FFEF13        ;LCD表示16文字2行分のデータを入れておくRAMの番地
13   LC_DATA    .EQU   H'FFEF34        ;10進変換結果を格納するRAMの番地    ← 追加行
14   P2DR       .EQU   H'FFFFC3        ;ポート2の入力データレジスタを指定する番地
15   P3_D       .EQU   H'FFFFC6        ;ポート3の出力データレジスタを指定する番地
16   E_SIG      .BEQU  5,P3_D          ;LCD制御信号イネーブル"E"
17   RS         .BEQU  4,P3_D          ;LCDデータ/制御識別信号"RS"
18   P4DR       .EQU   H'FFFFC7        ;ポート4の入力データレジスタを指定する番地
19   P5DR       .EQU   H'FFFFCA        ;ポート5の出力データレジスタを指定する番地
20   LED1       .BEQU  0,P5DR          ;LED1(ポート5のbit0)
21   LED2       .BEQU  1,P5DR          ;LED2(ポート5のbit1)
22
23   ADCSR      .EQU   H'FFFFE8        ;A/Dコントロール/ステータスレジスタの番地  ┐
24   ADST       .BEQU  5,ADCSR         ;ADCSRのbit5，変換開始/停止を選択          │ 追加行
25   ADF        .BEQU  7,ADCSR         ;ADCSRのbit7，変換終了を示すフラグ         │
26   ADDRAH     .EQU   H'FFFFE0        ;A/D変換結果を入れる上位8bitレジスタの番地 │
27   ADDRAL     .EQU   H'FFFFE1        ;A/D変換結果を入れる下位8bitレジスタの番地 ┘
28   DADR0      .EQU   H'FFFFDC        ;D/A(CH-0)に被変換データを入力する番地
29   DACR       .EQU   H'FFFFDE        ;D/A(CH-0,1共通)コントロールレジスタの番地
30
31              .SECTION ROM,CODE,LOCATE=H'000100     ;コードセクションの宣言
32
33  ;-----I/Oの初期設定-----
34   INIT:      MOV.L  #H'FFF10,ER7    ; スタックポインタの設定
35              MOV.B  #H'00,R0L       ; ポート2(SW-5に接続)を入力に設定するため
36              MOV.B  R0L,@H'FFFFC1   ; コントロールレジスタにH'00を書き込む
37              MOV.B  #H'FF,R0L       ; ポート2をプルアップに設定するため
38              MOV.B  R0L,@H'FFFFD8   ; コントロールレジスタにH'FFを書き込む
39
40              MOV.B  #H'FF,R0L       ; ポート3を出力に設定するため
41              MOV.B  R0L,@H'FFFFC4   ; コントロールレジスタにH'FFを書き込む
42
43              MOV.B  #H'00,R0L       ; ポート4を入力に設定するため
44              MOV.B  R0L,@H'FFFFC5   ; コントロールレジスタにH'00を書き込む
45              MOV.B  #H'FF,R0L       ; ポート4をプルアップに設定するため
46              MOV.B  R0L,@H'FFFFDA   ; コントロールレジスタにH'FFを書き込む
47
48              MOV.B  #H'FF,R0L       ; ポート5を出力に設定するため
49              MOV.B  R0L,@H'FFFFC8   ; コントロールレジスタにH'FFを書き込む
50
51              MOV.B  #H'5F,R0L       ;D/AコンバータCH0を動作状態にするため
52              MOV.B  R0L,@DACR       ; コントロールレジスタDACRにH'5Fを書き込む
53
54  ;-----LCDのソフトウェアリセット-----
 ～
81              JSR    @LCD_OUT8       ;
```

```
 82           JSR     @TIME00           ;4msのWAIT                           図6・3
 83
 84  ;-----LCDの初期設定-----
 85           MOV.B   #B'00101000,R0L   ;ここで正規のファンクションセットを行う
 86           MOV.B   R0L,@LCD_D        ;転送データが前項と異なっている点に注意

100           JSR     @LCD_OUT4         ;
101           JSR     @TIME00           ;4msのWAIT
102  ;-----初期設定終了-----
103
104  ;-----LCDの初期画面表示-----
105           MOV.B   #B'00000001,R0L   ;LCD内部の表示用メモリをクリヤする
106           MOV.B   R0L,@LCD_D        ;

119
120  ;-----MAINルーチン-----
121           MOV.B   #0,R0L            ;SW_D，SW_D5のRAM領域をクリヤする
122           MOV.B   R0L,@SW_D         ;(この動作は最初だけで，実質的なMAINルーチンは
123           MOV.B   R0L,@SW_D5        ;次項，BOTAN:の行からとなる)
124  BOTAN:   MOV.B   @P4DR,R0L         ;SW-1～4の状態をR0Lに読み込む
125           MOV.B   @SW_D,R0H         ;SW_Dの内容をR0Hに読み込む
126           CMP.B   R0H,R0L           ;R0HとR0Lの内容を比較する
127           BEQ     S5CHK             ;同じなら(変化がなければ)S5CHKにジャンプ
128           JSR     @S1_4             ;変化があればS1_4サブルーチンへ
129  S5CHK:   MOV.B   @P2DR,R0L         ;SW-5の状態をR0Lに読み込む
130           MOV.B   @SW_D5,R0H        ;SW_D5の内容をR0Hに読み込む
131           CMP.B   R0H,R0L           ;両者を比較する
132           BEQ     BOTAN             ;同じなら(変化がなければ)BOTANにジャンプ
133           MOV.B   R0L,@DADR0        ;SW-5の状態をD/Aに入力    ←[行の順序を変更]
134           JSR     @S5               ;変化があればS5サブルーチンへ
135           JMP     @BOTAN            ;
136  ;-----MAINルーチン終了-----
137
138  ;-----サブルーチン-----
139  ;-----LCD文字出力16文字×2行-----
140  LCDDSP:  PUSH.L  ER0               ;他で使っている可能性があるレジスタは
141           PUSH.L  ER1               ;その内容をスタックに退避しておく

145           JSR     @LCD_OUT4         ;8bitデータを4bit×2回で転送するサブルーチンへ
146           JSR     @TIME00           ;4msのWAIT
147  ;-----LCD表示1行目-----
148           MOV.B   #16,R0L           ;LCD表示文字数(1行分)のセット
149           MOV.L   #LCD162,ER1       ;LCD表示データRAM領域の先頭番地をセット

159           BCLR    RS                ;制御データ転送なのでRSは"0"(ビットクリヤ)
160           JSR     @LCD_OUT4         ;4bit×2回の転送サブルーチンへ
161  ;-----LCD表示2行目-----
162           MOV.B   #16,R0L           ;2行目(1行分)の文字数をセットする
163           MOV.L   #LCD162+16,ER1    ;2行目LCD表示データRAM領域の先頭番地をセット

172           POP.L   ER0               ;退避のときと順番が逆になる点に注意
173           RTS                       ;もとのルーチンに戻る
174
175  ;-----LCDへのデータ/コマンドの転送(8bit)-----
176  LCD_OUT8:        PUSH.L  ER0       ;レジスタER0の内容をスタックに退避
177           BSET    E_SIG             ;LCD制御"E"信号を"1"にする
```

```
183           POP.L    ER0              ;ER0レジスタをスタックから復帰         図6・3
184           RTS
185  ;-----LCDへのデータ/コマンドの転送(4bit×2回)-----
186  LCD_OUT4:    PUSH.L ER0            ;ER0レジスタの内容をスタックに退避
187  ;----- 上位4bit送出-----
188           BSET     E_SIG            ;LCD制御"E"信号を"1"にする。
189           MOV.B    @LCD_D,R0L       ;データ(コマンド)をレジスタR0Lに入れる

200           BCLR     E_SIG            ;E信号を"0"にする
201           JSR      @TIME10          ;WAIT
202  ;----- 下位4bit送出-----
203           BSET     E_SIG            ;LCDのE信号を"1"にする
204           MOV.B    @LCD_D,R0L       ;データ(コマンド)をR0Lレジスタに入れる

213           POP.L    ER0              ;ER0レジスタの内容を復帰させる
214           RTS
215
216  ;-----SW-1~4の状況をLCD表示する-----
217  S1_4:     MOV.B    R0L,@SW_D       ;現在の状態をRAM領域SW_Dに格納する
218           MOV.B    #4,R1L           ;文字数(スイッチ数)のセット

229  ;-----LEDの点灯(SW-3とSW-4に対応)-----
230  SW3LED:   MOV.B    @SW_D,R0L       ;現在のSW-1~4の状態をR0Lに
231           BTST     #6,R0L           ;S3の状態をチェック

242  ;-----液晶表示S5-----
243  S5:       MOV.B    R0L,@SW_D5      ;現在のSW-5の状態をRAM領域SW_D5に格納
244           JSR      @AD                                              追加行
245           MOV.B    #8,R1L           ;表示文字数(8bit分の"1"または"0")のセット
246           MOV.L    #LCD162+23,ER2   ;LCD表示データRAMの先頭番地をER2に書き込む
247           MOV.B    @SW_D5,R0L       ;SW_D5の内容をR0Lレジスタに読み込む
248  BOTAN4:   ROTL.B   R0L             ;左ローテートで最上位bitを最下位bitへ
249           MOV.B    R0L,R0H          ;それをR0Hへ転送
250           AND.B    #B'00000001,R0H  ;最下位bit以外はマスクする
251           OR.B     #B'00110000,R0H  ;H'30を加算してアスキーコードに変換
252           MOV.B    R0H,@ER2         ;それをLCD表示RAM領域に格納
253           INC.l    #1,ER2           ;LCD表示RAMの番地を1進める
254           DEC.B    R1L              ;セットした文字数から1を引く
255           BNE      BOTAN4           ;文字数が0になるまで繰り返す
256           JSR      @LCDDSP          ;LCD表示サブルーチンへジャンプ
257           RTS                       ;もとのルーチンへ戻る
258
259  ;-----------A/D------------                           以下,259行~302行;追加行
260  AD:       JSR      @TIME10         ;D/A変換安定までWAIT
261           BSET     ADST             ;A/D変換開始
262  ADEND:    BTST     ADF             ;A/D変換終了したか?
263           BEQ      ADEND            ;終了していなければADENDへ
264           MOV.L    #0,ER1           ;変換結果を入れるレジスタER1をクリヤ
265           MOV.B    @ADDRAH,R1H      ;変換値の上位8bitをR1の上位へ
266           MOV.B    @ADDRAL,R1L      ;変換値の下位2bitをR1の下位へ
267           BCLR     ADF              ;変換終了フラグをクリヤ
268           SHLR.W   R1               ;変換値を右づめに(6bitシフト)する
269           SHLR.W   R1
270           SHLR.W   R1
271           SHLR.W   R1
272           SHLR.W   R1
```

第6章　D/AとA/Dの同時変換

```
273             SHLR.W    R1
274   ;------------電圧値変換------------
275             MOV.W     #4883,R0           ;A/D変換値に4883を乗算して5V/10bit・FSに正規化する
276             MULXU.W   R0,ER1             ;5V/FS対応のディジタル値がER1へ
277   ;------------ 10進（アスキーコード）変換------------
278             MOV.B     #7,R5L             ;表示文字数をR5Lにセットする
279             MOV.L     #LC_DATA+7,ER4     ;表示数値データの先頭番地をER4にセットする
280   DECI:     MOV.W     E1,R2              ;2進10進変換開始，ER1上位16bit R2へ
281             MOV.W     #10,R0             ;R0に10をセット，ER2をゼロ拡張し32bitにして
282             EXTU.L    ER2                ;ER2÷10を32bitで行う
283             DIVXU.W   R0,ER2             ;商がR2に，余りがE2に入る
284             MOV.W     E2,E1              ;この余りをE1に戻す
285             DIVXU.W   R0,ER1             ;ER1÷10を32bitで行う。商がR1に，余りがE1に入る
286             MOV.W     R2,E2              ;前回の商をE2に転送
287             MOV.W     R1,R2              ;今回の商をR2に転送
288             MOV.W     E1,R3              ;余りをR3に入れる
289             ADD.B     #H'30,R3L          ;H'30加算で10進→アスキーコード変換
290             MOV.B     R3L,@-ER4          ;結果をRAMに格納
291             MOV.L     ER2,ER1            ;下位桁の計算準備
292             DEC.B     R5L                ;セットした文字数から1を引く
293             BNE       DECI               ;文字数が0になるまでDECIへジャンプを繰り返す
294             MOV.B     @LC_DATA,R0L       ;LC_DATAに順に書き込んだ10進数を
295             MOV.B     R0L,@LCD162+6      ;LCDに表示するため
296             MOV.B     @LC_DATA+1,R0L     ;LCD162の対応する番地（一部とびとび）に転送する
297             MOV.B     R0L,@LCD162+8      ;
298             MOV.B     @LC_DATA+2,R0L     ;
299             MOV.B     R0L,@LCD162+9      ;
300             MOV.B     @LC_DATA+3,R0L     ;
301             MOV.B     R0L,@LCD162+10     ;
302             RTS                          ;
303
304   ;-----タイマ-----
305
306   TIME00:   MOV.L     #H'1900,ER6        ;4ms TIMER
307   TIME01:   SUB.L     #1,ER6
308             BNE       TIME01
309             RTS
310
311   TIME10:   MOV.L     #H'80,ER6          ;80μs TIMER
312   TIME11:   SUB.L     #1,ER6
313             BNE       TIME11
314             RTS
315
316   ;-----サブルーチン終了-----
317   ;-----文字データ-----
318             .ALIGN 2
319             .SECTION  LCDDATA,DATA,LOCATE=H'001000
320   MOJI:     .SDATA " E = 0.000 V   1111 11111111 "
321
322             .END
```

図6・3　D/A，A/D変換テストプログラム

- **ADCSR** レジスタ (23 行)：ADCSR の bit 5 と bit 7 を.BEQU 命令によりそれぞれ ADST(A/D スタートのつもり)，および ADF(A/D 変換終了フラグ)と定義しました。これらは，変換動作を開始させるとき，および変換動作が終了したかどうかを調べるときに使うシンボルです。
- **メインルーチン** (121～135 行)：この部分も基本的には図 5・3 と変わりませんが，133 行に注目してください。「MOV.B R 0 L, @DADR 0」の行が図 5・3 とは異なる行位置にきています。実はこれが前章で出した問題の正解です。ただしこの D/A・A/D 変換テストプログラムの場合，この行を正しい位置に持ってこないと正常に動作してくれません。
- **液晶表示 S 5**：(243～257 行，追加 244 行)：SW-5 の状態に変化があると，プログラムはメインルーチンから 243 行の S 5：にジャンプしてきます。そして変化した SW-5 の状態を 245 行以降で LCD に表示しますが，その直前に，244 行で A/D 変換サブルーチン AD：に飛んでいきます。
- **A/D 変換サブルーチンの追加** (260～302 行)：メインルーチンの 133 行を見ればわかるとおり，SW-5 の内容に変化があると，プログラムがこの 260 行(シンボル AD：)に飛んでくる直前に，その変化した内容を D/A に転送しています。それを受けて，このサブルーチン AD：の最初の行では，タイマサブルーチン TIME 10 にジャンプして D/A 変換動作が安定するまで時間待ちを行います。

  次の 261 行では，ADST(ADCSR の bit 5)を「1」にセットして A/D 変換を開始させます。そのあと ADEND：の行で ADF が「1」になったかどうか，つまり A/D 変換が終了したかどうかを調べます。

  ADF が「1」になっていなければ，何回でも ADEND：にジャンプして A/D 変換終了を待ちます。
- **ADEND**：(262～273 行)：ADF が「1」になり A/D 変換が終了すると，その時点で ADDRAH～ADDRAL レジスタには変換結果のディジタル値が書き込まれています。しかしこのデータは 16 bit レジスタの上位 10 bit に位置しますから，普通の 2 進数として扱うためには，ADDRAH～ADDRAL レジスタの内容を R 1 レジスタ(16 bit)に読み込んだあと，それを右詰め(下位方向)に 6 bit シフトしてやる必要があります。シフトが終われば，R 1 レジスタには A/D 変換結果の 10 bit が，正常なビッ

ト配置の2進数として格納されています。

◆ **電圧値変換**(275〜302行)：R1レジスタの10 bitデータを，これ以降の行でLCD表示用の10進数に変換します。以下，行を追って説明しましょう。

・説明の前に図**6·4**を見てください。D/A変換回路におけるSW-5からの8 bitディジタル入力とアナログ出力電圧の関係，およびA/D変換回路のアナログ入力電圧と出力ディジタルデータの関係を説明した図です。どちらも比較基準電圧V_{REF}が5Vのとき，つまりフルスケール出力5Vに対応した値を示します。

・A/Dの10 bitディジタル出力は，フルスケールでH'400，つまり10進数換算では1024です。したがって，その最下位1ビットに対応する電圧(重み電圧)は5/1024＝4.883 mVとなります。

・この重み電圧をA/D変換で得られたディジタル値(273行：R1の内容)に乗算すれば，A/D変換回路の入力アナログ電圧値が求められます。プログラムのコメントに"正規化"(正確な表現ではありませんが)と書い

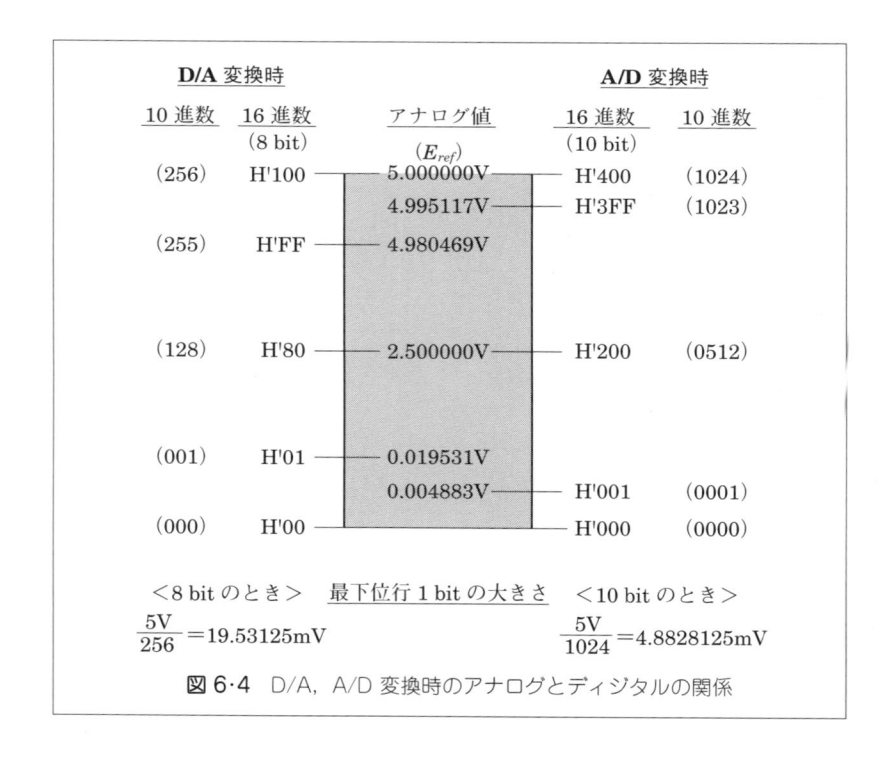

D/A 変換時		アナログ値	A/D 変換時	
10 進数	16 進数 (8 bit)	(E_{ref})	16 進数 (10 bit)	10 進数
(256)	H'100 —	5.000000V	— H'400	(1024)
		4.995117V	— H'3FF	(1023)
(255)	H'FF —	4.980469V		
(128)	H'80 —	2.500000V	— H'200	(0512)
(001)	H'01 —	0.019531V		
		0.004883V	— H'001	(0001)
(000)	H'00 —		— H'000	(0000)

<8 bitのとき>　最下位行1 bitの大きさ　<10 bitのとき>

$$\frac{5V}{256}=19.53125mV \qquad \frac{5V}{1024}=4.8828125mV$$

図6·4 D/A，A/D変換時のアナログとディジタルの関係

てあるのがこの部分です。そしてこの乗算結果は ER1 に書き込まれます（275〜276 行）。

- **2 進→10 進変換手順①〜②**：ここで図 **6・5** を見てください。いま仮に，A/D 変換で得られたディジタルデータが H'213 だったとしましょう。最下位 1 bit をマッチ棒 1 本にたとえると，フルスケールが 1024 本で，この H'213 はマッチ 531 本に相当します。この本数は 10 進表示の「531」でも，16 進表示の「H'213」でも変わりません。

- **手順③**：このマッチの本数に最下位ビットの重み電圧 4.883 mV を乗算すれば，A/D 入力に相当するアナログ値が得られます。しかしアセンブラプログラムでは小数点を含む計算が複雑となるため，ここでは図のように H'213 に 4883 を乗算します。

- **手順④**：乗算の結果は 2.592873 V とひと目でわかります。しかしこれは人間が見るからわかるのであって，LCD に表示するためにはこの数値の「各桁ごとの数」を個別に取り出し，LCD の各桁対応のメモリにそれぞれ「その桁の数値データ」として書き込まなければなりません。その方法が図の手順④です。

・まず，乗算の結果得られた 2592873 を 10 で除算します。10 の整数倍が商となり，余りの 3 が最下位桁（仮に 10^0 の桁としましょう）の数値と

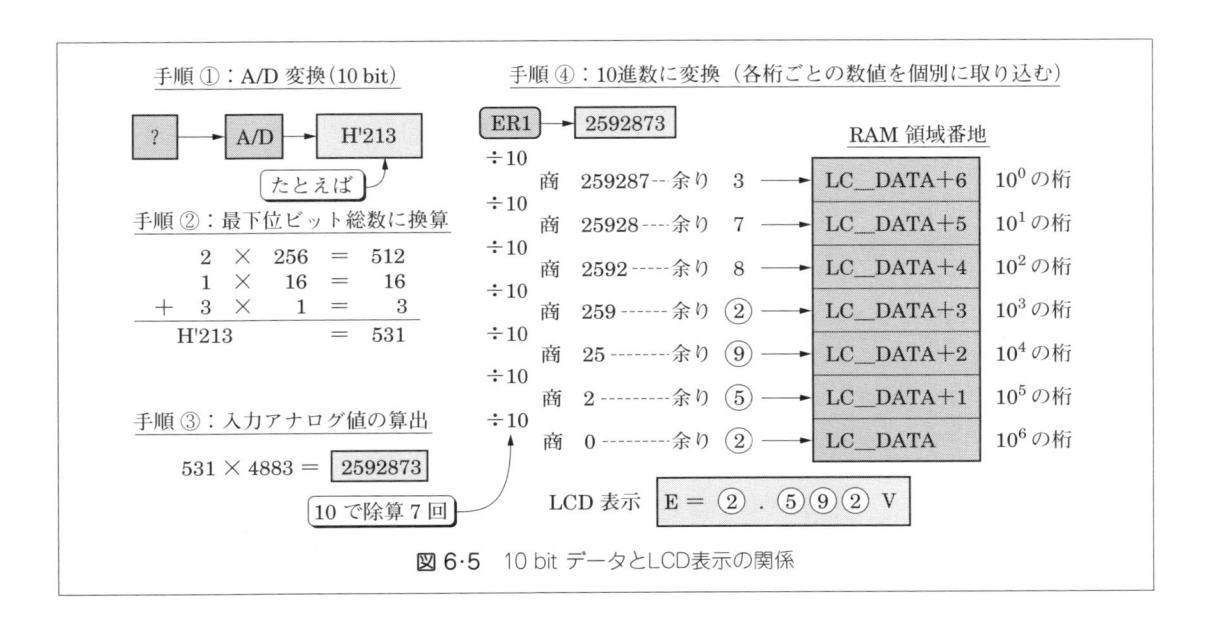

図 6・5 10 bit データと LCD 表示の関係

第6章 D/AとA/Dの同時変換

なります。得られた商をもう一度10で割る（初めからなら100で割ることになる）と，こんどは100の整数倍が商となり，余りが10^1の桁の数値となります。

・これを7回繰り返すと商は0になり，ER1データ2592873の最上位桁の数「2」が余りとなって除算を終了します。なぜ7回除算を繰り返すのか，理由はもうおわかりでしょう。もとの数2592873が7桁だからです。これはアナログ入力電圧が5Vフルスケールのときでも7桁のままで変わりません。

・以上の各ステップで得られた3，7，8…2の数（余り数，つまり各桁の数値）は，その都度LC_DATA＋6，LC_DATA＋5・…LC_DATAに転送されます。さらにこのとき，たとえば数字「3」をアスキーコードの「H'33」に，「7」を「H'37」に・・というように，H'30を加算してアスキーコードに変換する操作も同時に行います（表4・1(p.61)参照）。

◆ **表示データのLCDへの転送（294～301行）**：こんどは図**6・6**を見てください。LC_DATA～LC_DATA＋6に書き込まれたデータは7桁分ですが，もともと8bitデータをD/A変換して得られたアナログ値を表示するのですから，LCDには有効4桁を表示すれば十分です。なぜなら8bitの分解能は1/256＝0.0039だからです。これは，小数点3桁目以下はもう当てにならないことを示しています。

・得られた数値をLCDに表示させるためには，LCD_DATAをLCD162に転送しなければなりません。このとき数値だけではなく「E＝2.592

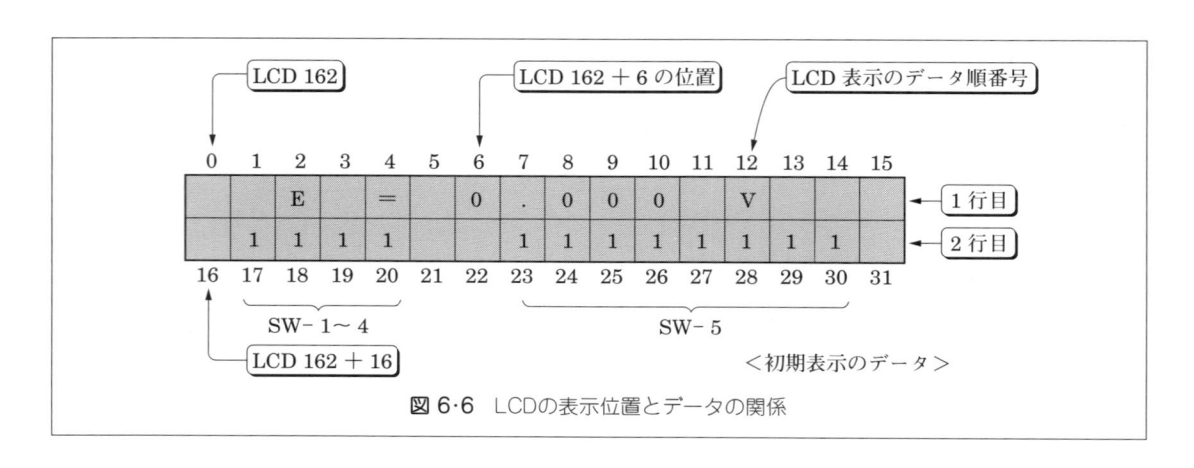

図6・6 LCDの表示位置とデータの関係

V」のようなフォーマットで表示できるよう，あらかじめ初期表示データを図6・6のように設定しておきます。これは，320行のMOJI：データも参照してください。

・したがって，LC_DATAのデータがLCD 162＋6へ，LC_DATA＋1のデータがLCD 162＋8へ‥というように部分的にとびとびの転送となります。

以上，10進変換表示についてその考え方を説明しました。プログラムの278～293行が7回連続して10で割る演算部分，294行以降がLCDへのデータ転送部分です。アセンブリ言語で記述した各行の意味は，皆さんで付録Aおよび行ごとのコメントを参照しながら考えてみてください。

●3● プログラムの書き込みと実験

作成したD/A・A/D変換テストプログラムのファイル名は，筆者の場合mbdado.marとしました。これをA 38 H.EXE，L 38 H.EXE，C 38 H.EXEでアセンブルし，mbdado.motファイルに変換するまでのアセンブル作業，および，それをflash.exeでH 8/3048 FのフラッシュROMに書き込むまでの手順は前章までとまったく同じです。

書き込みが終わったら，例によってマザーボードのSW-6，7をOFFのままDC入力端子に15～20 Vを接続し，SW-6をONにすれば回路は直ちに動作を開始します。ただしその前に，CN-2の18ピン～12ピン（DA_0～AN_0）間が接続されていることを確かめておきましょう。これを忘れると，正常なアナログ表示は出てきません。

写真6・1は，実験中のマザーボードです。LCDの1行目にアナログ値が表示されていますから，これと2行目のSW-5のデータを見比べてみてください。SW-5をぽちぽち切り換えると，表示の数値が変わります。H'80のときが2.500 Vですから，これで正常動作かどうか簡単に見分けられるでしょう。表示値に若干のずれがある場合は，プログラムの275行で乗算する「4883」を少し変えれば調節できます。

また，LC_DATAには5～7桁目の表示しない数値データも入っているので，もし興味があったら，LCDの1行目の表示桁数を5～6桁に増やしてみるのも面白いでしょう。

LCD表示データの書き換えはSW-5が変化する都度1回だけ行われま

第6章 D/AとA/Dの同時変換

すから，仮にA/D変換1回ごとのディジタル出力に最下位桁付近のばらつきがあったとしても，表示そのものはばらつかないはずです。

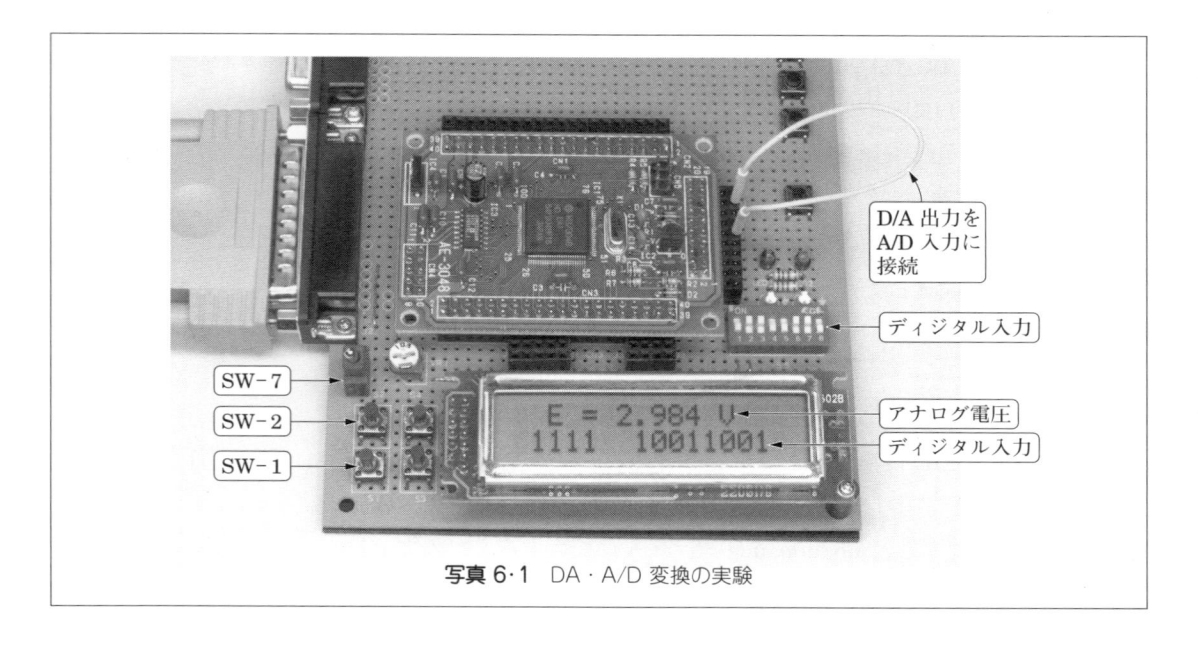

写真6・1 DA・A/D変換の実験

ITUの同期／PWMモードで
ノンオーバラップ3相パルスの生成

第7章

　ITU（インテグレーテッド・タイマ・ユニット）は単なるタイマではなく，周辺のレジスタに各種の設定をすることで複雑な動作が可能なインテリジェントタイプのタイマです。

　本章では，複数のITUチャネルを同期モードに設定し，3相ノンオーバラップPWMパルスをソフト的に生成してみます。ITUはチャネル0〜4まで5チャネルを持っていますが，ここでは，チャネル0〜2を使います。

7.1　H8/3048F内蔵ITUの働き

●1● ITUの働き

　ITUの基本的な働きについては，1・3節の2で概要を述べました。図1・8，1・9を思い出してください。そこには，通常動作モード時におけるITUのトグル出力を例に，内部カウンタTCNT，ゼネラルレジスタGRA，GRB，および入／出力端子TIOCA，TIOCBの関係などが説明されています。

　ITUの中核となるTCNTは16 bitカウンタです。このカウント値とGRA，GRBに設定したタイミング数値とが一致したとき，TIOCA，TIOCBの出力が変化したり，TCNTがクリアされたり，あるいは割り込み要求を発生させたりするのがITUの基本動作です。さらに，他のチャネルと同期動作を行うなど多くの動作モードを設定することが可能となっています。

●2● ITUの動作モードとコントロールレジスタ

　ITUに関係するコントロールレジスタは合計64個あります。これだけ

第7章 ITUの同期／PWMモードでノンオーバラップ3相パルスの生成

カウントエッジ

カウンタはその回路構成によって，カウント動作がクロックパルスの立ち上がりのタイミングで行われるもの，立ち下がりエッジのときに行われるもの，あるいは両エッジで行われるものなどがあります．さらに，外部からの設定により，これらのうち任意のカウントモードに設定できるカウンタもあります．

でも，かなり複雑な使い方をするタイマではないか？という印象を受けますが，事実マニュアルには7種類の動作モードが挙げられています．しかし話をわかりやすくするため，ここでは実験に関係のある項目を中心に説明を進めることとします．

◆チャネル共通のコントロールレジスタ：図**7・1**はCH0～CH4に共通するコントロールレジスタ総数6個のうち3例を示します．タイマスタートレジスタ**TSTR**は，CH0～CH4のTCNTに対しカウント動作の開始／停止を設定します．タイマシンクロレジスタ**TSNC**は，他のチャネルと同期動作するかしないかを設定します．またタイマモードレジスタ**TMDR**は，チャネル別にPWMモードを設定するビットと，CH2

(1) タイマスタートレジスタ (TSTR：H'FFFF60)

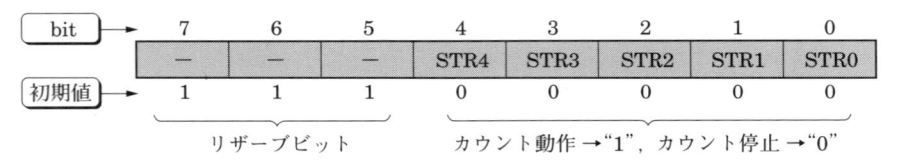

bit	7	6	5	4	3	2	1	0
	—	—	—	STR4	STR3	STR2	STR1	STR0
初期値	1	1	1	0	0	0	0	0

リザーブビット ／ カウント動作→"1"，カウント停止→"0"

(2) タイマシンクロレジスタ (TSNC：H'FFFF61)

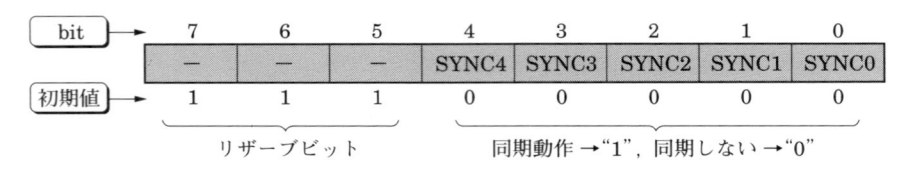

bit	7	6	5	4	3	2	1	0
	—	—	—	SYNC4	SYNC3	SYNC2	SYNC1	SYNC0
初期値	1	1	1	0	0	0	0	0

リザーブビット ／ 同期動作→"1"，同期しない→"0"

(3) タイマモードレジスタ (TMDR：H'FFFF62)

bit	7	6	5	4	3	2	1	0
	—	MDF	FDIR	PWM4	PWM3	PWM2	PWM1	PWM0
初期値	1	0	0	0	0	0	0	0

リザーブビット
位相計数モード（CH2のみ）→"1"
フラグディレクション（CH2のみ）

PWMモードに設定→"1"
通常モードに設定→"0"

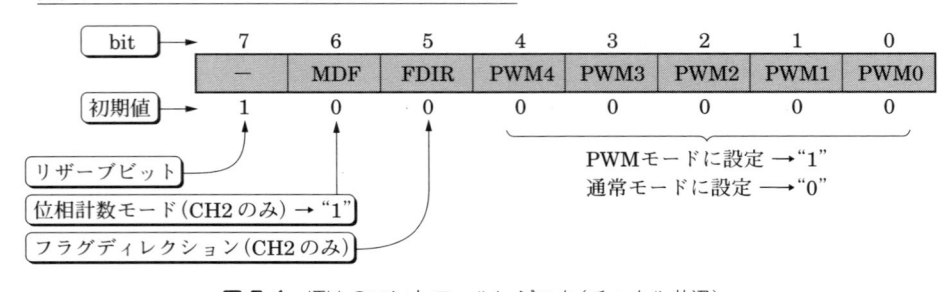

図7・1 ITUのコントロールレジスタ（チャネル共通）

7.1 H8/3048F内蔵ITUの働き

の位相計数モードなどを設定するビットを併せ持っています。
◆ チャネル別のコントロールレジスタ：図 **7・2** は，各チャネルに用意されている同じ名称のレジスタ群の一つ，タイマコントロールレジスタ TCR（TCR0～TCR4）の例です。CCLR1，CCLR0 のビットは TCNT がクリアされる条件を設定します。CKEG1，CKEG0 では TCNT のカウントをクロックの立ち上がり／立ち下がり／両エッジの何れで行う

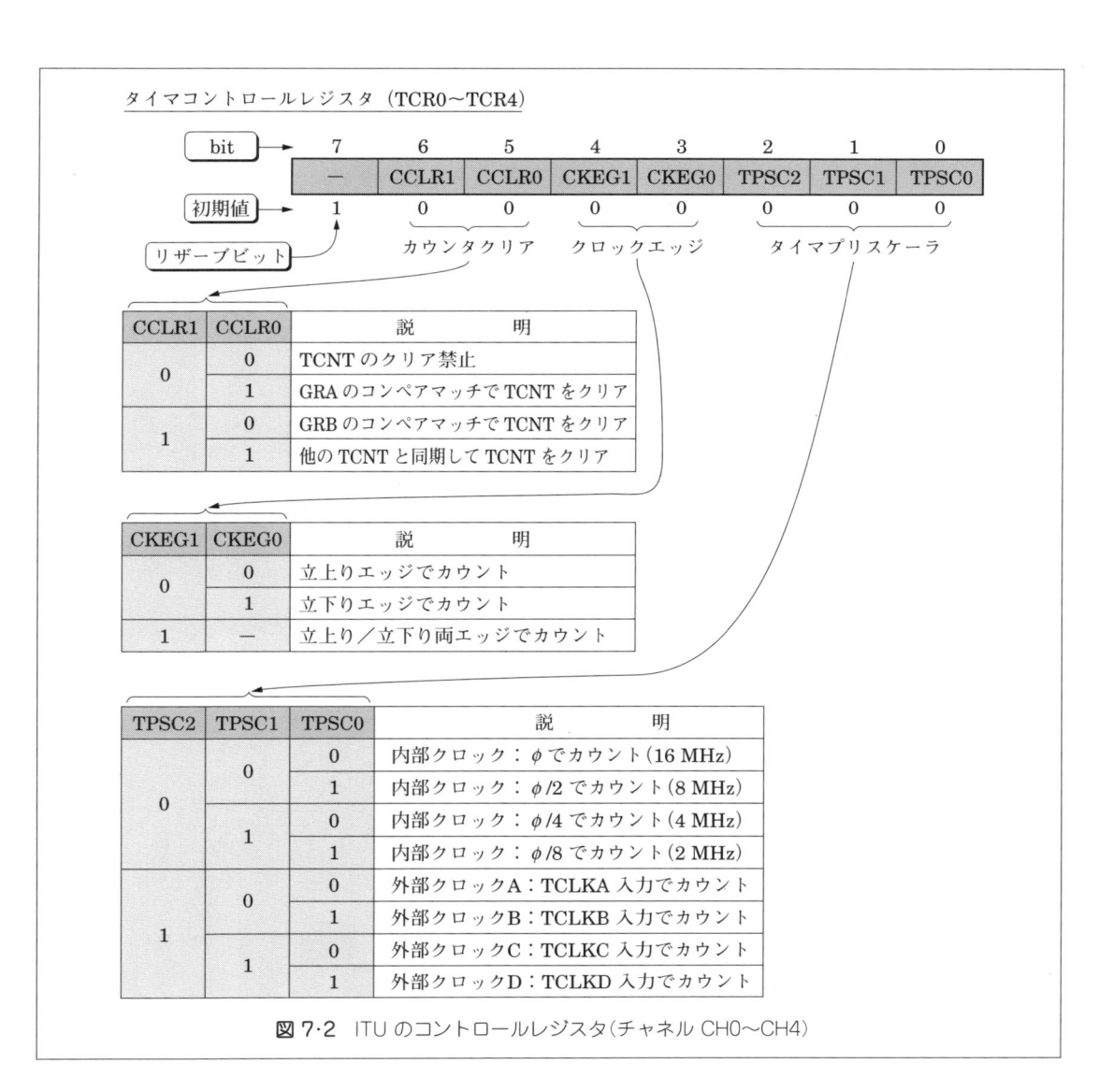

タイマコントロールレジスタ（TCR0～TCR4）

bit	7	6	5	4	3	2	1	0
	―	CCLR1	CCLR0	CKEG1	CKEG0	TPSC2	TPSC1	TPSC0
初期値	1	0	0	0	0	0	0	0
	リザーブビット	カウンタクリア		クロックエッジ		タイマプリスケーラ		

CCLR1	CCLR0	説　　　明
0	0	TCNT のクリア禁止
0	1	GRA のコンペアマッチで TCNT をクリア
1	0	GRB のコンペアマッチで TCNT をクリア
1	1	他の TCNT と同期して TCNT をクリア

CKEG1	CKEG0	説　　　明
0	0	立上りエッジでカウント
0	1	立下りエッジでカウント
1	―	立上り／立下り両エッジでカウント

TPSC2	TPSC1	TPSC0	説　　　明
0	0	0	内部クロック：φ でカウント（16 MHz）
0	0	1	内部クロック：φ/2 でカウント（8 MHz）
0	1	0	内部クロック：φ/4 でカウント（4 MHz）
0	1	1	内部クロック：φ/8 でカウント（2 MHz）
1	0	0	外部クロックA：TCLKA 入力でカウント
1	0	1	外部クロックB：TCLKB 入力でカウント
1	1	0	外部クロックC：TCLKC 入力でカウント
1	1	1	外部クロックD：TCLKD 入力でカウント

図 7・2　ITU のコントロールレジスタ（チャネル CH0～CH4）

第7章 ITUの同期／PWMモードでノンオーバラップ3相パルスの生成

プリスケーリング
クロックパルスをそのままカウンタなどに入力しないで，1/2，1/4…などにあらかじめ分周してから入力するとき，この前置分周操作をプリスケーリングといいます。

かを設定します。またTPSC2～TPSC0は，カウントするクロックソースの内部／外部の別，内部クロック周波数のプリスケーリングをするかどうか，などを設定します。

7.2 3相PWMパルスの生成

では，3相ノンオーバラップPWMパルスをH8/3048F内蔵ITUで生成させる手順について考えていくことにしましょう。

●1● ノンオーバラップ3相パルスとは？

図7・3を見てください。TIOCA0～TIOCA2出力に描かれている3本の波形が，これから生成しようとするノンオーバラップ3相パルスです。それぞれは1周期の1/3ずつの位相差を持っていますが，よく見ると，たとえばTIOCA1のパルスが「1」→「0」に変化してしばらく置いてから

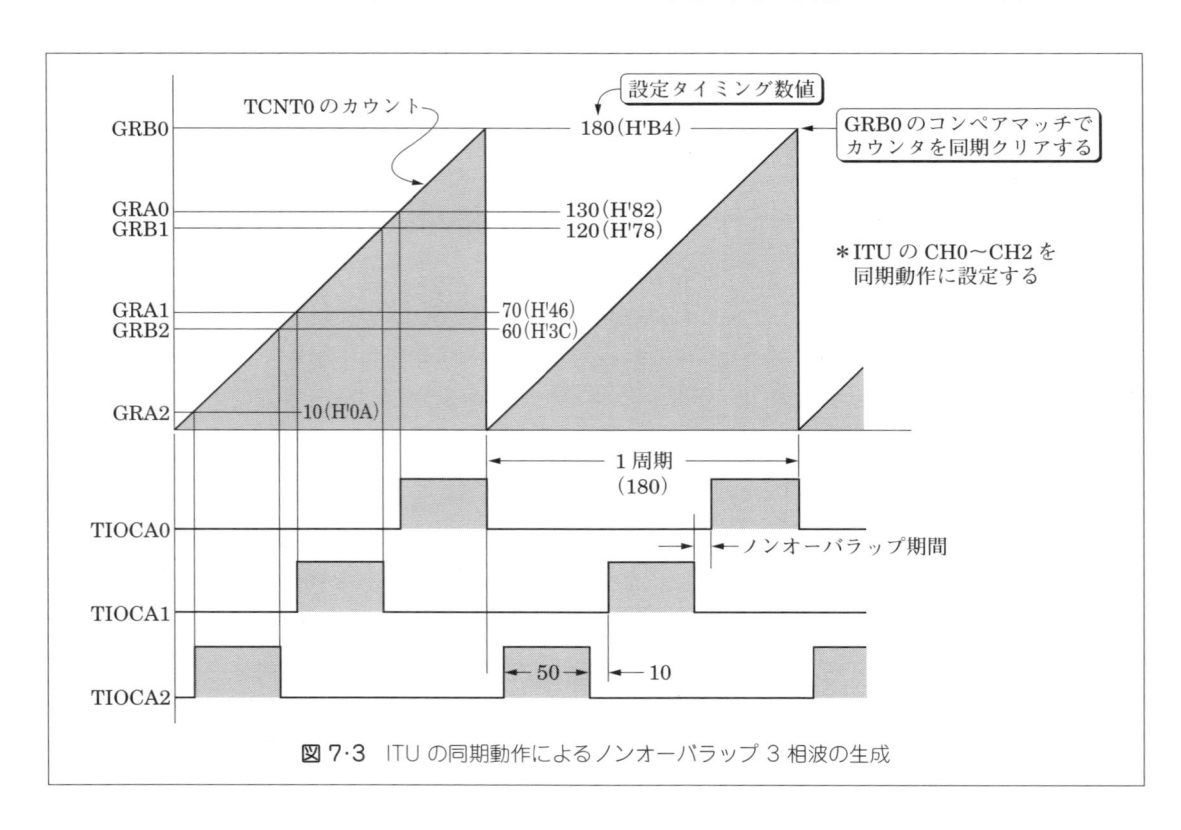

図中ラベル:
- GRB0: 180(H'B4) — GRB0のコンペアマッチでカウンタを同期クリアする
- 設定タイミング数値
- TCNT0のカウント
- GRA0: 130(H'82)
- GRB1: 120(H'78)
- GRA1: 70(H'46)
- GRB2: 60(H'3C)
- GRA2: 10(H'0A)
- ＊ITUのCH0～CH2を同期動作に設定する
- 1周期(180)
- ノンオーバラップ期間
- 50 — 10
- TIOCA0, TIOCA1, TIOCA2

図7・3 ITUの同期動作によるノンオーバラップ3相波の生成

7.2 3相PWMパルスの生成

TIOCA 0 のパルスが「0」→「1」に‥というように，パルス列間に必ずスペースが入っています。このように隣接するパルス相互が重なり合わないようになっているパルス列のことをノンオーバラップと呼びます。

このような 3 本のパルス列を生成するには，ITU の CH 0～CH 2 を同期モードに設定し，それぞれの GRA レジスタに波形立ち上げのタイミング，GRB レジスタには立ち下げのタイミングを書き込み，さらに PWM モードに設定するという操作が必要です。CH 0～CH 2 のうちどれを親チャネル（クリア要因発生チャネル）に設定するかは自由ですが，今回は CH 0 としました。

● 2 ● 同期モードの設定

最初は CH 0～CH 2 の同期モードを設定します。これは図 7・4 を見てください。同期モード設定手順の一般的なフローチャートです。まず「同期動作の設定」ですが，これは TSNC レジスタ（図 7・1（2）参照）に "11100111" を（SYNC 2～SYNC 0 ビットに「1」を）書き込みます。

ここで CH 0～CH 2 のカウント動作は，TCNT 0（親カウンタ）がクリアすると TCNT 1，TCNT 2 が同期してクリアされる "同期クリア" としなけ

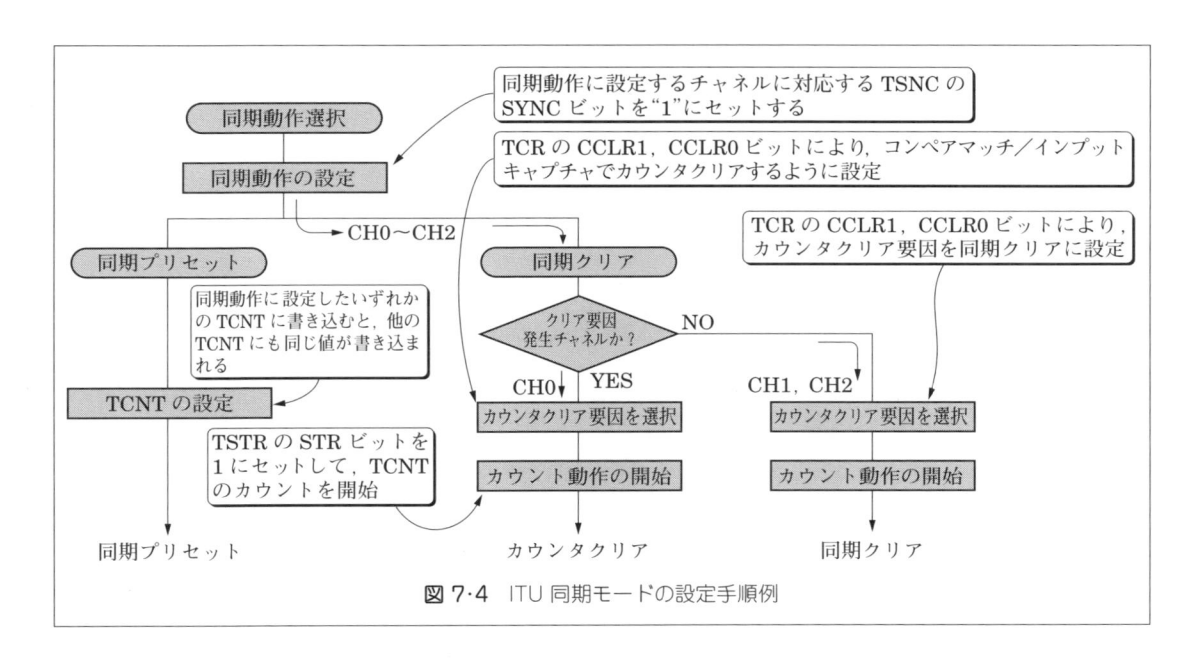

図 7・4 ITU 同期モードの設定手順例

ればなりませんから，設定のフローは2方向に分岐し，CH 0 はクリア要因発生チャネル(分岐：YES)として，またCH 1，CH 2 はそれ以外(分岐：NO)として，TCR 0〜TCR 2(図7・2参照)にそれぞれ制御コードを書き込みます。これが「カウンタクリア要因の選択」です。

このあと TSTR レジスタ(図7・1(1)参照)で CH 0〜CH 2 に対応する STR ビットを「1」にセットすれば，カウント動作が開始されます。

●3● PWM モードの設定

同期モードが設定されたら引き続き PWM モードを設定します。図**7・5**がその一般的なフローチャートです。

初めは「カウンタクロックの選択」です。これは，CH 0〜CH 2 の各 TCR レジスタにおいて TPSC 2〜TPSC 0 ビットに「1」または「0」を書き込んで設定します。次の「カウンタクリア要因の選択」は前項と同じです。このあと，GRA，GRB に「タイミング数値」を書き込みます。この数値は図7・3

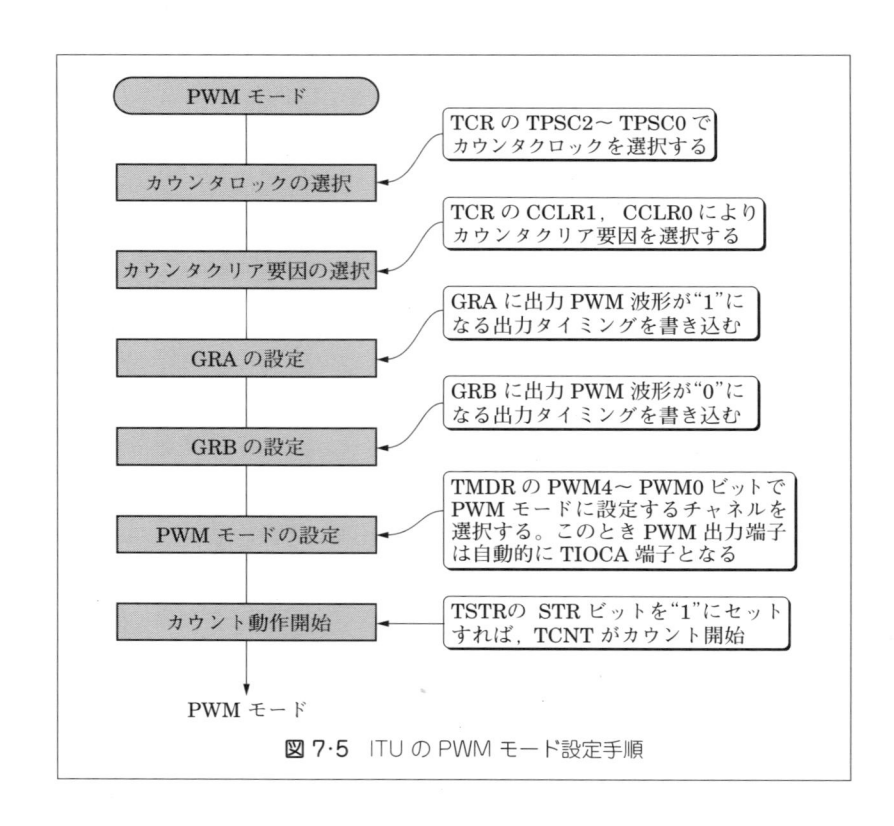

図7・5 ITU の PWM モード設定手順

でわかるように，生成波形のパターンによりチャネルごとに異なる数値となります。

この GRA，GRB の設定が終わったら，TMDR レジスタ（図 7·1(3) 参照）で CH 0〜CH 2 を PWM モードに設定します。あとは TSTR レジスタの STR ビットに「1」を書き込んで TCNT のカウントを開始させるだけです。

7.3　3 相パルス生成プログラムの作成と実験

●1● 生成パルスのタイミングを決める要素

以上の手順で同期モードと PWM モードの設定が終わるはずですが，で

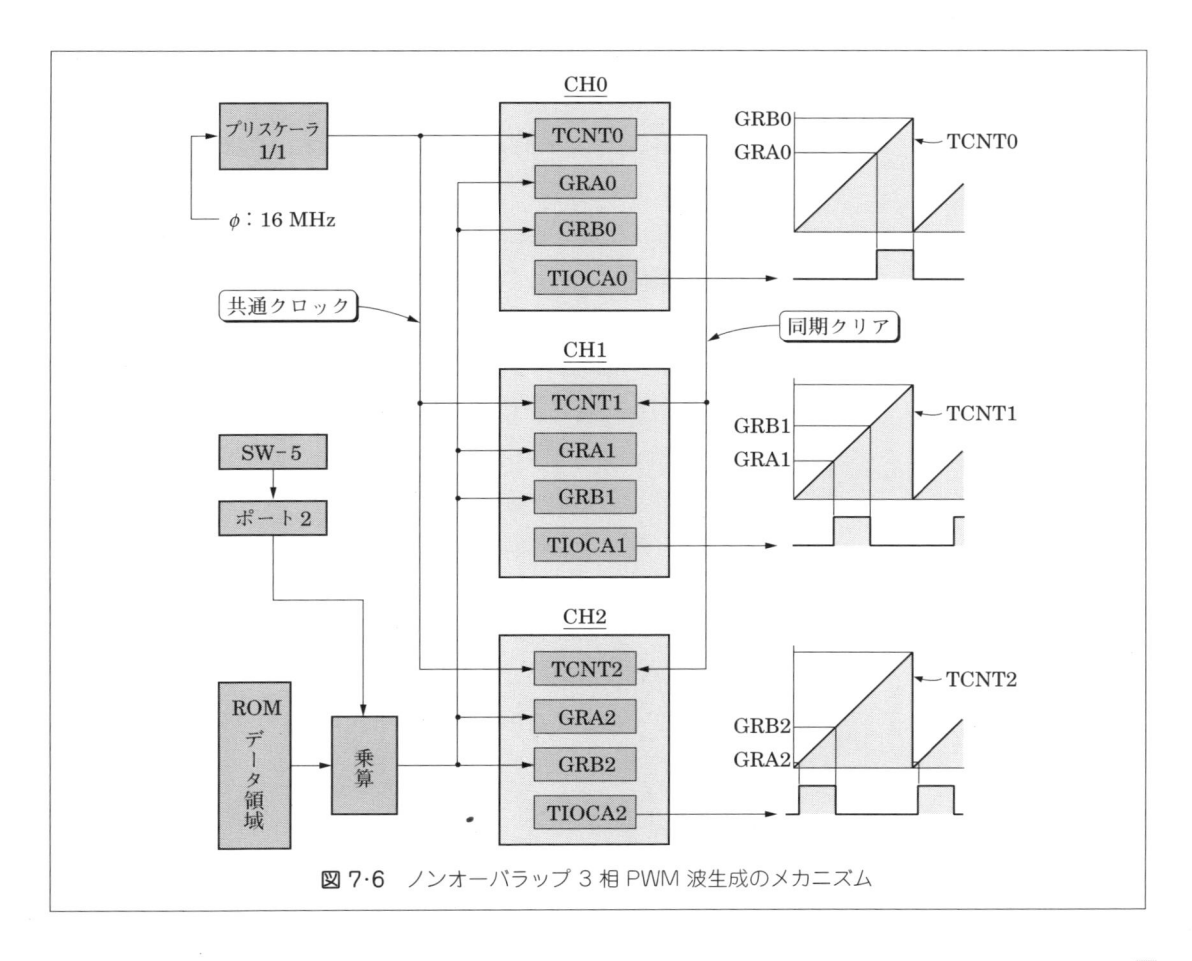

図 7·6　ノンオーバラップ 3 相 PWM 波生成のメカニズム

は，具体的にGRA，GRBにセットする「タイミング数値」はどう決めればよいのでしょうか？．

ここでもう一度図7・3を見てください．TCNTは16ビットカウンタですから，かなり大きな数値でもセットできます．しかし実際のプログラムでは，この数値にSW-5からの8 bitデータを乗算し，その結果をGRA，GRBにセットしてパルス周期を変化させるつもりなので，とりあえず1周期を180，チャネルごとのパルス波形が「1」になっている期間をそれぞれ50，ノンオーバラップ期間を10としてみました．さらに，GRA＝0としてTCNT＝0でコンペアマッチをとる設定はできない‥などを考慮し，結局，数値の配分は図に記入してあるように

　　　　GRA 2＝10，GRB 2＝60，GRA 1＝70，GRB 1＝120，
　　　　GRA 0＝130，GRB 0＝180

となりました(ここでは10進数表示)．これらの数値は固定データとしてROM領域に書き込んでおきます．

図7・6は，ハードウェア的な立場からTCNT，GRA，GRB，TIOCAなどと生成波形の関係を示した図です．これを見ればSW-5のデータとROMデータ領域のGRA，GRBデータとの関係，および内部クロックとプリスケーラの関係などがよくわかると思います．

●2● プログラムの流れ

ではプログラムを作成しましょう．いろいろな要素が絡んでいるので，全体のフローを改めて整理すると，図7・7のようになります．こうして見てみると，最後の「ITUの動作開始」以外の項目は全部「設定」であることがわかります．本章の目的は，実はITUの複雑な設定をわかりやすい形で実習してみることだったのです．

なおプログラム本体は，必ずしもこのフローチャートのとおりに書かれてはいません．それは前記のように，GRA，GRBレジスタ用に設定したタイミング数値をそのままGRA，GRBに書き込むのではなく，SW-5入力の8 bitデータと乗算してパルス周期を変化できるようにしたからです．

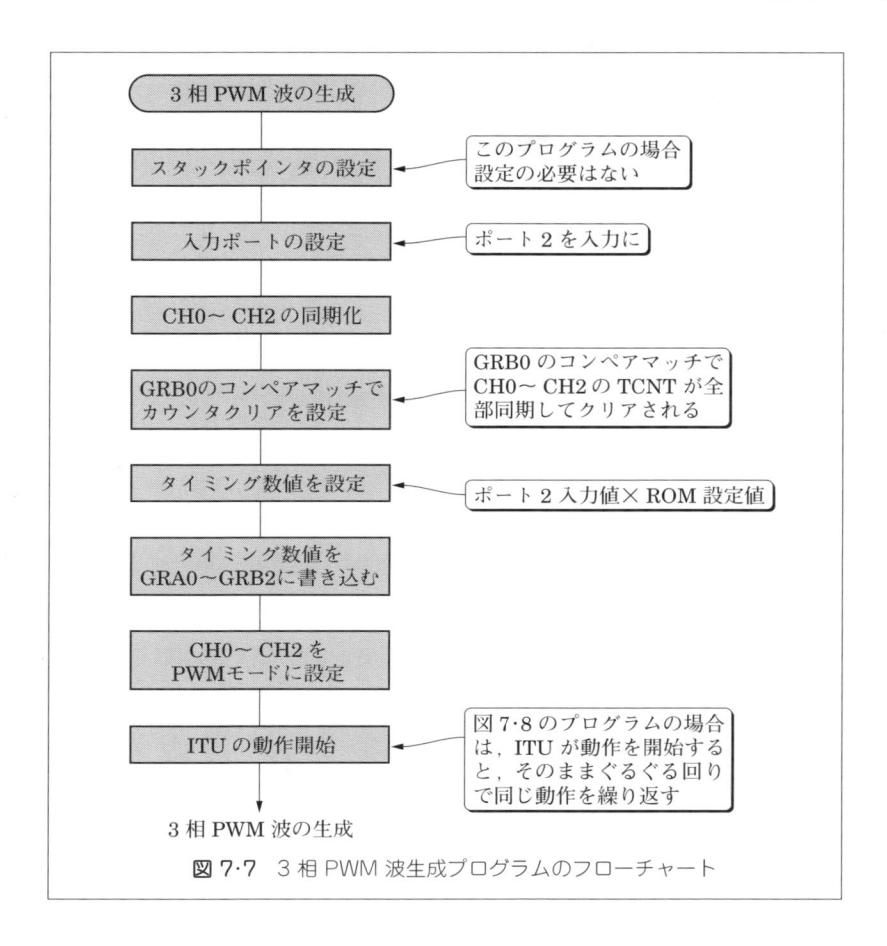

7.3 3相パルス生成プログラムの作成と実験

```
       ┌─────────────────┐
       │  3相PWM波の生成  │
       └────────┬────────┘
                │
       ┌────────┴────────┐      ┌──────────────────┐
       │ スタックポインタの設定 │◄────│ このプログラムの場合 │
       └────────┬────────┘      │ 設定の必要はない    │
                │               └──────────────────┘
       ┌────────┴────────┐      ┌──────────────┐
       │  入力ポートの設定  │◄────│ ポート2を入力に │
       └────────┬────────┘      └──────────────┘
                │
       ┌────────┴────────┐
       │  CH0～CH2の同期化  │
       └────────┬────────┘
                │
       ┌────────┴────────┐      ┌────────────────────────┐
       │ GRB0のコンペアマッチで │◄────│ GRB0のコンペアマッチで     │
       │ カウンタクリアを設定   │      │ CH0～CH2のTCNTが全       │
       └────────┬────────┘      │ 部同期してクリアされる    │
                │               └────────────────────────┘
       ┌────────┴────────┐      ┌──────────────────────┐
       │ タイミング数値を設定 │◄────│ ポート2入力値×ROM設定値 │
       └────────┬────────┘      └──────────────────────┘
                │
       ┌────────┴────────┐
       │ タイミング数値を      │
       │ GRA0～GRB2に書き込む │
       └────────┬────────┘
                │
       ┌────────┴────────┐
       │ CH0～CH2を          │
       │ PWMモードに設定      │
       └────────┬────────┘
                │
       ┌────────┴────────┐      ┌──────────────────────┐
       │  ITUの動作開始     │◄────│ 図7·8のプログラムの場合 │
       └────────┬────────┘      │ は，ITUが動作を開始する │
                │               │ と，そのままぐるぐる回り │
                │               │ で同じ動作を繰り返す    │
       ┌────────┴────────┐      └──────────────────────┘
       │  3相PWM波の生成  │
       └─────────────────┘
```

図7·7 3相PWM波生成プログラムのフローチャート

●3● プログラムの解説

では図**7·8**を見ながらプログラムを解説していきましょう。

◆ **CPUの指定～シンボルの定義**(4～20行)：全70行足らずのプログラムのうち13行をシンボルの定義に使っています。しかもこのうちの大部分は，コントロールレジスタ番地の定義です。間違えやすい「番地」をそのまま使うより，こうやって少しでも覚えやすい「記号」でプログラムを書く習慣を付けておくことをお勧めします。

◆ **セクションの宣言**(22行)：名称「ROM」のコードセクション(プログラムセクション)がH'000100番地から始まることを宣言します。

◆ **初期化1**(25～29行)：使っても使わなくても，スタックポインタSP

```
 1  ;****************************************************************       図7・8
 2  ;*      NON-OVERLAP 3PHASE  PULSE  CREATOR      NOVL3PO.MAR    *
 3  ;****************************************************************
 4          .CPU   300HA                    ;CPUの指定
 5          .SECTION VECT, CODE, LOCATE=H'000000 ; セクションの宣言
 6  RES     .DATA.L INIT                    ;ラベルINIT：以降にプログラム領域を確保
 7  ;---------------------シンボルの定義---------------------
 8  P2DR    .EQU    H'FFFFC3              ;ポート2データレジスタの番地
 9  TSTR    .EQU    H'FFFF60              ;ITUタイマスタートレジスタの番地
10  TSNC    .EQU    H'FFFF61              ;ITUタイマシンクロレジスタの番地
11  TMDR    .EQU    H'FFFF62              ;ITUタイマモードレジスタの番地
12  TCR0    .EQU    H'FFFF64              ;ITU-CH0タイマコントロールレジスタの番地
13  GRA0    .EQU    H'FFFF6A              ;ITU-CH0ゼネラルレジスタAの番地
14  GRB0    .EQU    H'FFFF6C              ;ITU-CH0ゼネラルレジスタBの番地
15  TCR1    .EQU    H'FFFF6E              ;ITU-CH1タイマコントロールレジスタの番地
16  GRA1    .EQU    H'FFFF74              ;ITU-CH1ゼネラルレジスタAの番地
17  GRB1    .EQU    H'FFFF76              ;ITU-CH1ゼネラルレジスタBの番地
18  TCR2    .EQU    H'FFFF78              ;ITU-CH2タイマコントロールレジスタの番地
19  GRA2    .EQU    H'FFFF7E              ;ITU-CH2ゼネラルレジスタAの番地
20  GRB2    .EQU    H'FFFF80              ;ITU-CH2ゼネラルレジスタBの番地
21
22          .SECTION ROM,CODE,LOCATE=H'000100   ;コードセクションの宣言
23
24  ;------------初期化----------------
25  INIT:   MOV.L   #H'FFFF10,ER7         ;スタックポインタの設定(ER7=SP)
26          MOV.B   #H'00,R0L              ;ポート2データレジスタに"0"を書き込み
27          MOV.B   R0L,@H'FFFFC1          ;入力用ポートに設定する
28          MOV.B   #H'FF,R0L              ;同プルアプ制御レジスタに"FF"を書き込み
29          MOV.B   R0L,@H'FFFFD8          ;ポート2入力端をMOS-FETでプルアップする
30          MOV.B   #B'11100111,R0L        ;"11100111"をタイマシンクロレジスタに書き込み，
31          MOV.B   R0L,@TSNC              ;CH0～CH2を同期化する
32          MOV.B   #B'11000000,R0L        ;GRB0コンペアマッチでカウンタクリヤ
33          MOV.B   R0L,@TCR0              ;クロックプリスケーラなしなどを設定する
34          MOV.B   #B'11100000,R0L        ;CH0に同期してCH1,CH2のカウンタがクリヤ
35          MOV.B   R0L,@TCR1              ;するように設定する
36          MOV.B   R0L,@TCR2              ;
37
38  ;----------MAINルーチン-------------
39          MOV.B   @P2DR,R1L              ;データ領域に書き込んである基本周期
40          MOV.B   @GRA0_UP,R0L           ;(GRA0_UP,GRB0_DWなど)に，8P-DIPSWの
41          MULXU.B R1L,R0                 ;データ(周期の倍数)を乗算し
42          MOV.W   R0,@GRA0               ;その数値をGRA0,GRB0‥に書き込む
43          MOV.B   @GRB0_DW,R0L
44          MULXU.B R1L,R0                 ;立下げのタイミングGRB0を計算し
45          MOV.W   R0,@GRB0               ;それをレジスタGRB0に書き込む
46          MOV.B   @GRA1_UP,R0L           ;
47          MULXU.B R1L,R0                 ;立上げのタイミングGRA1を計算し
48          MOV.W   R0,@GRA1               ;それをレジスタGRA1に書き込む
49          MOV.B   @GRB1_DW,R0L           ;
50          MULXU.B R1L,R0                 ;立下げのタイミングGRB1を計算し
51          MOV.W   R0,@GRB1               ;それをレジスタGRB1に書き込む
52          MOV.B   @GRA2_UP,R0L           ;
53          MULXU.B R1L,R0                 ;立上げのタイミングGRA2を計算し
54          MOV.W   R0,@GRA2               ;それをレジスタGRA2に書き込む
55          MOV.B   @GRB2_DW,R0L           ;
56          MULXU.B R1L,R0                 ;立下げのタイミングGRB2を計算し
```

```
57          MOV.W    R0,@GRB2              ; それをレジスタGRB2に書き込む
58          MOV.B    #B'10000111,R0L       ; TMDRに"10000111"を書き込み
59          MOV.B    R0L,@TMDR             ; CH0～CH2をPWMモードに設定する
60          MOV.B    #B'11100111,R0L       ; TSTRに"11100111"を書き込み
61          MOV.B    R0L,@TSTR             ; CH0～CH2をスタートさせる
62  PWM3    BRA      PWM3                  ; ここでぐるぐる回り，波形発生を継続
63
64          .SECTION RAM,DATA,LOCATE=H'000B00  ;
65  GRA0_UP:  .DATA.B H'82    ; GRA0，CH0波形立上げタイミングデータ=130
66  GRB0_DW:  .DATA.B H'B4    ; GRB0，CH0波形立下げタイミングデータ=180
67  GRA1_UP:  .DATA.B H'46    ; GRA1，CH1波形立上げタイミングデータ=70
68  GRB1_DW:  .DATA.B H'78    ; GRB1，CH1波形立下げタイミングデータ=120
69  GRA2_UP:  .DATA.B H'0A    ; GRA2，CH2波形立上げタイミングデータ=10
70  GRB2_DW:  .DATA.B H'3C    ; GRB2，CH2波形立下げタイミングデータ=60
71
72          .END
```

図7・8　ITUを使ったノンオーバラップ3相波生成プログラム

(ER 7) の設定は必ず行いましょう．このあとポート2を入力に設定し，その入力端子をMOS-FETでプルアップします．

- **初期化2**(30～31行)：TSNCのCH 0～CH 2に対応するSYNCビットに「1」を書き込み，これらのチャネルを同期動作に設定します．

- **初期化3**(32～33行)：TCR 0の各ビットに，CCLR 1, CCLR 0「1 0」，CKEG 1, CKEG 0「0 0」，TPSC 2～TPSC 0「0 0 0」を書き込むと，GRB 0のコンペアマッチでTCNT 0がクリアされ，クロックの立ち上がりエッジでカウント動作が行われるように設定されます．またクロックとしては，内部クロックをプリスケーリングなし(16 MHzのまま)で使用するように選択されます．

- **初期化4**(34～36行)：TCR 1, 2のCCLR 1, CCLR 0に「11」を書き込むと，TCNT 1, 2がTCNT 0に同期してクリアされるように設定されます．CKEG 1, CKEG 0およびTPSC 2～TPSC 0は前項TCR 0と同じです．

- **データセクション**(64～70行)：64行ではデータセクションを宣言し，データ領域を確保します．そしてここにはGRA，GRBに書き込むタイミング数値をデータとして書き込んでおきます(ここでは数値を16進数表示で書いてあります)．

- **MAIN**ルーチン(39～62行)：そして39行でSW-5のデータ(ポート2)

を読み込み，これとデータセクションの数値を次々に乗算しては，対応するGRA，GRBに書き込んでいきます。

◆ **PWM**モードの設定とカウントの開始（58～62行）：CH 0～CH 2をPWMモードに設定し，カウントをスタートさせます。62行のBRA命令は無条件分岐命令で，このプログラムの場合は自分自身に分岐していますから，TCNTがスタートした時点で，そのままITUの動作が無限に継続することを示しています。

●4● プログラムの書き込みと実験

できあがったプログラムのファイル名はnovl3po.marとしました。これをアセンブルしてnovl3po.motファイルを作ります。フラッシュROMに書き込む手順は前回までと同じです。

ここでSW-7をOFFのままSW-6をONにすれば，H 8/3048 Fは直ちに動作を開始します。そしてマザーボードのCN-1の10，12，14ピンにそれぞれTIOCA 0，TIOCA 1，TIOCA 2が出力されます。3現象以上のオシロがあれば写真**7・1**のような波形を観測することができるでしょう。

この実験で注意しなければならないのは，生成パルスの周期を変えるためSW-5を切り換えても，CPUをリセットしなければその変化が現れて

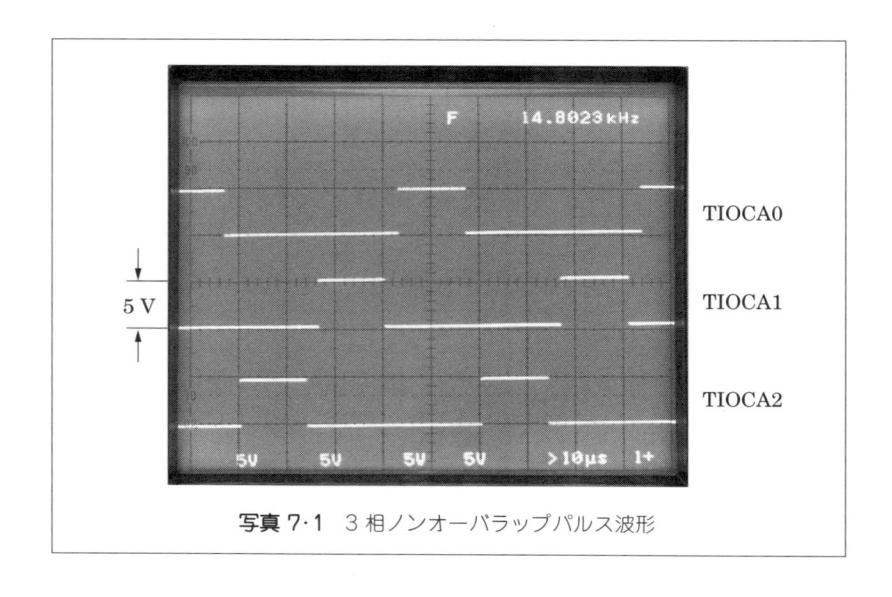

写真 7・1 3相ノンオーバラップパルス波形

こないという点です。これはプログラムを見れば当然です。そのため筆者はリセットスイッチをマザーボード上に増設しました。代わりに，SW-5 を切り換えたあと SW-6 で電源を一度 OFF→ON しても結果は同じです。

リセットスイッチの増設は簡単です。CN-2 の 4 番ピンとアース間にプッシュ ON タイプのスイッチを接続するだけです。もし，やってみる気があれば，SW-5 を切り換えるだけでリセットなしに生成波の周期を変更できるプログラムに挑戦してみたら如何でしょうか。

なお，この実験では LCD 表示をしていません。プログラムに表示を受け持つ部分が書かれていないので当然ですが，これも novl 3 po. mar に組み込むことができるかどうか考えてみると面白いでしょう。できてもできなくても，とにかくやってみることが，アセンブラ上達の極意？です。

TPCと，ITUからの割り込みを組み合わせた
ノンオーバラップ4相パルスの生成

──第8章

　TPC（プログラマブル・タイミング・パターン・コントローラ）は，通常ITUと組み合わせて使います．コントロールレジスタに制御コードを書き込み，動作条件を設定するだけで，複雑なタイミング関係を持った16ビット（16本）の「1」と「0」を組み合わせたパルス列が容易に得られます．

　本章では，前章で実験したITUからコンペアマッチによる割り込み要求を発生させ，それとTPCを組み合わせて，ノンオーバラップ4相パルスを生成してみます．

8.1　H8/3048F内蔵TPCの働き

●1● TPCの働き

　図8・1は，この実験で使用するTPCの，ノンオーバラップ4相パルス生成に関する部分のブロック図です．TPCの基本的な働きについては，すでに1・3節の3および図1・10（p.14）で説明しました．パルス出力ピンTP15～TP0は，I/OポートB，ポートAと共用になっていて，これらのポートのデータレジスタPBDR，PADRに書き込まれたデータがそのままTP15～TP0出力となります．

　今回の実験では，ポートBのPB7～PB0ピンをTP15～TP8（グループ3および2）出力ピンとして使います．4相パルスは4bit1組で出力されますから，グループ3とグループ2にまったく同じ4相パルスをそれぞれ出力させることにしました．

　なお，ポートBとTPCに対する一連の初期設定のなかで，特にマニュアルが指定する手続きとして，TP15～TP8から1回目のパルス列として

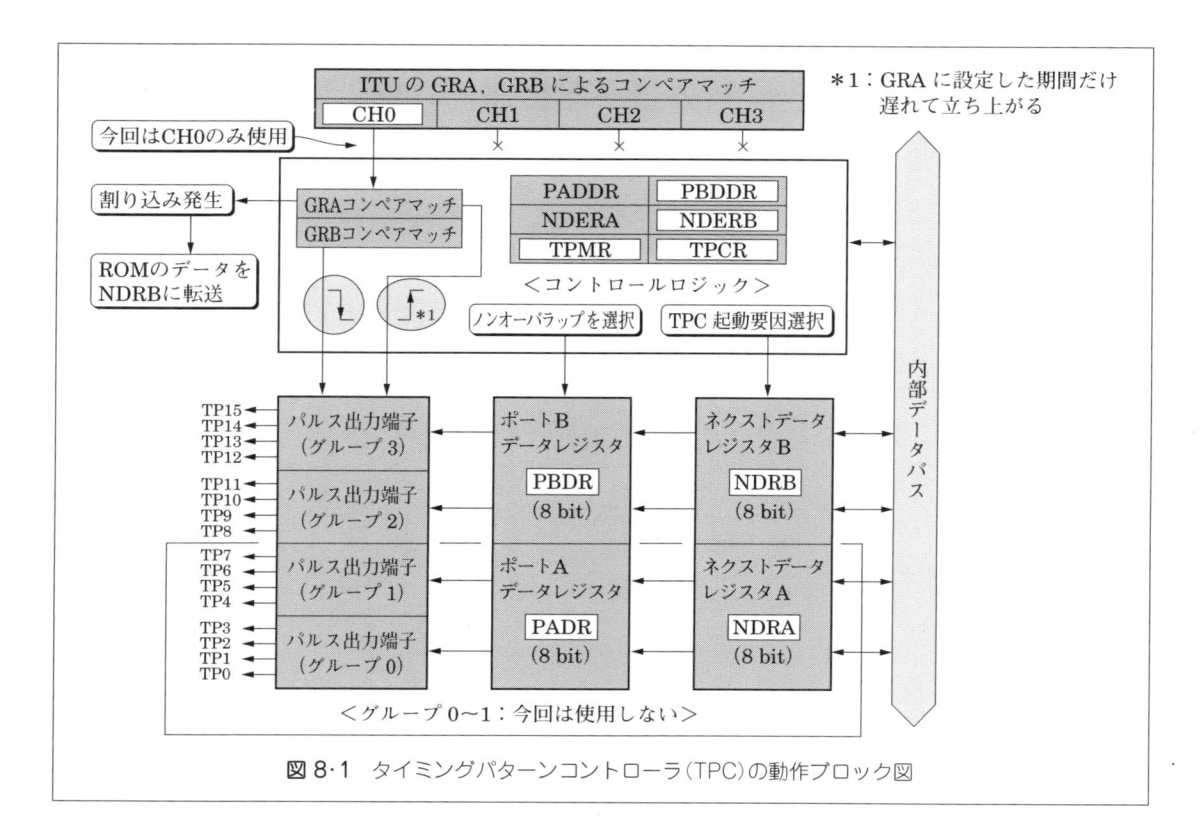

8.1 H8/3048F内蔵TPCの働き

図8·1 タイミングパターンコントローラ(TPC)の動作ブロック図

出力される波形データ(8 bitの「1」と「0」の組み合わせ)をPBDRに，そして，別途ITUに設定されたタイマ時間が経過したのち2回目に出力される波形データをNDRB(ネクストデータレジスタ)に，それぞれ前もって書き込んでおくことが必要です。

　これらの設定のあと，ITUがコンペアマッチを発生すると，NDRBのデータがPBDRに自動的に転送される仕組みになっています。するとTP15～TP8出力が2回目の波形データに置き換えられ，NDRBは空に(実際に空になるわけではありませんが，説明として)なります。そこで，次回のコンペアマッチが発生する前に何らかの方法で3回目の波形データをNDRBに転送して補充する‥というようにしておくと，ITUがコンペアマッチを発生するたび(一定時間が経過するたび)に，NDRBに4回目，5回目‥と波形データが次々に送られ，したがってTP15～TP8からは8 bit(4相×2組)のパルスが連続出力されることになります。

105

●2● 制御コードによる TPC 動作条件の設定

ではここで，TPC の動作を設定するコントロールレジスタのうち，今回使用するレジスタについて説明します。

- **TPC 出力モードレジスタ TPMR**：図 **8·2**(1) が TPMR です。このレジスタは，TPC 出力をグループ単位（グループ 3～0）で，通常動作に設定するか，またはノンオーバラップ動作に設定するかを選択します。
- **TPC 出力コントロールレジスタ TPCR**：図 8·2(2) を見てください。このレジスタは TPC の出力グループごとに，NDRB のデータを PBDR に転送する出力トリガ要因として，どのコンペアマッチを使用するかを設定します。たとえば，G 3 CMS 1，G 3 CMS 0 ビットに「00」を書き込めば，TPC 出力グループ 3 は ITU チャネル 0 のコンペアマッチ発生で起動され，NDRB データ上位 4 bit が PBDR 上位 4 bit に転送されます。
- **ポート B データディレクションレジスタ PBDDR**：これは TPC 自身のレジスタではありませんが，ポート B の PB 7～PB 0 を TPC の TP 15～TP 8 出力ピンとして使うとき，このレジスタで設定します。図 **8·3**(1) を参照してください。
- **ネクストデータイネーブルレジスタ NDERB**：これは図 8·3(2) です。NDRB の内容を PB 7～PB 0 に転送許可するかしないかを設定します。

●3● TPC と組み合わせて使うときの ITU の働き

いままでの説明からわかるように，TPC と ITU は非常に密接な関係にあります。したがって，TPC の設定と同時に ITU にも設定しなければならないレジスタがあります。それが図 **8·4** のタイマ I/O コントロールレジスタ（TIOR 0～TIOR 4）です。このレジスタでは，NDRB のデータを PBDR に転送するトリガ要因を TPCR で設定したら，ITU 自身の出力端子にはコンペアマッチによる出力が禁止されるように設定します。

8.1 H8/3048F 内蔵 TPC の働き

(1) TPC 出力モードレジスタ(TPMR)

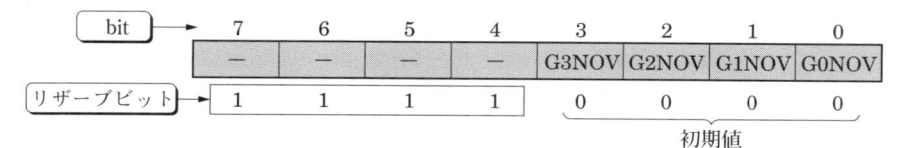

bit	7	6	5	4	3	2	1	0
	―	―	―	―	G3NOV	G2NOV	G1NOV	G0NOV
リザーブビット	1	1	1	1	0	0	0	0

初期値

G3NOV	0	TPC 出力グループ 3 通常動作
	1	グループ 3, ノンオーバラップ動作

G2NOV	0	TPC 出力グループ 2 通常動作
	1	グループ 2, ノンオーバラップ動作

G1NOV	0	TPC 出力グループ 1 通常動作
	1	グループ 1, ノンオーバラップ動作

G0NOV	0	TPC 出力グループ 0 通常動作
	1	グループ 0, ノンオーバラップ動作

(2) TPC 出力コントロールレジスタ(TPCR)

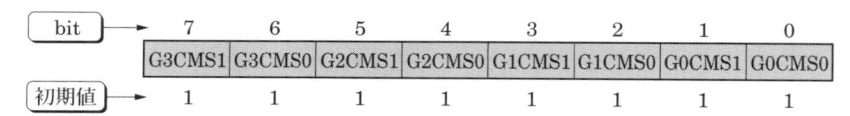

bit	7	6	5	4	3	2	1	0
	G3CMS1	G3CMS0	G2CMS1	G2CMS0	G1CMS1	G1CMS0	G0CMS1	G0CMS0
初期値	1	1	1	1	1	1	1	1

G3CMS1	G3CMS0	説明
0	0	TPC 出力グループ 3 の出力トリガは, ITU チャネル 0 のコンペアマッチ
0	1	TPC 出力グループ 3 の出力トリガは, ITU チャネル 1 のコンペアマッチ
1	0	TPC 出力グループ 3 の出力トリガは, ITU チャネル 2 のコンペアマッチ
1	1	TPC 出力グループ 3 の出力トリガは, ITU チャネル 3 のコンペアマッチ

G2CMS1	G2CMS0	説明
0	0	TPC 出力グループ 2 の出力トリガは, ITU チャネル 0 のコンペアマッチ
0	1	TPC 出力グループ 2 の出力トリガは, ITU チャネル 1 のコンペアマッチ
1	0	TPC 出力グループ 2 の出力トリガは, ITU チャネル 2 のコンペアマッチ
1	1	TPC 出力グループ 2 の出力トリガは, ITU チャネル 3 のコンペアマッチ

G1CMS1	G1CMS0	説明
0	0	TPC 出力グループ 1 の出力トリガは, ITU チャネル 0 のコンペアマッチ
0	1	TPC 出力グループ 1 の出力トリガは, ITU チャネル 1 のコンペアマッチ
1	0	TPC 出力グループ 1 の出力トリガは, ITU チャネル 2 のコンペアマッチ
1	1	TPC 出力グループ 1 の出力トリガは, ITU チャネル 3 のコンペアマッチ

G0CMS1	G0CMS0	説明
0	0	TPC 出力グループ 0 の出力トリガは, ITU チャネル 0 のコンペアマッチ
0	1	TPC 出力グループ 0 の出力トリガは, ITU チャネル 1 のコンペアマッチ
1	0	TPC 出力グループ 0 の出力トリガは, ITU チャネル 2 のコンペアマッチ
1	1	TPC 出力グループ 0 の出力トリガは, ITU チャネル 3 のコンペアマッチ

図 8·2 TPC のコントロールレジスタ(その1)

第 8 章　TPC と，ITU からの割り込みを組み合わせたノンオーバラップ 4 相パルスの生成

（1）ポート B データディレクションレジスタ（PBDDR）

bit	7	6	5	4	3	2	1	0
ポート B と TP を兼用	PB7DDR	PB6DDR	PB5DDR	PB4DDR	PB3DDR	PB2DDR	PB1DDR	PB0DDR
	TP15	TP14	TP13	TP12	TP11	TP10	TP9	TP8
初期値	0	0	0	0	0	0	0	0

TPC 出力を行うときは，そのビットに "1" を書き込む

（2）ネクストデータイネーブルレジスタ B（NDERB）

bit	7	6	5	4	3	2	1	0
	NDER15	NDER14	NDER13	NDER12	NDER11	NDER10	NDER9	NDER8
初期値	0	0	0	0	0	0	0	0

0	TPC 出力禁止（NDR15〜NDR8 から PB7〜PB0 への転送禁止）初期値
1	TPC 出力許可（NDR15〜NDR8 から PB7〜PB0 への転送許可）

図 8·3　TPC のコントロールレジスタ（その 2）

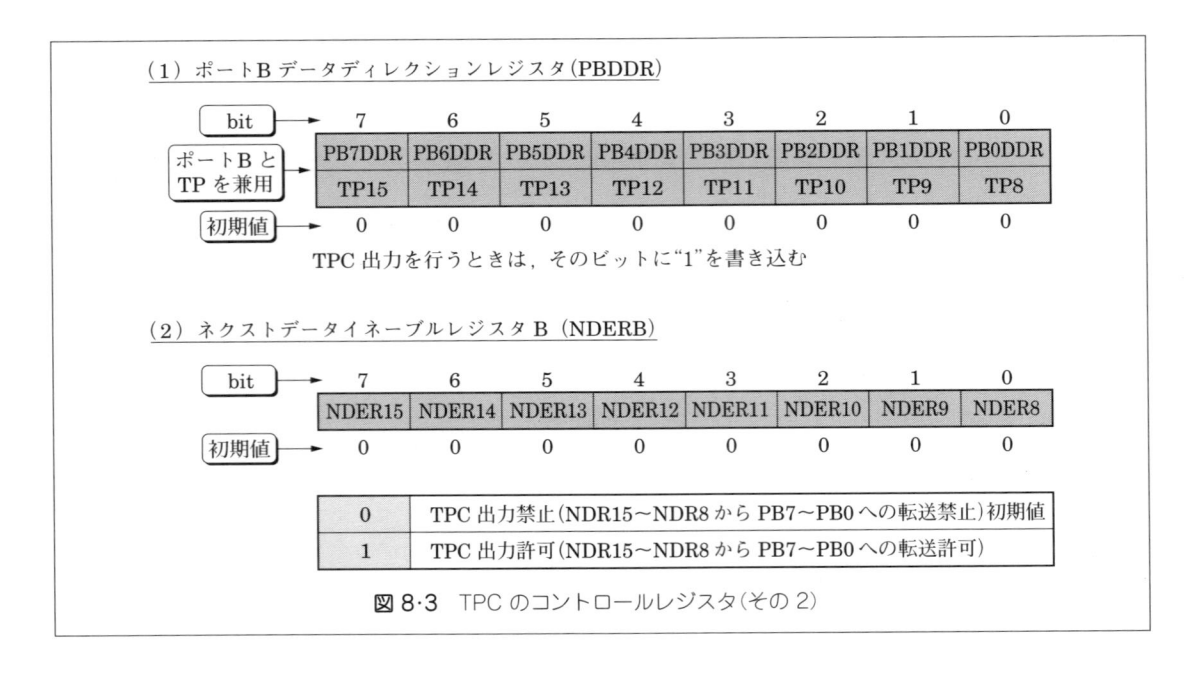

8.2　ITU の割り込みと TPC を使った多相パルスの生成

　ここで，TPC を使った多相パルス生成の具体的な方法について説明しましょう．また，NDRB のデータを PBDR に転送したあと，空になった NDRB に次の波形データを補充するため，ITU のコンペアマッチによる割り込みを利用するので，H8/3048F の割り込み動作についても解説します．

●1●　多相パルス生成の考え方

　図 8·5 を見てください．ノンオーバラップについてはもうおわかりのはずです．ITU をトリガ要因として使った場合，GRA にノンオーバラップ期間に相当する数値を，そして GRB には発生パルスの 1 パルス周期（TPC トリガ周期）相当の数値を書き込めば，あとは図のように TPC と ITU がうまくやってくれます．

　図で，GRB 0 コンペアマッチ発生から "次回の TPC トリガ期間" におけ

8.2 ITUの割り込みとTPCを使った多相パルスの生成

タイマI/Oコントロールレジスタ(TIOR0～TIOR4)

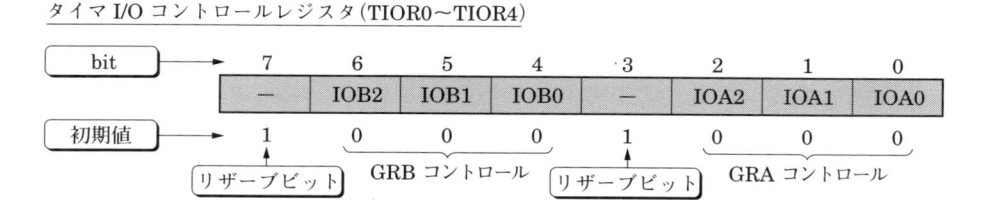

bit	7	6	5	4	3	2	1	0
	―	IOB2	IOB1	IOB0	―	IOA2	IOA1	IOA0
初期値	1	0	0	0	1	0	0	0
	リザーブビット	GRBコントロール			リザーブビット	GRAコントロール		

IOB2	IOB1	IOB0		説 明
0	0	0	GRBはアウトプットコンペアレジスタ	コンペアマッチによる端子出力禁止(初期値)
0	0	1		GRBのコンペアマッチで"0"出力
0	1	0		GRBのコンペアマッチで"1"出力
0	1	1		GRBのコンペアマッチでトグル(CH2のみ1)出力
1	0	0	GRBはインプットキャプチャレジスタ	立上りエッジでGRBへインプットキャプチャ
1	0	1		立下りエッジでGRBへインプットキャプチャ
1	1	0		立上り／立下り両エッジでインプットキャプチャ
1	1	1		

IOA2	IOA1	IOA0		説 明
0	0	0	GRAはアウトプットコンペアレジスタ	コンペアマッチによる端子出力禁止(初期値)
0	0	1		GRAのコンペアマッチで"0"出力
0	1	0		GRAのコンペアマッチで"1"出力
0	1	1		GRAのコンペアマッチでトグル(CH2のみ1)出力
1	0	0	GRAはインプットキャプチャレジスタ	立上りエッジでGRAへインプットキャプチャ
1	0	1		立下りエッジでGRAへインプットキャプチャ
1	1	0		立上り／立下り両エッジでインプットキャプチャ
1	1	1		

図8・4 ITUのI/Oコントロールレジスタ

るGRA0コンペアマッチ発生までの間，PBDRが「00」になっています。これがノンオーバラップ期間です。そしてNDRBのデータ(次回出力される波形データ)は，この"次回のTPCトリガ期間でのGRA0コンペアマッチ発生"によってPBDRに転送されます(GRA0がトリガ要因)。この転送のあと空になったNDRBに対しては，ITUがGRA0コンペアマッチと同時に割り込み要求を発生し，これで起動される割り込み処理ルーチンによって，次の波形データが転送されます。

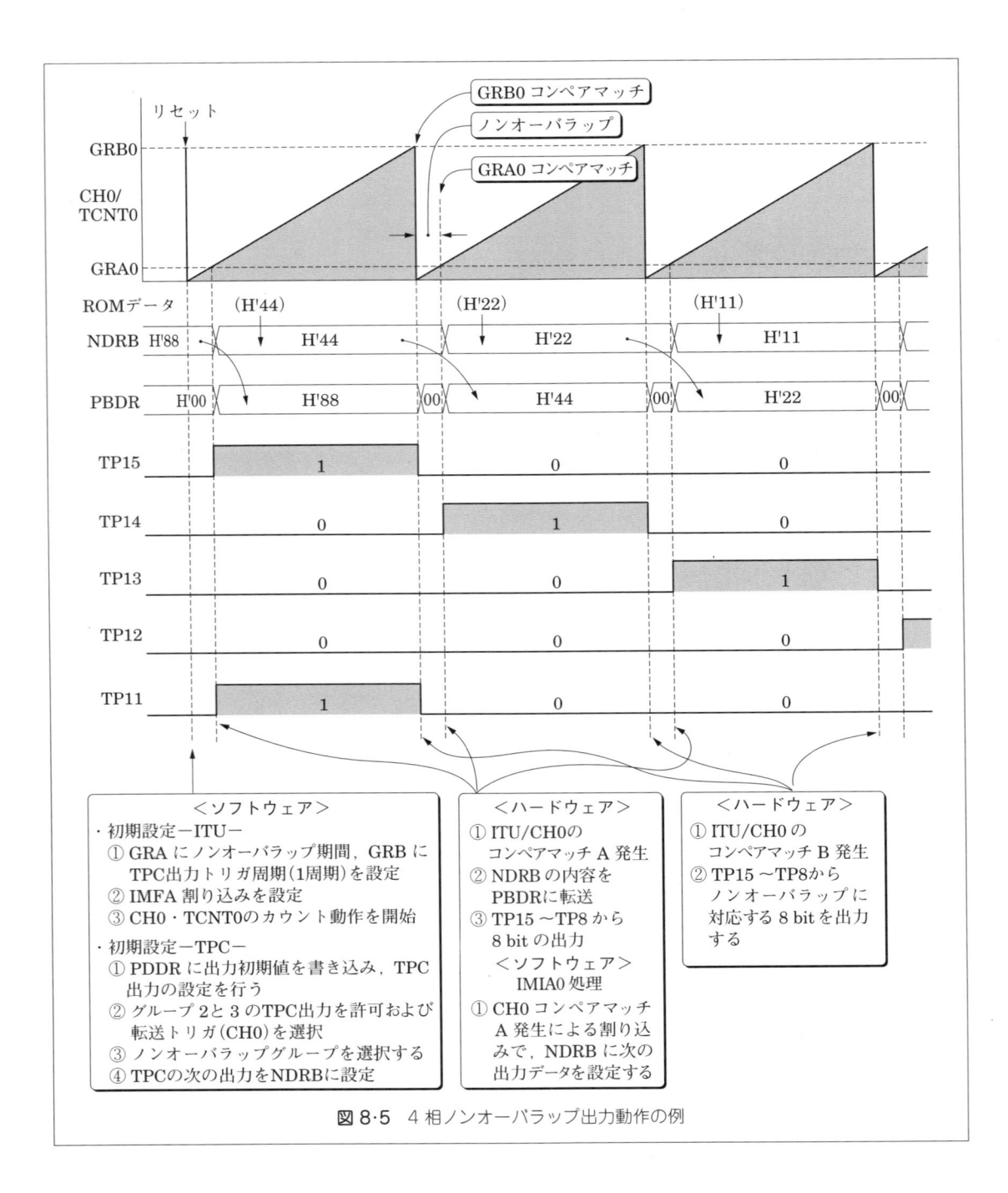

第8章 TPCと，ITUからの割り込みを組み合わせたノンオーバラップ4相パルスの生成

図8·5 4相ノンオーバラップ出力動作の例

〈ソフトウェア〉
・初期設定－ITU－
　① GRAにノンオーバラップ期間，GRBにTPC出力トリガ周期（1周期）を設定
　② IMFA割り込みを設定
　③ CH0・TCNT0のカウント動作を開始
・初期設定－TPC－
　① PDDRに出力初期値を書き込み，TPC出力の設定を行う
　② グループ2と3のTPC出力を許可および転送トリガ（CH0）を選択
　③ ノンオーバラップグループを選択する
　④ TPCの次の出力をNDRBに設定

〈ハードウェア〉
① ITU/CH0のコンペアマッチA発生
② NDRBの内容をPBDRに転送
③ TP15〜TP8から8bitの出力
〈ソフトウェア〉
IMIA0処理
① CH0コンペアマッチA発生による割り込みで，NDRBに次の出力データを設定する

〈ハードウェア〉
① ITU/CH0のコンペアマッチB発生
② TP15〜TP8からノンオーバラップに対応する8bitを出力する

●2● 割り込み／サブルーチンとスタック領域

前記のように，GRA0コンペアマッチは，NDRBからPBDRへのデータ転送トリガ要因になるのと同時に，次回データをNDRBに補充するた

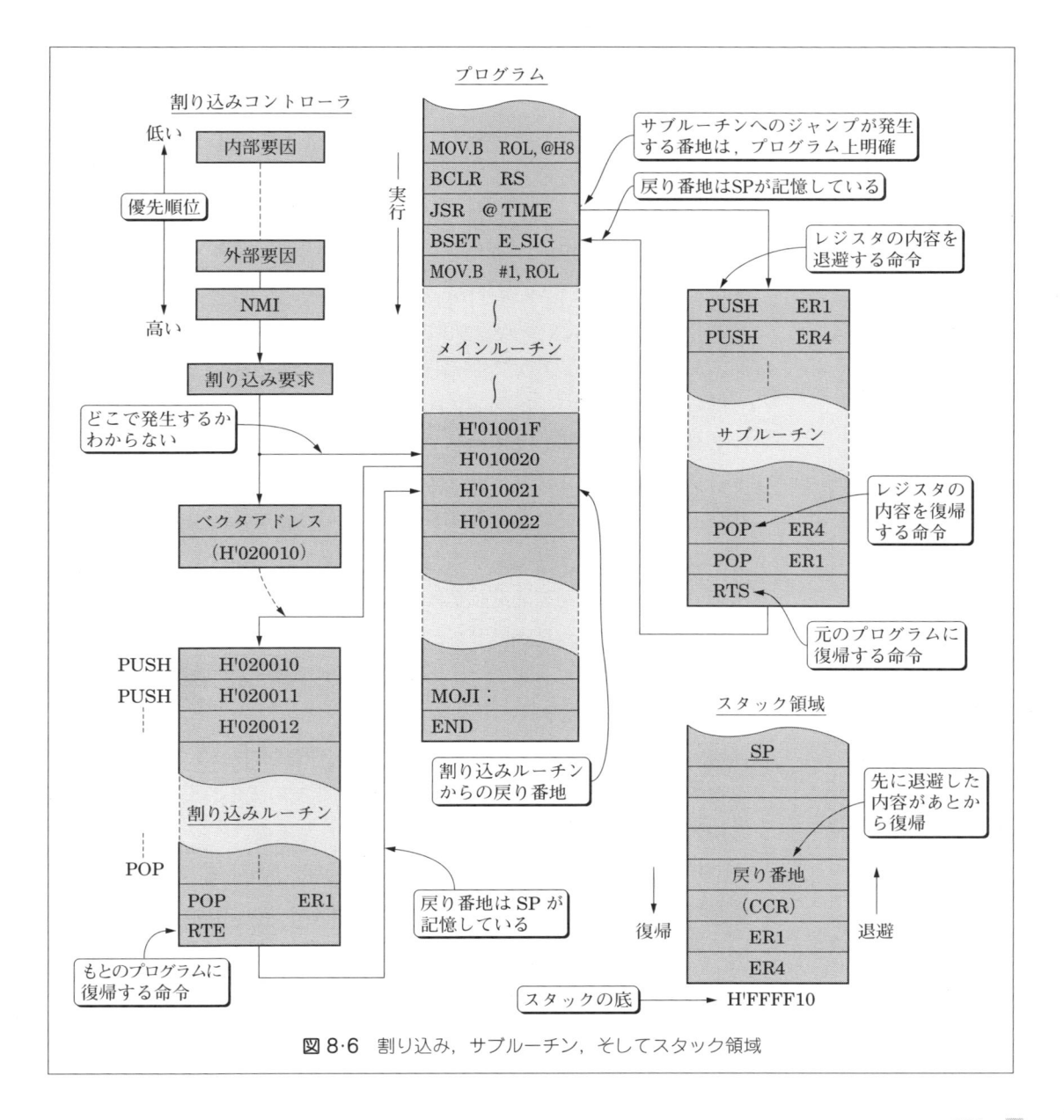

図8・6 割り込み，サブルーチン，そしてスタック領域

第 8 章　TPC と，ITU からの割り込みを組み合わせたノンオーバラップ 4 相パルスの生成

めの動作を起動する割り込み要求も発生します。「割り込み」は CPU の働きの中でも重要な役割を果たしているので，この機会に少しお話しすることにしましょう。図 **8・6** を見てください。割り込みとサブルーチンの相違点，スタック領域の働きなどを説明しています。

◆ **サブルーチン**：あるプログラム（メインルーチン）の中で，同じ作業が何回も出てくるような場合，その都度同じプログラム部分を繰り返し記述する代わりに，その作業のプログラムを独立させ，必要な都度そのプログラムを呼び出して使うようにしたのがサブルーチンです。一つのプログラムを何回でも繰り返し使えることで，総プログラム量を減らすことのできるのがメリットです。

　メインプログラムからサブルーチンを呼び出す（サブルーチンプログラムにジャンプする）場合は，メインプログラム中の必要な場所にジャンプ命令（JSR）を，ジャンプ先の番地（またはシンボル）とともに記述しておきます。そしてサブルーチンでの作業が終わり，元のプログラムに戻るときは，サブルーチンプログラムの最後の行に RTS 命令を記述し，それによって復帰します。

◆ **スタック領域**：サブルーチンは独立したプログラムとして，どこから呼び出されても他に影響を及ぼさず，自己の機能を果たすように作られていなければなりません。そのため，メインプログラム／サブルーチン共通で使用されるレジスタなどは，その内容をサブルーチンに移行する前に保存（退避）し，見かけ上新たなレジスタとしてサブルーチン内で使用できるようにしておきます。また，元のプログラムに復帰するための戻り番地を記憶しておくことも必要です。

　このような戻り番地や使用中のレジスタ内容を保存するために使われる RAM 領域がスタック領域です。そしてスタックポインタ SP は，この領域の底番地（最大の番地）を指定する役割を受け持っています。一般的には，初期化プログラムの最初の部分で，RAM 領域の最大番地＋1 番地を SP（ER 7）に書き込んで設定します。そしてデータの退避は，SP の番地を 1 番地ずつ減じながら退避順に書き込まれていき，復帰するときは，番地を 1 番地ずつ加算しながらメモリ内容を復帰するようになっています（次項参照）。

◆ **スタック内容の復帰**：サブルーチンから元のプログラムに戻るとき，ス

8.2 ITUの割り込みとTPCを使った多相パルスの生成

タック領域に退避されていたデータは完全に元通りに復帰させなければなりません。これはあとから書き込まれたデータが先に読み出されるという順番で復帰させます。たとえば図8・6のように，戻り番地を先頭にCCR，ER1，ER4‥とスタック領域に退避したとすれば，復帰のときは‥ER4，ER1，CCR，戻り番地の順に読み出されます。これをファーストイン・ラストアウトといい，サブルーチンプログラムを作るとき

表8・1 割り込み要因とベクタアドレスおよび割り込み優先順位

割り込み要因	要因発生元	ベクタアドレス	優先順位
NMI	外部端子	H'001C～H'001F	高
IRQ 0		H'0030～H'0033	↑
IRQ 1		H'0034～H'0037	
IRQ 2		H'0038～H'003B	
IRQ 3		H'003C～H'003F	
IRQ 4		H'0040～H'0043	
IRQ 5		H'0044～H'0047	
WOVI	ウォッチドッグタイマ	H'0050～H'0053	
IMIA 0	ITU チャネル0 コンペアマッチなど	H'0060～H'0063	
IMIB 0		H'0064～H'0067	
OVI 0		H'0068～H'006B	
IMIA 1	ITU チャネル1 コンペアマッチなど	H'0070～H'0073	
IMIB 1		H'0074～H'0077	
OVI 1		H'0078～H'007B	
DEND0A	DMAC	H'00B0～H'00B3	
DEND0B		H'00B4～H'00B7	
DEND1A		H'00B8～H'00BB	
DEND1B		H'00BC～H'00BF	
ERI 0	SCI チャネル0 受信エラー データフルなど	H'00D0～H'00D3	
RXI 0		H'00D4～H'00D7	
TXI 0		H'00D8～H'00DB	
TEI 0		H'00DC～H'00DF	↓
ADI	A/Dエンド	H'00F0～H'00F3	低

・この表は主要な項目のみ抜き出したものである。
・ベクタアドレスは下位16 bitである。（上位8 bitは0）。

ウオッチドッグタイマ

本書では説明を省略しましたが，回路の動作状態，電源電圧の様子などを常に監視する機能の回路です．たとえば電源電圧が急に低下した場合，回路動作が不能になる前にメモリ内容の保全を行うなど，コンピュータの動作に致命的な影響を与えないように働きます．

ノンマスカブルインタラプト(無条件割り込み)

一般に割り込み動作は，ソフト的に許可したり，しなかったりすることができますが，この許可しない状態を"マスクする"といいます．そして，マスクできない割り込み動作をノンマスカブルインタラプトといいます．

注意しなければならない点の一つです．

◆ **割り込み要求**：割り込みとは，表8・1に示すような多くの要因発生元（割り込み要求を発生させることのできる外部端子や内蔵インタフェース）から，CPUが現在実行中のプログラムに対し，その作業を一時中断して要因発生元の指定する他のプログラムに実行を移行するよう要求することをいいます．割り込み要因発生元としては，外部入力端子，ウオッチドッグタイマ，ITU，DMAC，SCI，A/Dコンバータなどがあり，もし複数の割り込み要求が同時に出された場合は，図のように割り込みコントローラによって優先順位が付けられ，その順番に実行されていくようになっています．

●3● 割り込み処理のメカニズム

割り込み処理動作は，要因発生元が要求を出した任意の瞬間から開始されます．したがって，メインプログラムのどの段階でいつ発生するのか予想はできません．この点がサブルーチンとは異なります．また要因発生元のそれぞれについて，対応する割り込み処理プログラムが異なりますから，たとえば，NMI（ノンマスカブルインタラプト：無条件割り込み）のときはA割り込み処理プログラム，SCIチャネル0からの割り込みならB処理プログラム・・というように振り分けてやることも必要です．

一方，割り込み処理手順の中でサブルーチン処理と同じ手続きの部分もあります．それはスタック領域の利用です．戻り番地やレジスタ内容の退避，および復帰は，サブルーチンのときと同じに行われます．

以上を念頭に置き，割り込み処理がどのようなメカニズムで行われるかを以下に説明します．

◆ **割り込みベクタ**：表8・1を見ると「ベクタアドレス」という項目があります．これは，要因発生元から割り込み要求が出たとき，それに対応する処理プログラムの存在場所をCPUに指示するため，処理プログラムの先頭番地をこのベクタアドレスに書き込んでおく，という使い方のメモリ領域です．

ベクタアドレスには，要因発生元別に図のように固定した番地が割り当てられていて，たとえばITUのチャネル0からIMIA₀割り込みが発生した場合なら，ROM領域のH'000060〜H'000063番地がベクタアド

8.2 ITUの割り込みとTPCを使った多相パルスの生成

レスとなります。そしてここに，その割り込み要求に対応する処理プログラムの先頭番地を書き込んでおきます。こうすれば，要因発生元別に，対応処理プログラムの振り分けが自由にできることになります。

ちなみに，このH8/3048Fのベクタアドレス領域は，図1・6(p.9)のメモリマップに「ベクタエリア」と書かれている部分です。

◆ **システムコントロールレジスタSYSCRとコンディションコードレジスタCCR**：この2個のレジスタは，CPUの基本動作に関わる部分を受け持っています。図**8・7**は，これらのレジスタが割り込み処理に関係する部分だけを抜き出したものです。

SYSCRのbit 3(ユーザビットイネーブル：UE)は，CCRのUIビットをユーザビットとして使用するか，割り込みマスクビットとして使用するかを選択します。図中の表からわかるように，このUEを「1」(初期値)のまま，CCRのbit 7(割り込みマスクビット：I)を「0」にすればすべての割り込みが受け付けられ，「1」にすればNMI以外の割り込みは受け付けられなくなります。CCRのbit 6(ユーザビット／割り込み

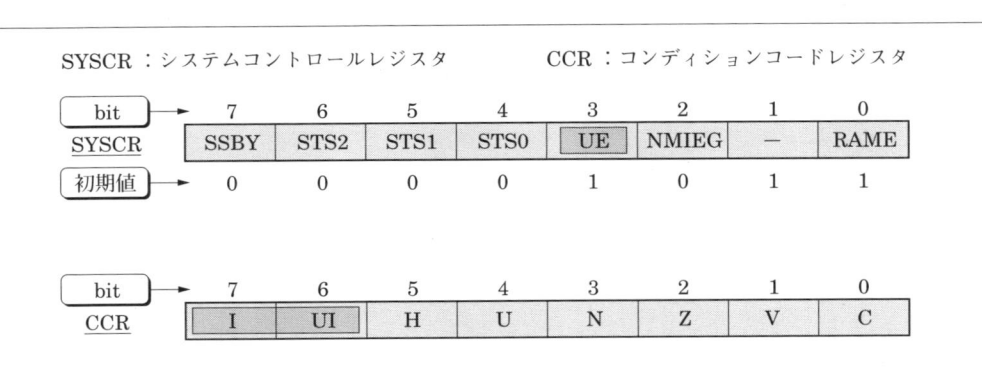

SYSCR：システムコントロールレジスタ　　CCR：コンディションコードレジスタ

bit	7	6	5	4	3	2	1	0
SYSCR	SSBY	STS2	STS1	STS0	UE	NMIEG	−	RAME
初期値	0	0	0	0	1	0	1	1

bit	7	6	5	4	3	2	1	0
CCR	I	UI	H	U	N	Z	V	C

SYSCR	CCR		割り込み動作の状態
UE	I	UI	
1	0	−	すべての割り込みを受け付け，順位の高い要因を優先して受け付ける
1	1	−	NMI以外の割り込みを受け付けない
0	0	−	すべての割り込みを受け付け，順位の高い要因を優先して受け付ける
0	1	0	NMIおよび優先順位1の割り込み要因のみ受け付ける
0	1	1	NMI以外の割り込みを受け付けない

図8・7　割り込み動作の基本を設定するレジスタ

(1) タイマインタラプトイネーブルレジスタ (TIER0～TIER4)

bit	7	6	5	4	3	2	1	0
	―	―	―	―	―	OVIE	IMIEB	IMIEA
リザーブビット	1	1	1	1	1	0	0	0

初期値

・オーバフローインタラプトイネーブル

OVIE	0	OVF フラグによる割り込み (OVI) 要求を禁止
	1	OVF フラグによる割り込み (OVI) 要求を許可

・インプットキャプチャ／コンペアマッチ インタラプトイネーブル B

IMIEB	0	IMFB フラグによる割り込み (IMIB) 要求を禁止
	1	IMFB フラグによる割り込み (IMIB) 要求を許可

・インプットキャプチャ／コンペアマッチ インタラプトイネーブル A

IMIEA	0	IMFA フラグによる割り込み (IMIA) 要求を禁止
	1	IMFA フラグによる割り込み (IMIA) 要求を許可

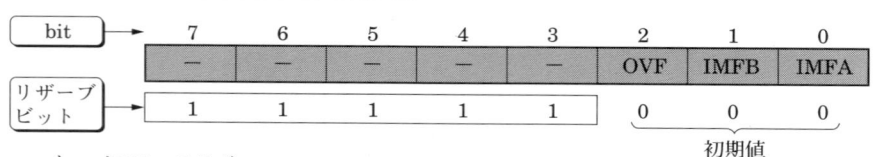

(2) タイマステータスレジスタ (TSR$_0$～TSR$_4$)

bit	7	6	5	4	3	2	1	0
	―	―	―	―	―	OVF	IMFB	IMFA
リザーブビット	1	1	1	1	1	0	0	0

初期値

・オーバフローフラグ

OVF	0	OVF＝1 のとき，一度リードしてから 0 をライトすればクリア
	1	TCNT がオーバフローまたはアンダフローのとき 1 にセット

・インプットキャプチャ／コンペアマッチ フラグ B

IMFB	0	IMFB＝1 のとき，一度リードしてから 0 をライトすればクリア
	1	GRB がアウトプットコンペアレジスタで TCNT＝GRB になったとき 1 にセット (インプットキャプチャ時は省略)

・インプットキャプチャ／コンペアマッチ フラグ A

IMFA	0	IMFA＝1 のとき，一度リードしてから 0 をライトすればクリア IMIA 割り込みで DMAC が起動されたとき (CH0～CH3 のみ)
	1	GRA がアウトプットコンペアレジスタで TCNT＝GRA になったとき 1 にセット (インプットキャプチャ時は省略)

図 8・8 ITU の割り込みに関係するレジスタ

マスクビット：UI)については，話が複雑になるのでここでは省略します。

- ◆ タイマインタラプトイネーブルレジスタ(TIER 0～TIER 4)：ITU は GRB，GRA のコンペアマッチで割り込み要求を出します。その際，どちらのコンペアマッチ(またはインプットキャプチャ)で割り込み要求を出すか，この TIER で選択します。これは図 8・8(1)を見てください。いま仮に，GRA のコンペアマッチで割り込み要求するように設定したいのなら，TIER のビット 0 を「1」にセットすれば OK です。

- ◆ タイマステータスレジスタ(TSR 0～TSR 4)：マイコン回路では，CPU や周辺回路の動作状態を，特定レジスタの指定ビットが「1」にセットされたか，「0」にリセットされたかで読みとる方法がよく用いられます。このとき，その指定ビットをフラグと呼び，フラグが「1」になった状態を「フラグが立つ」といいます。

ITU は割り込み要求を発生すると，この TSR レジスタ(図 8・8(2)参照)にフラグを立てます。一度フラグが立てられると，それをクリアしない限り次の割り込みを発生させることができません。ですから，一般的な割り込み処理ルーチンでは，その冒頭部分でフラグをクリアし，次回の割り込みが可能なようにしてから，現在の割り込み処理作業を実行するのが普通です。

たとえば GRA コンペアマッチで割り込みが発生した場合，図の TSR では IMFA(ビット 0)が「1」にセットされます。したがって，割り込み処理ルーチンはその初めのところで，一度このフラグを読み出し，そのあと「0」を書き込んでフラグをクリアします。この"一度読み出してから「0」を書き込む‥"という操作は，H 8/3048 F の場合よく行われる方法で，マニュアルに明記されています。

8.3 ノンオーバラップ 4 相パルス生成プログラム

では，ノンオーバラップ 4 相パルス生成プログラムを作ってみましょう。

●1● プログラムの流れ

図 8・9 が，このプログラムのキーポイントである ITU と TPC に対す

第8章 TPCと，ITUからの割り込みを組み合わせたノンオーバラップ4相パルスの生成

る各種の設定手順を中心に，4相パルス生成プログラムの流れをフローチャートにまとめたものです．以下，フローの順に説明します．

- **TIOR レジスタの設定**：図8・4を見てください．GRA，GRBを「コンペアレジスタ」に，そして「端子出力を禁止」に設定します．これらはITUをTPCのトリガ要因とするための設定です．

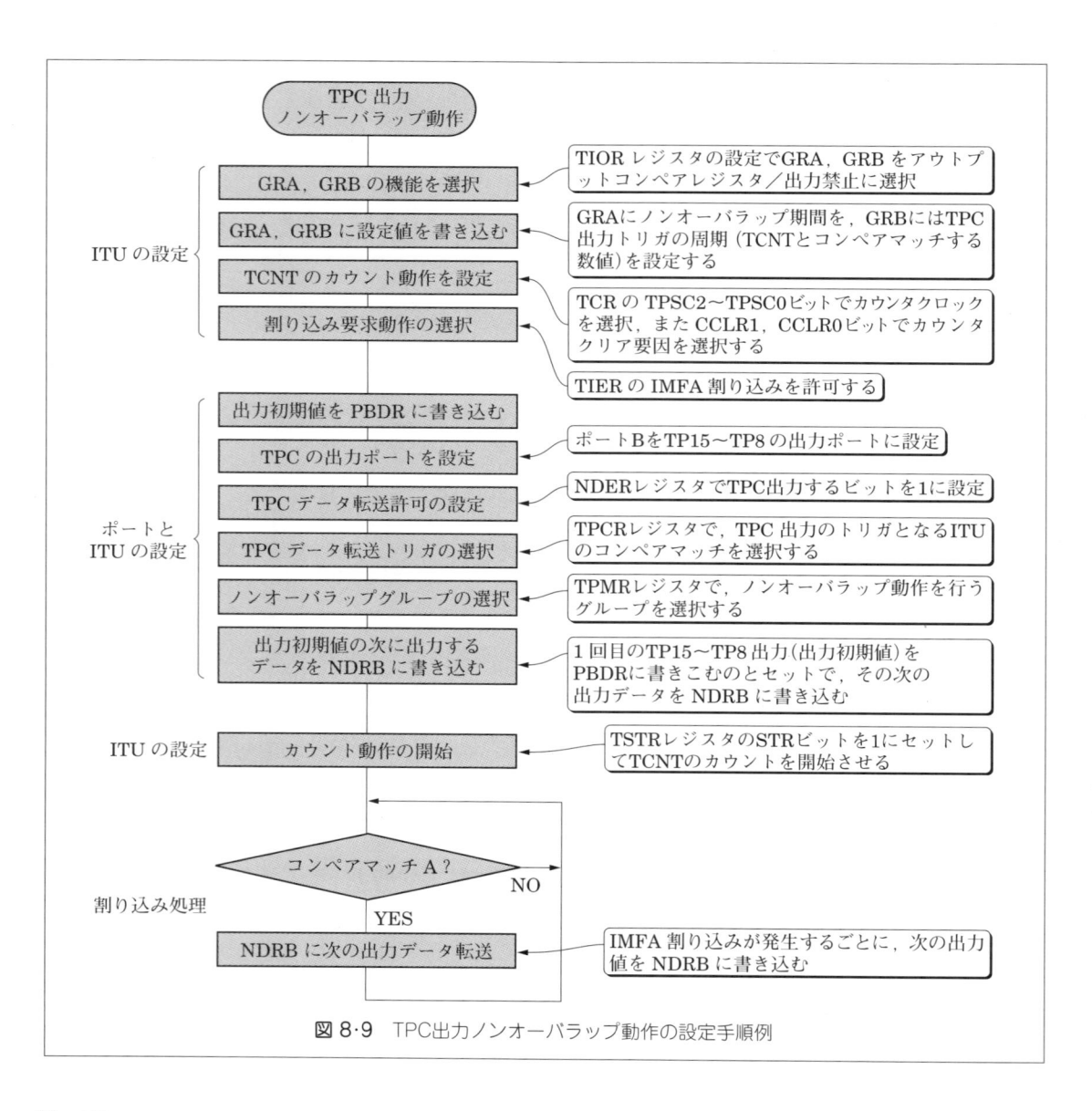

図8・9 TPC出力ノンオーバラップ動作の設定手順例

【ITUの設定】
- GRA，GRBの機能を選択 ← TIORレジスタの設定でGRA，GRBをアウトプットコンペアレジスタ/出力禁止に選択
- GRA，GRBに設定値を書き込む ← GRAにノンオーバラップ期間を，GRBにはTPC出力トリガの周期（TCNTとコンペアマッチする数値）を設定する
- TCNTのカウント動作を設定 ← TCRのTPSC2〜TPSC0ビットでカウンタクロックを選択，またCCLR1，CCLR0ビットでカウンタクリア要因を選択する
- 割り込み要求動作の選択 ← TIERのIMFA割り込みを許可する

【ポートとITUの設定】
- 出力初期値をPBDRに書き込む
- TPCの出力ポートを設定 ← ポートBをTP15〜TP8の出力ポートに設定
- TPCデータ転送許可の設定 ← NDERレジスタでTPC出力するビットを1に設定
- TPCデータ転送トリガの選択 ← TPCRレジスタで，TPC出力のトリガとなるITUのコンペアマッチを選択する
- ノンオーバラップグループの選択 ← TPMRレジスタで，ノンオーバラップ動作を行うグループを選択する
- 出力初期値の次に出力するデータをNDRBに書き込む ← 1回目のTP15〜TP8出力（出力初期値）をPBDRに書きこむのとセットで，その次の出力データをNDRBに書き込む

【ITUの設定】
- カウント動作の開始 ← TSTRレジスタのSTRビットを1にセットしてTCNTのカウントを開始させる

【割り込み処理】
- コンペアマッチA？ → NO
- YES → NDRBに次の出力データ転送 ← IMFA割り込みが発生するごとに，次の出力値をNDRBに書き込む

8.3 ノンオーバラップ4相パルス生成プログラム

- **GRA，GRB**に波形データの書き込み：GRAにノンオーバラップ期間に相当する数値，GRBにTPC出力トリガ周期に相当する数値をそれぞれ書き込みます．ITU・カウンタ／TCNTのカウント値がこれらの数値に一致したとき，それぞれのコンペアマッチが発生します．
- **TCNT**のカウント動作設定：これはTCRレジスタ(図7・2(p.93)参照)で設定します．TPSC 2〜TPSC 0ビットでTCNTがカウントするクロックの内部／外部／分周比を選択，CCLR 1，CCLR 0ビットでカウンタクリア要因(GRA，GRBのコンペアマッチ，同期クリアなど)を選択します．
- 割り込み要求動作の許可：TIERレジスタ(図8・8(1)参照)で，IMIEAビットまたはIMIEBビットのどちらかを「1」にセットして，GRAによる割り込み(IMFA)か，またはGRBによる割り込み(IMFB)を許可します．この実験の場合はGRAがトリガソースですから，当然IMIEAビットを「1」にします．
- **1回目の波形データ(出力初期値)をPBDR**に書き込む：ここで，TPC出力端子TP 15〜TP 8から最初に出力されるパルス列のデータをPBDRに書き込みます．これはあとの2回目データをNDRBに書き込む操作とセットです．筆者はこの操作をやらなくてもよいのではないかと思い試してみましたが，手を抜くと予定した生成パルスは出力されてきませんでした．たぶんハードウェア的な理由があるのだろうと思います．
- **TPC**の出力ポート設定：今回はポートBをTP 15〜TP 8出力端子として使うので，PBDDRレジスタ(図8・3(1)参照)の全ビットに「1」を書き込んで，ポートBを「出力」に設定します．
- **TPC**データ転送許可：NDERBレジスタ(図8・3(2)参照)の全ビットに「1」を書き込み，NDRBからPBDRへのデータ転送を許可します．
- **TPC**データ転送トリガの選択：TPCRレジスタ(図8・2(2)参照)で，TPCの出力トリガとなるITUのコンペアマッチを選択します．ここではチャネル0のコンペアマッチでTPC出力グループ3とグループ2をトリガしますから，G 3 CMS 1，G 3 CMS 0を「00」，およびG 2 CMS 1，G 2 CMS 0を「00」とすればOKです．
- ノンオーバラップグループの選択：こんどはTPMRレジスタ(図8・2

(1)参照)でノンオーバラップ動作を行う出力グループを選択します。これはG3NOV，G2NOVを「1」にセットします。

- ◆**2回目に出力する波形データをNDRBに書き込む**：前記のように，NDRBには2回目に出力される波形データを書き込みます。これはマニュアルの指定ですから，どうして？と考えないことにしましょう。
- ◆**TCNT**のカウント動作開始：ここで，TSTRレジスタ(図7·1(1)(p.92)参照)のbit 0を「1」にセットすれば，ITUのチャネル0(TCNT 0)はカウントを開始します。
- ◆波形データの連続出力：以上の設定が終わり，また，どこかに波形データが「読み出せる状態で格納」されていれば，GRAのコンペアマッチ発生の都度，NDRBに次の波形データが順々に転送され，ノンオーバラップ4相パルスが連続して生成されます。この部分の細かいことは，プログラムのところでお話しします。

●2● プログラムの作成

図**8·10**がノンオーバラップ4相パルス生成のプログラムです。いままでの説明でプログラムの中身はおよそ見当がついていると思いますが，一応記述順に解説します。

- ◆**CPU**の指定～シンボルの定義(4～22行)：この部分はもう説明の必要はないでしょう。ITUとTPCに関するシンボルが大部分ですが，おなじみのI/Oポート2に新顔のI/OポートBが追加されました。
- ◆割り込みベクタの指定(24～25行)：表8·1でわかるように，ITUのチャネル0，IMIA0(GRA0コンペアマッチ)割り込みのベクタアドレスは"H'000060"です。このアドレス領域はH'000060～H'000063の32 bitですが，書き込みは先頭番地だけでOKです。

アセンブラで割り込み処理ルーチンのプログラム領域を確保するには，この2行のように，まずベクタアドレスから開始される領域があることを宣言(24行)し，次の行で処理ルーチンの先頭番地に相当するラベル名を記述しておきます。

こうしておくと，アセンブラが自動的に割り込み処理ルーチンの領域を探し出し，その先頭番地(このプログラムの場合ならラベル名INTRUP：)を自動的にベクタアドレスに書き込んでくれるようになっています。もち

図 8·10

```
 1  ;****************************************************************
 2  ;*    ノンオーバラップ4相パルス生成プログラム(TPC)      NOVL4PO.MAR *
 3  ;****************************************************************
 4              .CPU   300HA                    ;CPUの指定
 5              .SECTION VECT, CODE, LOCATE=H'000000  ; セクションの宣言
 6  RES         .DATA. L INIT                   ;ラベルINIT：以降にプログラム領域を確保
 7  ;---------------------シンボルの定義---------------------
 8  COUNT  .EQU          H'FFFA00              ;パターンデータの出力回数カウント用
 9  P2DR   .EQU          H'FFFFC3              ;ポート2の入力を読むデータレジスタ
10  TSTR   .EQU          H'FFFF60              ;タイマスタートレジスタの番地
11  STR0   .BEQU         0,TSTR                ;TSTRのbit0(CH0のカウント/停止制御)をSTR0と定義
12  TCR0   .EQU          H'FFFF64              ;CH0のタイマコントロールレジスタの番地
13  TIER0  .EQU          H'FFFF66              ;CH0のタイマインタラプトイネーブルレジスタの番地
14  TSR0   .EQU          H'FFFF67              ;CH0のタイマステータスレジスタの番地
15  GRA0   .EQU          H'FFFF6A              ;タイマCH0のジェネラルレジスタAの番地
16  GRB0   .EQU          H'FFFF6C              ;タイマCH0のジェネラルレジスタBの番地
17  TPMR   .EQU          H'FFFFA0              ;TPC出力モードレジスタの番地
18  TPCR   .EQU          H'FFFFA1              ;TPC出力コントロールレジスタの番地
19  NDERB  .EQU          H'FFFFA2              ;TPCネクストデータイネーブルレジスタBの番地
20  NDRB   .EQU          H'FFFFA4              ;TPCネクストデータレジスタBの番地
21  PBDDR  .EQU          H'FFFFD4              ;ポートBデータディレクションレジスタの番地
22  PBDR   .EQU          H'FFFFD6              ;ポートBデータレジスタの番地
23
24              .ORG      H'000060              ;割り込みベクタの番地指定
25              .DATA.L   INTRUP                ;割り込み処理ルーチンの領域確保
26
27              .SECTION PROG,CODE,LOCATE=H'000100    ;コードセクションの宣言
28
29  INIT:   MOV.L     #H'FFFF10,ER7         ;スタックポインタの初期番地を設定する
30          MOV.L     #PULSE,ER4            ;パターンデータ領域の先頭番地をER4に書き込む
31          MOV.B     #H'04,R0L             ;4相波形1サイクルあたりのデータ出力回数を
32          MOV.B     R0L,@COUNT            ;RAM領域"COUNT"に書き込む
33          MOV.B     #H'00,R0L             ;ポート2データディレクションレジスタに"0"を書き込み
34          MOV.B     R0L,@H'FFFFC1         ;ポート2を入力に設定する
35          MOV.B     #H'FF,R0L             ;ポート2入力プルアップレジスタに"FF"を書き込み
36          MOV.B     R0L,@H'FFFFD8         ;MOSトランジスタによるプルアップを行う
37          MOV.B     @P2DR,R1L             ;8P-DIPSWのON/OFFデータをポート2から読み込み
38          MOV.B     @NONOVL,R0L           ;それをRAM領域に書き込んであるノンオーバラップ期間
39          MULXU.B   R1L,R0                ;のデータと掛け算してGRA0に書き込む
40          MOV.W     R0,@GRA0              ;これで波形のノンオーバラップ期間が設定される
41          MOV.B     @PERIOD,R0L           ;同じくポート2からの周期倍率データを
42          MULXU.B   R1L,R0                ;RAM領域に書き込んである波形周期データと掛け算し
43          MOV.W     R0,@GRB0              ;GRB0に書き込む。出力波形の周期が設定される
44          MOV.B     #H'40,R0L             ;TCR0に"40"を書き込み，GRBコンペアマッチで
45          MOV.B     R0L,@TCR0             ;カウンタクリヤなどの条件設定を行う
46          MOV.B     #H'01,R0L             ;TIER0に"01"を書き込み
47          MOV.B     R0L,@TIER0            ;カウンタにIMFAフラグによる割り込みを許可する
48          MOV.B     #H'22,R0L             ;TPCから最初に出力する波形データを
49          MOV.B     R0L,@PBDR             ;PBDRに書き込む
50          MOV.B     #H'FF,R0L             ;TPCのPBDDRに"FF"を書き込み
51          MOV.B     R0L,@PBDDR            ;ポートBをTP8～TP15の出力端子に設定する
52          MOV.B     R0L,@NDERB            ;NDERBに"FF"を書き込みNDRBへのデータ転送を許可
53          MOV.B     #H'FC,R0L             ;TPMRに"FC"を書き込んで
54          MOV.B     R0L,@TPMR             ;ノンオーバラップ動作を設定
55          MOV.B     #H'00,R0L             ;TPCRに"00"を書き込んで，TP8～TP15が
56          MOV.B     R0L,@TPCR             ;タイマのCH0により出力がトリガされるように設定
```

第8章 TPCと，ITUからの割り込みを組み合わせたノンオーバラップ4相パルスの生成

```
57            MOV.B    #H'11,R0L        ;PBDRに次回送り込むネクストデータを
58            MOV.B    R0L,@NDRB        ;NDRBに書き込んでおく
59            BSET     STR0             ;タイマカウンタCH0を動作開始させる
60            ANDC     #H'7F,CCR        ;CCRのbit7をクリアし，CPUに割り込みを許可する
61  TPCWV     BRA      TPCWV            ;割り込み発生時以外はここでぐるぐる回りをする
62
63  INTRUP:   PUSH.L   ER0              ;割り込み処理ルーチン，まずメインルーチンで使って
64            PUSH.L   ER1              ;いたER0,ER1の内容をスタックに退避させる
65            MOV.B    @TSR0,R0H        ;IMFAフラグをクリアする前にTSR0を1回読み込む
66            MOV.B    #H'00,R0L        ;TSR0に"00"を書き込み
67            MOV.B    R0L,@TSR0        ;IMFAフラグをクリアする
68            MOV.B    @ER4,R0L         ;ER4で指定された番地の波形データを
69            MOV.B    R0L,@NDRB        ;ネクストデータ(次回転送)としてNDRBに書き込む
70            MOV.B    @COUNT,R0L       ;RAM領域のCOUNTに書き込んであるデータ出力回数から
71            DEC.B    R0L              ;1を減じ
72            BNE      RET_O            ;もしゼロになったら
73            MOV.L    #H'000B00,ER4    ;ER4とCOUNTの内容を初期値に直し
74            MOV.B    #H'04,R0L        ;元のルーチンに復帰する
75            MOV.B    R0L,@COUNT       ;
76            POP.L    ER1              ;このとき同時に，スタックに退避したER1，ER0の内容も
77            POP.L    ER0              ;復帰させる
78            RTE                       ;元のルーチンへの復帰命令
79  RET_O:    INC.L    #1,ER4           ;COUNTの内容がゼロでなければ，ER4に1を加え
80            MOV.B    R0L,@COUNT       ;1を減じたCOUNTの内容はそのままにして
81            POP.L    ER1              ;スタックからER1,ER0を復帰したのち
82            POP.L    ER0              ;
83            RTE                       ;元のルーチンに復帰する
84
85            .SECTION RAM,DATA,LOCATE=H'000B00   ;データセクションを宣言
86   [3回目以降はここから繰り返し]              [1回目の出力波形データ]
87  PULSE:    .DATA.B  H'88,H'44,H'22,H'11  ;波形出力データ
88  NONOVL:   .DATA.B  H'0A             ;ノンオーバラップ期間のデータ
89  PERIOD:   .DATA.B  H'46             ;出力波形の周期データ
90                              [2回目の出力波形データ]
91            .END                      ;プログラムの終了を示す
```

図8・10 ノンオーバラップ4相パルス生成プログラム

ろん自分で処理ルーチンの領域を決定し，その先頭番地をベクタアドレスに書き込んでもよいわけですが，せっかくアセンブラがやってくれるのですから，無理に自分でやることはないでしょう。

◆ コードセクションの宣言(27行)：ここで，H'000100番地から始まるコードセクションを宣言します。これ以降がプログラム本体です。

◆ 初期設定(29～60行)：プログラムの大部分が各種の設定です。基本的には図8・9と同じですが，前章と同じく，GRA0，GRB0に書き込むタイミング数値として，データ領域の数値(88, 89行)に対しポート2の入力数を乗算して得た数値を使い，ポート2入力／SW-5を変化させ

8.3 ノンオーバラップ4相パルス生成プログラム

ることでパルス周期を変化させるようにした点が異なります。

- **スタックポインタの設定(29行)**：RAM領域の最大番地がH'FFFF 0 F (図1・6(p.9)メモリマップ参照)なので，これに1番地加算したH'FFFF 10をSP(ER 7)に書き込みます。

- **波形データ転送の準備(30～32行)**：波形データは，ラベルPULSE：(87行)に書き込んであります。そこで，割り込み処理ルーチンの中で行われる波形データ転送作業の前準備として，このラベルの番地とデータ転送数(4)を，それぞれER 4と@COUNTに書き込んでおきます。

  このER 4レジスタは割り込み処理ルーチンの中だけで使用するので，あとで出てくる処理ルーチンの中では，PUSH, POP命令の対象になっていない点に注目してください。メインルーチンや他のサブルーチンの中で使っていないレジスタを待避する必要はないのです。

- **GRA 0とGRB 0に数値の書き込み(33～43行)**：ポート2を入力に設定し，SW-5(8 P-DIPSW)のデータを読み込んでそれをデータNONOVL(88行)，PERIOD(89行)に乗算し，結果をそれぞれGRA 0, GRB 0に書き込みます。なお，ここではポート2データディレクションレジスタの番地を1回しか使わないので，いままでのようにシンボル定義をせず，そのままH'FFFFC 1と記述しています。

- **ITUの設定(44～47行)**：TCR 0(図7・2(p.93))にH'40(01000000)を書き込み，GRB 0のコンペアマッチでTCNT 0クリア，クロックの立ち上がりエッジでカウント，内部クロック(16 MHz)をそのままクロックとして使用，などを設定します。さらに，TIER 0(図8・8(1))にH'01 (00000001)を書き込んでIMIEAを「1」にセットし，IMIA 0(GRA 0コンペアマッチ：表8・1参照)による割り込みを許可します。

- **1回目波形データの書き込み(48, 49行)**：こんどはTP 15～TP 8から最初に出力する波形データH'22をPBDRに書き込みます。プログラムの87行を見ればわかりますが，波形データの1回目をH'22に，2回目をH'11に設定しておけば，あとは3回目がH'88, 4回目がH'44‥と4回ごとに1サイクルを繰り返し，3回目の波形データがアドレス"PULSE：" から始まることになります。

- **ポートBをTP 15～TP 8出力端子に設定(50, 51行)**：続いてPBDDRの全ビットに「1」を書き込み，ポートBをTP出力端子に設定します。

◆ **TPC の設定**（52～58 行）：NDERB（図 8・3(2)）の全ビットに「1」を書き込んで NDRB から PBDR へのデータ転送を許可し，続いて TPMR（図 8・2(1)）に H'FC(11111100) を書き込んで TP 出力グループ 3，2 がノンオーバラップ動作となるよう設定します。

さらに，TPCR（図 8・2(2)）の bit 7～4 に「0」を書き込み，出力グループ 3，2 が ITU チャネル 0 のコンペアマッチによってトリガされるように設定します。このプログラムでは全ビットに「0」を書き込んでいますが，これは他の設定条件が TP 7～TP 0 には適用されないので問題ありません。最後に NDRB に 2 回目の波形データ H'11 を書き込みます。

◆ **カウント開始と割り込み許可**（59，60 行）：ここで，TSTR の bit 0 を「1」にセットして TCNT 0 のカウントを開始し，CCR の bit 7（図 8・7：I）を「0」にリセットして割り込み動作を許可します。これでメインルーチンは作業を開始します。

◆ **メインルーチンの無限ループ**（61 行）：前項までで，メインルーチンはすでに動作を開始しています。このまま TCNT 0 がカウント動作を継続し，割り込み発生の都度，波形データを NDRB に転送するだけでパルス波形が生成されますから，プログラムはここでぐるぐる回り（無条件分岐：BRA 命令）にしておきます。

◆ **割り込み処理ルーチン INTRUP**（63～83 行）：TCNT 0 が GRA 0 コンペアマッチするたびに割り込みを発生します。これによってメインルーチンは中断され，プログラムは INTRUP：に飛んできます。これで割り込み処理が開始されます。

◆ **レジスタの退避**（63，64 行）：メインルーチンで使用中の ER 0，ER 1 をスタックに退避します。CCR や戻り番地の退避は自動的に行われます。

◆ **次回割り込み発生の許可**（65，66 行）：割り込み処理作業を開始する前に，IMFA フラグをクリアし次回割り込みを許可しておきます。"一度読み込んでから「0」の書き込み"を忘れないように注意してください。

◆ **波形データの NDRB への転送**（68～80 行）：すでに ER 4 にはラベル PULSE：の番地が書き込まれています（30 行）。最初の割り込み発生で，この番地のデータ "88" が NDRB に転送され，これが 3 回目の TP 出力データとなります。

8.3 ノンオーバラップ4相パルス生成プログラム

- ◆ 波形データ番地に**1**加算とデータ数の**1**減算(70～80行)：3回目TP出力データ"88"をNDRBに転送したら，次の4回目データ転送(次回割り込み)の準備として，@ER 4(@が付くと，ER 4に書き込まれている内容のこと，ここでは番地PULSE：)に1を加算してデータ"44"に対応させ，転送回数は@COUNTから1を減算して3にします。これがNDRBへの転送の都度行われ，@COUNTがゼロになると，@ER 4と@COUNTはそれぞれ元のPULSE：と4に戻ります。これで転送4回を周期に波形データの出力が繰り返し行われるのです。
- ◆ レジスタの復帰(76～78，81～83行)：割り込み処理が終了すれば，あとは退避したレジスタの内容を復帰し，RTE命令で元のメインルーチンに戻ります。レジスタ復帰の順番は，退避のときと反対になること(ファーストイン，ラストアウト)をお忘れなく。
- ◆ データセクション(85～89行)：データセクションを宣言して，この領域に波形データ(PULSE：)，ノンオーバラップ期間(NONOVL：)，TPCトリガ周期(PERIOD：)を書き込んでおきます。もちろんこれらのラベル名は筆者が勝手に付けたものですから，皆さんの好きな名前にして結構です。

●3● プログラムの書き込みと生成波形の観察

　できあがったプログラムのファイル名はnovl 4 po. marとしました。これをアセンブルし，得られたnovl 4 po. motファイルをH 8/3048 Fに書き込みます。これはいままでと全く同じ手順です。

　電源をONにすると，TP 15～TP 12(マザーボードCN-1：23～20ピン)，およびTP 11～TP 8(CN-1：19～16ピン)の2グループから同じパターンの4相パルスが出力されます。**写真8・1**がグループ3の出力波形をオシロで観測した結果です。このプログラムの場合も，前章と同じようにメインプログラムが末尾でぐるぐる回りになっていますから，SW-5のデータを切り換えてもそのままですぐに生成パルスの周期は変化してくれません。そうです，リセットが必要です。これも，たとえば割り込み発生の都度SW-5を見に行くようにするなどの方法で，リセットしなくてもパルス周期を変更できるかもしれません。皆さんで是非チャレンジしてみてください。

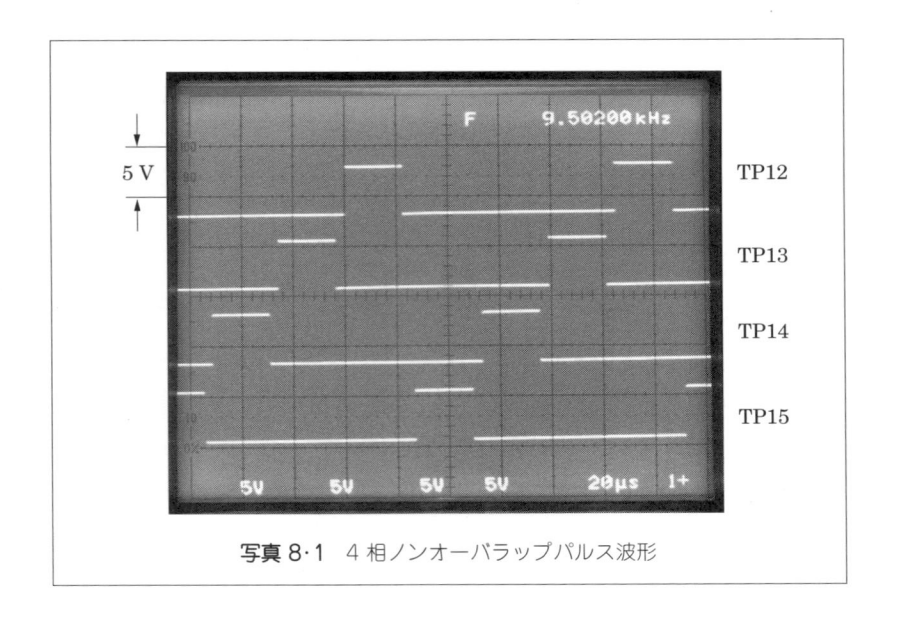

第8章 TPCと，ITUからの割り込みを組み合わせたノンオーバラップ4相パルスの生成

写真8・1 4相ノンオーバラップパルス波形

SCIによるシリアルデータ送信

第9章

　H 8/3048 F 内蔵の SCI（シリアル・コミュニケーション・インタフェース）は2チャネルあります。SCI はもともと外部周辺装置とデータのやりとりをするのが目的ですから，普通の使い方をするのなら外部にもう一つ SCI を必要とします。しかしこれは，CPU ボード以外は作らないという本書の主旨に反します。そこで，本章では敢えてシリアルデータを送りっぱなしの実験にしてみました。

9.1　シリアルデータとは？

　前章までは特に意識して説明しませんでしたが，いろいろなディジタルデータは，複数ビットを並べた状態で同時に扱ってきました。この方式は，パソコン内部のように配線本数をあまり気にせず回路構成できる場合ならよいのでしょうが，電話ケーブルや光ファイバなどを介して外部にデータ伝送するような場合は，電線数が多くなって不便です。このようなときは，データのビットが時間的に直列に並んだ状態で取り扱う，いわゆる直列データ形式が便利です。ここでは，ごく簡単な直列データの実験をしてみることにします。

●1● 並列データと直列データ

　図 9・1 を見てください。(a)がいままで扱ってきた並列データ，(b)がこれから実験する直列データです。並列データは複数ビットを同時に扱うので，そのビット数だけ配線数を要しますが，1回でビット数だけのデータを処理できます。
　直列データは，図のように並列データを直列に変換しなければなりませ

図9・1 並列データと直列データ

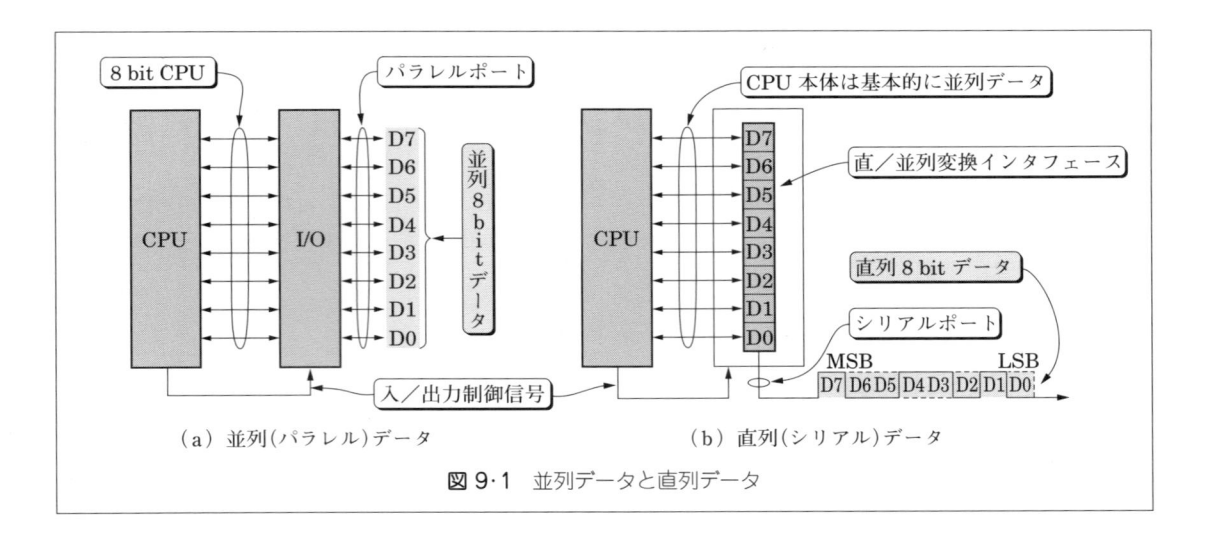

(a) 並列(パラレル)データ
(b) 直列(シリアル)データ

んから，そのためのインタフェースが必要です．そしてデータ伝送時間がビット数に応じて長くなるというデメリットもあります．しかし現在のようにCPUの動作速度が速ければ，実用上は問題ないでしょう．メリットは伝送回線が1本で済むという点です．

●2● 調歩同期式とは？

　並列データでも直列データでも，データ授受のタイミングがずれると正常な伝送はできません．特に直列データの場合，きわめて短い時間間隔で1ビットずつデータが送られてくるわけですから，タイミングを合わせる手段は非常に重要です．

　この「タイミング合わせ」の方法としては，送／受信相互のクロック周波数に同期してデータを伝送するクロック同期方式と，データを1Bごとに区切り，その先頭にスタートビット，終わりにストップビットを組み込み，バイト単位の伝送を繰り返す調歩同期式とがあります．今回は，この調歩同期式を実験してみます．

　図9・2がその調歩同期式の説明です．データ本体は7または8 bitが1グループ（D 0～D 6/D 7）となっていて，最下位ビット（D 0：LSB）を先頭に，ビットレート（データ伝送速度を決めるシリアル用クロック）の1発ごとに1 bitずつ送り出されます．D 0の直前にはスタートビット（「0」）が

LSB/MSB
　最下位ビット（Least Significant Bit/Digit），最上位ビット（Most Significant Bit/Digit）．

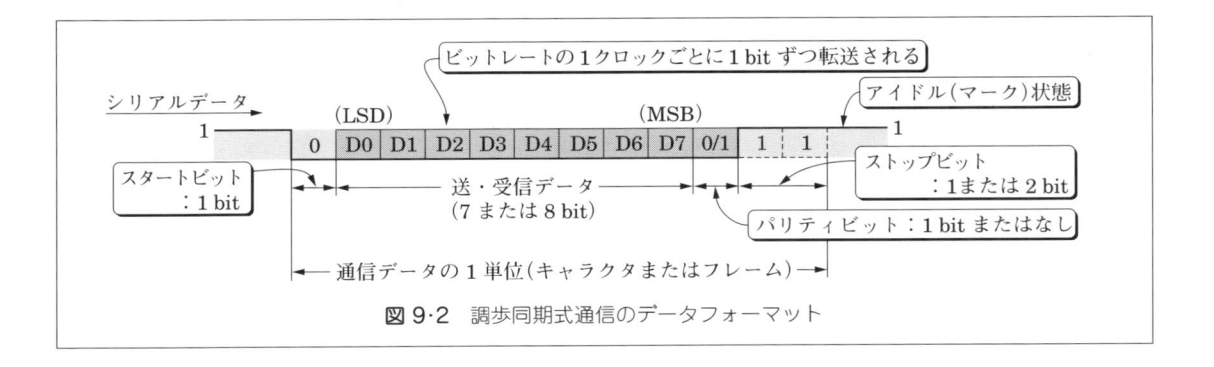

9.2　H 8/3048 F 内蔵 SCI の働き

```
シリアルデータ                    ビットレートの1クロックごとに1bit ずつ転送される
        1           (LSD)                              (MSB)        アイドル(マーク)状態
                  0  D0 D1 D2 D3 D4 D5 D6 D7 0/1  1   1     1
   スタートビット                                                 ストップビット
   : 1 bit              送・受信データ                            : 1または 2 bit
                       (7 または 8 bit)            パリティビット: 1 bit またはなし
              通信データの 1 単位(キャラクタまたはフレーム)
```

図 9·2　調歩同期式通信のデータフォーマット

置かれ，最上位ビット(D 6/D 7：MSB)の直後にはストップビット(1 または 2 bit の「1」)が置かれます。

　さらに伝送エラーを発見する手段として，MSB とストップビットの間にパリティビットを挿入する方法も使われます。これには奇数パリティと偶数パリティとがあります。データ中の「1」のビットの合計数が常に奇数となるよう，パリティビットに「1」または「0」を追加する方式を奇数パリティ，偶数になるよう追加する方式を偶数パリティと呼んでいます。

パリティチェック
　Parity Check。調歩同期式データ伝送が正確に行われたかどうかを，冗長ビットを加えてチェックする方法です。奇数パリティ方式と偶数パリティ方式とがあります。

9.2　H 8/3048 F 内蔵 SCI の働き

● 1 ● SCI と RS 232 C

- **SCI**：ここでもう一度図 1·12(p. 16)を見てください。SCI はチャネルごとに送信ポート TxD，受信ポート RxD を持ち，それぞれに直/並列変換バッファを内蔵しています。データ伝送速度を決めるボーレートクロックは，内蔵のボーレートジェネレータがボーレートレジスタ BRR に設定した条件で CPU クロック φ を基に発生します。このほか，スタートビット，ストップビット，パリティビット，割り込み要求の許可/禁止などの設定をコントロールレジスタ(SSR，SCR，SMR：p. 130〜133 で説明)によって行います。

- **RS 232 C**：シリアル信号の伝送回線では，RS 232 C インタフェースがよく使われます。これは，シリアルデータをケーブルで伝送する場合，5 V の論理レベル信号をそのままケーブルに乗せたのでは雑音電圧に影響

ボーレートジェネレータ
　伝送回路のクロックを生成する回路のことです。一般的には，CPU 回路用の高周波クロックを基に，伝送回路用クロックを生成する回路のことをいいます。

第9章　SCIによるシリアルデータ送信

特　性		RS 232C	RS 422A
	伝送路	不平衡	平衡
	最大伝送距離	15 m[*1]	1.2 km
	最大伝送速度	20 kbit/s[*1]	10 Mbit/s
送信側	負荷オープン出力	±25V 以内	出力間で 6V 以内
	負荷時の出力	±5〜±15V	出力間で 2V 以上
	電源 OFF 時出力抵抗	300Ω 以上	リーク電流 100μA 以下
	負荷短絡電流	500 mA 以下	150 mA 以下
	スルーレート	30 V/μs 以下	—
受信側	入力抵抗	3k〜7kΩ	4kΩ 以上
	スレッショルド	−3〜+3V	−0.2〜+0.2V
	入力最大電圧	±25V	±12V

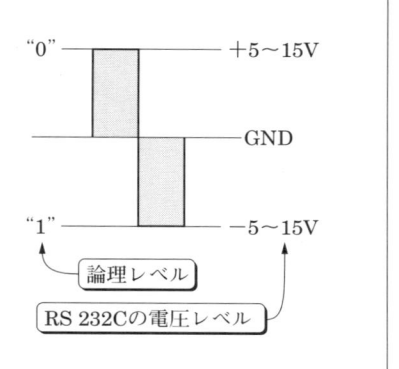

＊1：これは規格値です

図9・3　RS 232C（参考：422A）の概要

"0" ─ +5〜15V
　　　 GND
"1" ─ −5〜15V

論理レベル
RS 232Cの電圧レベル

されやすく伝送距離も伸びないので，「1」と「0」を別の高い電圧レベルに変換して送／受信しようというインタフェース規格の一つです。

これは図 **9・3** を見てください．図のように RS 232C では，論理レベル「1」を −5〜15V に，「0」を +5〜15V に，電圧レベルを変換しています．このほか，伝送回路の入／出力抵抗，負荷短絡電流なども決められています．ただしこの RS 232C は比較的古い規格なので，現在では最大伝送距離，伝送速度などにかなり不満が残るのが実状です．そこで，あとから RS 422A など改良された規格もいくつか定められました．

今回試作した CPU ボードには RS 232C インタフェース IC が搭載されています．したがって，それを使うことにしました．コネクタ寸法やピン接続などは古い規格のままですが，現在では CPU やインタフェース IC の性能向上により，実用上大きな不満はないようです．

● 2 ● レジスタによる送／受信条件などの設定

では，SCI のコントロールレジスタについて説明しましょう．図 **9・4** および図 **9・5** を見てください．また，これらの図の中でいろいろなレジスタ名が出てくるので，レジスタ構成を中心にした SCI のブロック図を図 **9・6** に示しておきます．なお，以下の説明では話を簡単にするため，マルチプロセッサ機能についての説明は省略しました．

◆ シリアルモードレジスタ **SMR**（図 9・4（1））：調歩同期式モード／クロッ

RS 422A
　RS 232Cは伝送速度が遅く，距離も短く，不平衡伝送回路方式であるため耐ノイズ性も不十分でした．そこで伝送線路を平衡回線とし，終端するように改良したのが RS 422A です．

9.2 H8/3048F 内蔵 SCI の働き

(1) シリアルモードレジスタ (SMR)

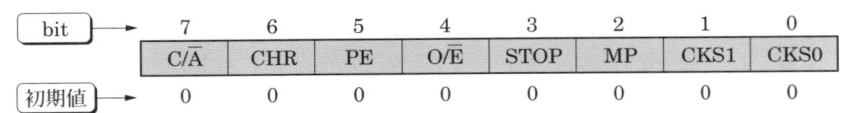

bit	7	6	5	4	3	2	1	0
	C/$\overline{A}$	CHR	PE	O/$\overline{E}$	STOP	MP	CKS1	CKS0
初期値	0	0	0	0	0	0	0	0

C/$\overline{A}$		
	0	調歩同期式モード
	1	クロック同期式モード

CHR			
	0	8 bit（調歩同期式）	*
	1	7 bit（調歩同期式）	*

PE		
	0	パリティビット追加とパリティチェックを禁止
	1	パリティビット追加とパリティチェックを許可

O/$\overline{E}$		
	0	偶数パリティ
	1	奇数パリティ

STOP		
	0	1 ストップビット
	1	2 ストップビット

MP		
	0	マルチプロセッサ機能の禁止
	1	マルチプロセッサフォーマットの選択

CKS1	CKS0	クロックの状態
0	0	ϕ クロック（初期値）
0	1	$\phi/4$ クロック
1	0	$\phi/16$ クロック
1	1	$\phi/64$ クロック

＊クロック同期式モードの場合は
データ 8 bit に固定される

(2) シリアルコントロールレジスタ (SCR)

bit	7	6	5	4	3	2	1	0
	TIE	RIE	TE	RE	MPIE	TEIE	CKE1	CKE0
初期値	0	0	0	0	0	0	0	0

TIE		
	0	送信データエンプティ割り込み要求禁止
	1	送信データエンプティ割り込み要求許可

TE		
	0	送信動作を禁止
	1	送信動作を許可

RIE		受信データフル割り込み要求と受信エラー割り込み要求を	
	0		禁止
	1		許可

RE		
	0	受信動作を禁止
	1	受信動作を許可

MPIE		
	0	マルチプロセッサ割り込み禁止
	1	マルチプロセッサ割り込み許可

TEIE		
	0	送信終了割り込み禁止
	1	受信終了割り込み許可

CKE1	CKE0		クロックソースまたは SCK 端子の状態	
0	0	調歩同期式モード	内部クロック／SCK 端子は入出力ポート	
		クロック同期式モード	内部クロック／SCK 端子は同期クロック出力	
0	1	調歩同期式モード	内部クロック／SCK 端子はクロック出力	＊1
		クロック同期式モード	内部クロック／SCK 端子は同期クロック出力	
1	0	調歩同期式モード	外部クロック／SCK 端子はクロック入力	＊2
		クロック同期式モード	外部クロック／SCK 端子は同期クロック入力	
1	1	調歩同期式モード	外部クロック／SCK 端子はクロック入力	＊2
		クロック同期式モード	外部クロック／SCK 端子は同期クロック入力	

＊1：ビットレートと同じ周波数を出力　＊2：ビットレートの 16 倍の周波数を出力

図 9・4　SCI のコントロールレジスタ（その 1）

第9章 SCIによるシリアルデータ送信

シリアルステータスレジスタ(SSR)

bit	7	6	5	4	3	2	1	0
	TDRE	RDRF	ORER	FER	PER	TEND	MPB	MPBT
初期値	1	0	0	0	0	1	0	0

ビット	値	説明
TDRE	0	TDRに有効な送信データが書き込まれていることを表示 <クリア条件> TDRE=1を読んだあと0を書き込む
	1	TDRに有効な送信データがないことを表示 <セット条件>リセットまたはスタンバイモードのとき，またはRDRF=1を読んだあと0を書き込んだとき
RDRF	0	RDRに受信データが格納されていないことを表示 <クリア条件>リセットまたはスタンバイモードのとき，またはRDRF=1を読んだあと0を書き込んだとき
	1	RDRに受信データが格納されていないことを表示 <セット条件>シリアル受信が正常終了しRSRからRDRへ受信データが転送されたとき
ORER	0	受信中，または正常に受信が完了したことを表示 <クリア条件>リセットまたはスタンバイモードのとき，またはORER=1を読んだあと0を書き込んだとき
	1	受信時にオーバランエラーが発生したことを表示 <セット条件> RDRF=1の状態で次のシリアル受信を完了したとき
FER	0	受信中，または正常に受信が完了したことを表示 <クリア条件>リセットまたはスタンバイモードのとき，またはFER=1を読んだあと0を書き込んだとき
	1	受信時にフレーミングエラーが発生したことを表示 <セット条件> SICが受信終了時にデータ末尾のストップビット1をチェックし，それが0であったとき
PER	0	受信中，または正常に受信が完了したことを表示 <クリア条件>リセットまたはスタンバイモードのとき，またはFER=1を読んだあと0を書き込んだとき
	1	受信時にパリティエラーが発生したことを表示 <セット条件>受信データとパリティビットの1の合計がO/$\overline{E}$の設定と一致しなかったとき
TEND	0	送信中であることを表示 <クリア条件> TDRE=1を読んだあとTDREフラグに0を書き込んだとき，またはDMACでTDRにデータを書き込んだとき
	1	送信を終了したことを表示 <セット条件>リセットまたはスタンバイモードのとき，またはSCRのTEビットが0のとき，または最後尾ビット送信時にTDRE=1のとき
MBP	0	マルチプロセッサビットが0のデータを受信したことを表示
	1	マルチプロセッサビットが1のデータを受信したことを表示
MPBT	0	マルチプロセッサビットが0のデータを送信
	1	マルチプロセッサビットが1のデータを送信

図9・5 SCIのコントロールレジスタ(その2)

図9・6 SIC のブロック図

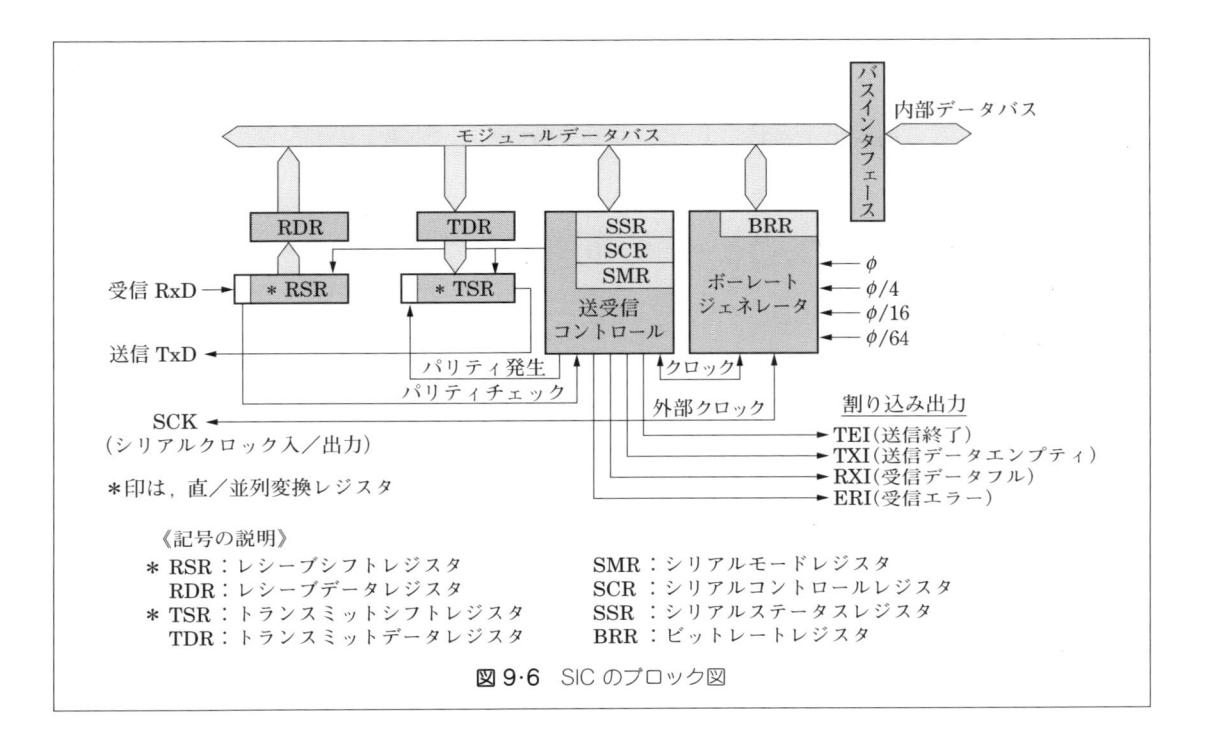

ク同期式モードのどちらにするか,ストップビットは1 bitか2 bitか,パリティビットを追加するか,するのなら奇数パリティか偶数パリティか,データ長は7 bitか8 bitか,などを設定します。CKS1,CKS0ビットではボーレートジェネレータのクロックソースを決定します。なお,クロック同期式モードを選択した場合,データ長は8 bitに固定されます。

- ◆ シリアルコントロールレジスタ **SCR**(図9・4(2)): SCI の送信/受信動作,調歩同期式モードでのシリアルクロック出力,割り込み要求の許可/禁止,および送/受信クロックソースの選択などを行うレジスタです。割り込み要求は,TDR の送信データが TSR に転送されて空になったとき,または RSR の受信データが RDR に転送されて受信データフルになったとき発生します。
- ◆ シリアルステータスレジスタ **SSR**(図9・5): SCI の動作状態を示すステータスフラグのレジスタです。送信データや受信データがレジスタ内に格納されているかどうか,送/受信が正常に完了したかどうか,ある

いは送／受信エラーが発生したかどうかなどを読み取ることができます。これらのフラグをクリアするときは，例によって一度読み出してからクリアする‥という手順が指定されています。

9.3 シリアル送信テストプログラム

SCIのプログラムを組むとき，重要なのは初期設定とボーレートの設定です．以下，それらに重点を置いてシリアル送信テストプログラムを説明しましょう．

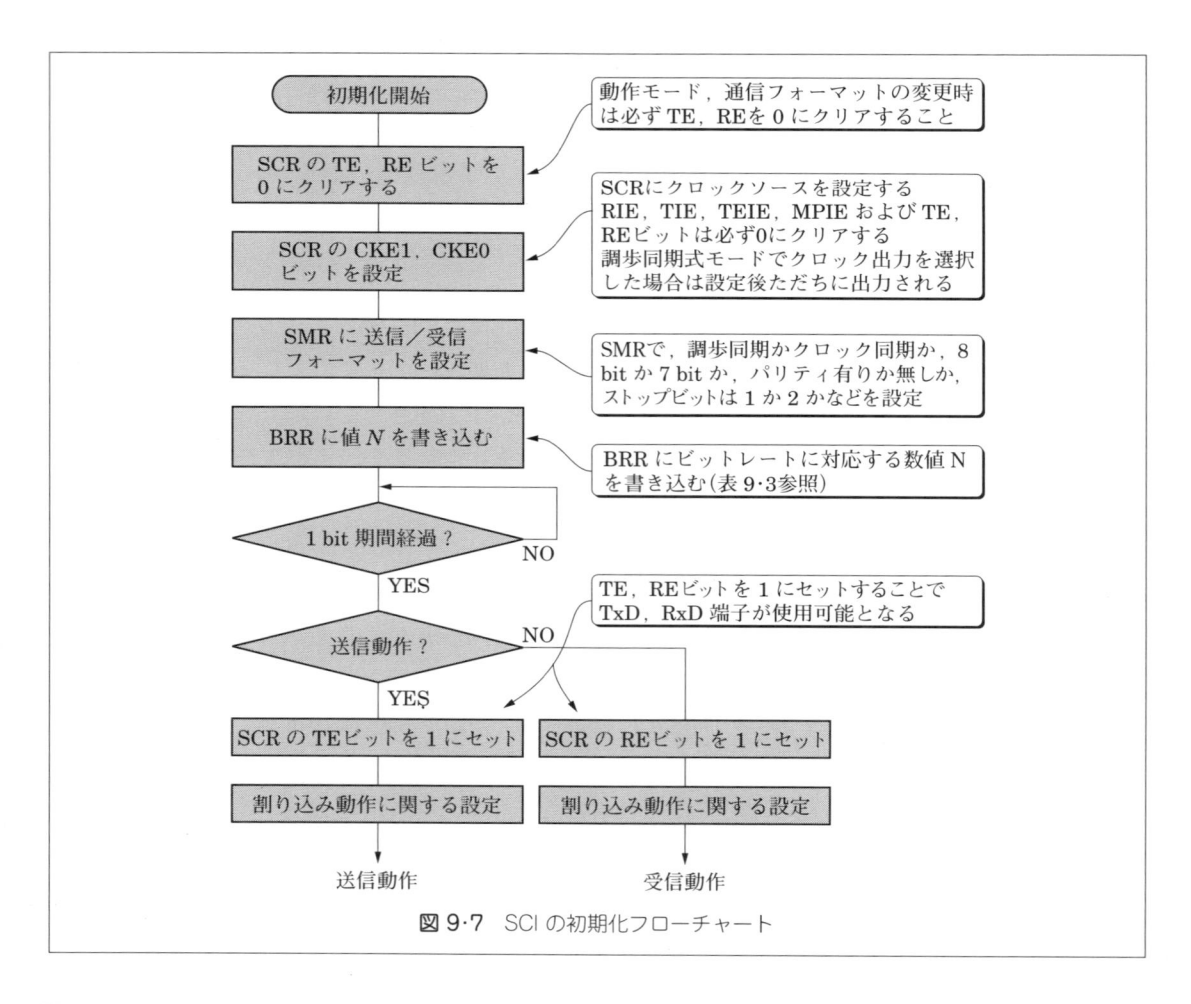

```
[初期化開始]
   ↓
SCRのTE，REビットを0にクリアする ← 動作モード，通信フォーマットの変更時は必ずTE，REを0にクリアすること
   ↓
SCRのCKE1，CKE0ビットを設定 ← SCRにクロックソースを設定する RIE，TIE，TEIE，MPIEおよびTE，REビットは必ず0にクリアする 調歩同期式モードでクロック出力を選択した場合は設定後ただちに出力される
   ↓
SMRに送信／受信フォーマットを設定 ← SMRで，調歩同期かクロック同期か，8bitか7bitか，パリティ有りか無しか，ストップビットは1か2かなどを設定
   ↓
BRRに値Nを書き込む ← BRRにビットレートに対応する数値Nを書き込む（表9·3参照）
   ↓
<1 bit 期間経過？> NO→(ループ)
   ↓YES
<送信動作？> NO→ SCRのREビットを1にセット → 割り込み動作に関する設定 → 受信動作
   ↓YES
SCRのTEビットを1にセット
   ↓
割り込み動作に関する設定
   ↓
送信動作

TE，REビットを1にセットすることでTxD，RxD端子が使用可能となる
```

図9·7 SCIの初期化フローチャート

●1● SCIの初期化

送/受信操作の前に，必ずSCIの初期化を行います．手順はおよそ図9・7のようになります．

- **SCR の TE，RE ビットをゼロにクリア**：送/受信操作の前に必ず TE，RE ビットをクリアするようマニュアルに指定されています．動作モードの変更，通信フォーマットの変更などのときにも必ず行います．
- **CKE 1，CKE 0 の設定**：TE，RE を「0」にしておいて，CKE 1，CKE 0 ビットでクロックソースを設定します．これは表 9・1 を参照してください．
- **SMR の設定**：ここで，調歩同期かクロック同期か，8 bit か 7 bit か，パリティの有無，ストップビットなどの設定を行います．これは図 9・4 でも説明しましたが，表 9・2 も参考にしてください．
- **ビットレートの設定**：ビットレートを決定する数値 N を次節で説明する方法で算出し，それを BRR に書き込みます．
- **送/受信動作の設定**：ここで 1 bit 期間時間が経過するのを待ってから，送信なら SCR の TE ビットを「1」に，受信なら SCR の RE ビットを「1」にセットします．このあと割り込み動作に関する設定を，TIE ビット，RIE ビット，TEIE ビットなどでそれぞれ行います．

表9・1 SMR，SCRの設定とSCIのクロックソースの選択

SMR	SCR の設定		モード	SCI の送/受信クロック	
bit 7	bit 1	bit 0		クロックソース	SCK 端子の機能
C/$\overline{A}$	CKE 1	CKE 0			
0	0	0	調歩同期式	内部	SCI は，SCK 端子を使用しません
		1			ビットレートと同じ周波数のクロックを出力
	1	0		外部	ビットレートの 16 倍の周波数のクロックを入力
		1			
1	0	0	クロック同期式	内部	同期クロックを出力
		1			
	1	0		外部	同期クロックを入力
		1			

表9・2　SMRの設定とSCIの送／受信フォーマット

SMRの設定					モード	SCIの送／受信フォーマット			
bit 7 C/$\overline{A}$	bit 6 CHR	bit 2 MP	bit 5 PE	bit 3 STOP		データ長 (bit)	マルチプロセッサビット	パリティビット	ストップビット長 (bit)
0	0	0	0	0	調歩同期式	8 bit	なし	なし	1 bit
				1					2 bit
			1	0				あり	1 bit
				1					2 bit
	1		0	0		7 bit		なし	1 bit
				1					2 bit
			1	0				あり	1 bit
				1					2 bit
	0	1	—	0	調歩同期式(マルチプロセッサフォーマット)	8 bit	あり	なし	1 bit
			—	1					2 bit
	1		—	0		7 bit			1 bit
			—	1					2 bit
1	—	—	—	—	クロック同期式	8 bit	なし		なし

●2● ビットレートの設定

　前項，初期化の中に出てきたビットレート設定数値 N の求め方を説明しましょう．この数値 N を決める要素としては，ビットレート B，クロック周波数 ϕ，ボーレートジェネレータ入力クロック比 n などがあります．

　表9・3は，調歩同期式モードのときの N を求める表で，これは計算なしに求められます．計算で求める場合は**表9・4**の式で行います．n とクロック ϕ の関係は図中の表のようになります．これに合わせて SMR の CKS 1，CKS 0 を設定してください．設定誤差は，30 kbit/s 以下の場合なら 1 % 以内に納まっているようです．

9.3 シリアル送信テストプログラム

表9・3 ビットレート B に対する BRR 設定値 N の例〔調歩同期式モード〕

ϕ (MHz) $\diagdown N$ B (bit/s)	13			14			14.7456			16			18		
	n	N	誤差(%)	n	N	誤差(%)	n	N	誤差(%)	n	N	誤差(%)	n	N	誤差(%)
110	2	230	-0.08	2	248	-0.17	3	64	0.70	3	70	0.03	3	79	-0.12
150	2	168	0.16	2	181	0.16	2	191	0.00	2	207	0.16	2	233	0.16
300	2	84	-0.43	2	90	0.16	2	95	0.00	2	103	0.16	2	116	0.16
600	1	168	0.16	1	181	0.16	1	191	0.00	1	207	0.16	1	233	0.16
1200	1	84	-0.43	1	90	0.16	1	95	0.00	1	103	0.16	1	116	0.16
2400	0	168	0.16	0	181	0.16	0	191	0.00	0	207	0.16	0	233	0.16
4800	0	84	-0.43	0	90	0.16	0	95	0.00	0	103	0.16	0	116	0.16
9600	0	41	0.76	0	45	-0.93	0	47	0.00	0	51	0.16	0	58	-0.69
19200	0	20	0.76	0	22	-0.93	0	23	0.00	0	25	0.16	0	28	1.02
31250	0	12	0.00	0	13	0.00	0	14	-1.70	0	15	0.00	0	17	0.00
38400	0	10	-3.82	0	10	3.57	0	11	0.00	0	12	0.16	0	14	-2.34

表9・4 BRR に書き込む数値 N の求め方

〔調歩同期式モード〕 $\quad N = \dfrac{\phi}{64 \times 2^{2n-1} \times B} \times 10^6 - 1$

〔クロック同期式モード〕 $\quad N = \dfrac{\phi}{8 \times 2^{2n-1} \times B} \times 10^6 - 1$

B：ビットレート(bit/s)
N：ボーレートジェネレータの BRR の設定値($0 \leq N \leq 255$)
ϕ：動作周波数(MHz)
n：ボーレートジェネレータ入力クロック($n = 0, 1, 2, 3$)
　(nとクロックの関係は下表を参照)

n	クロック	SMR の設定値	
		CKS 1	CKS 0
0	ϕ	0	0
1	$\phi/4$	0	1
2	$\phi/16$	1	0
3	$\phi/64$	1	1

●3● プログラムの流れ

シリアル送信テストプログラムのフローチャートは，図9・8のようになります。

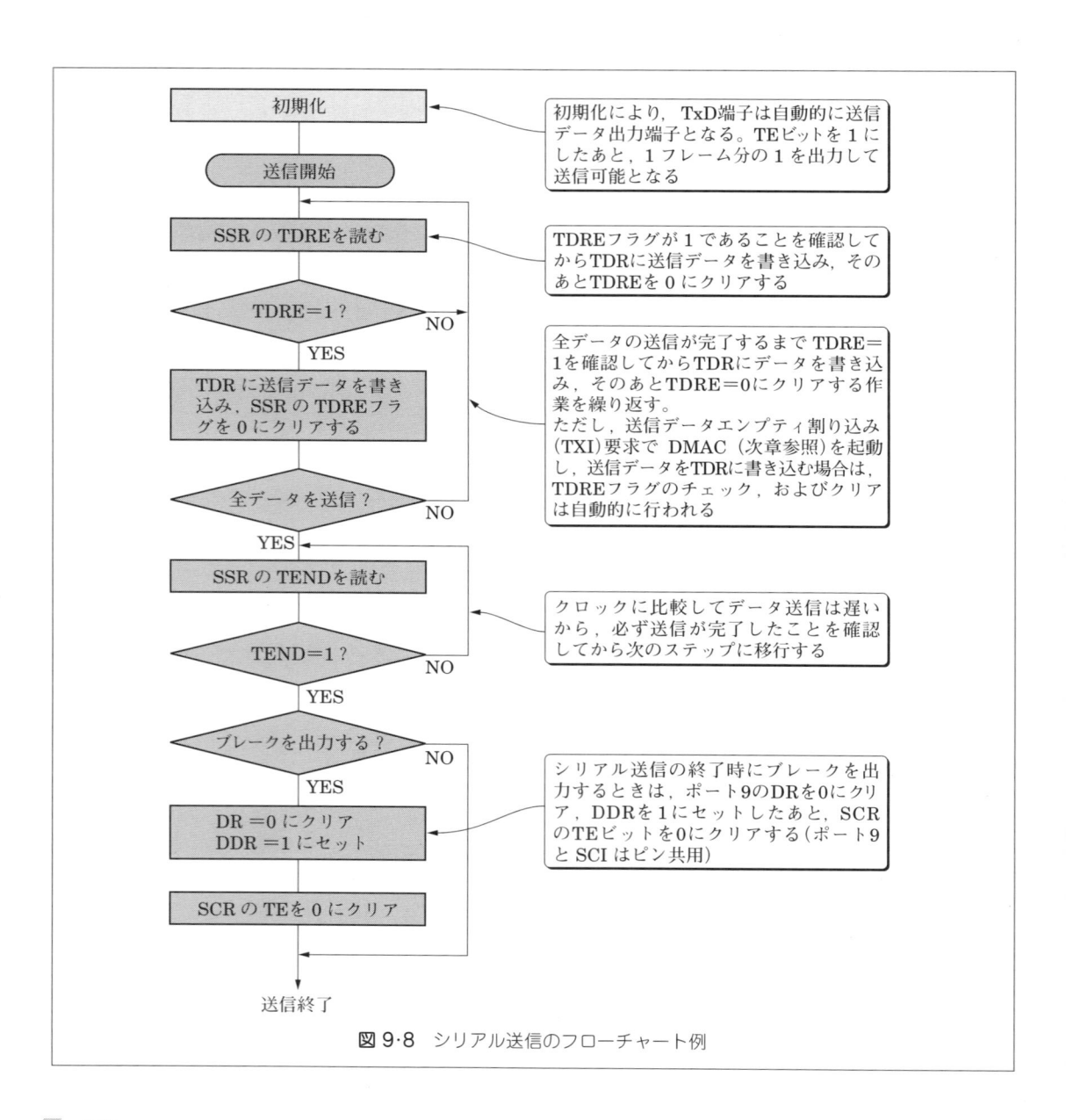

```
         ┌──────────┐
         │  初期化   │◄──── 初期化により，TxD端子は自動的に送信
         └──────────┘      データ出力端子となる。TEビットを1に
              │            したあと，1フレーム分の1を出力して
         ┌──────────┐      送信可能となる
         │ 送信開始  │
         └──────────┘
              │
         ┌──────────────┐
    ┌───►│ SSRのTDREを読む│◄──── TDREフラグが1であることを確認して
    │    └──────────────┘      からTDRに送信データを書き込み，その
    │         │                あとTDREを0にクリアする
    │       ◇TDRE=1?◇──NO──┐
    │         │YES          │
    │    ┌──────────────┐  │    全データの送信が完了するまでTDRE=
    │    │TDRに送信データを書│◄─┤   1を確認してからTDRにデータを書き込
    │    │き込み，SSRのTDREフ│  │   み，そのあとTDRE=0にクリアする作
    │    │ラグを0にクリアする │  │   業を繰り返す。
    │    └──────────────┘  │   ただし，送信データエンプティ割り込み
    │         │             │   (TXI)要求でDMAC(次章参照)を起動
    │       ◇全データを送信?◇─NO┘   し，送信データをTDRに書き込む場合は，
    │         │YES                 TDREフラグのチェック，およびクリア
    │    ┌──────────────┐          は自動的に行われる
    │    │ SSRのTENDを読む │◄──── クロックに比較してデータ送信は遅い
    │    └──────────────┘         から，必ず送信が完了したことを確認
    │         │                   してから次のステップに移行する
    │       ◇TEND=1?◇──NO──┐
    │         │YES           │
    │       ◇ブレークを出力する?◇─NO─┐
    │         │YES                    │
    │    ┌──────────────┐            │   シリアル送信の終了時にブレークを出
    │    │ DR=0にクリア    │◄────────┤   力するときは，ポート9のDRを0にクリ
    │    │ DDR=1にセット   │            │   ア，DDRを1にセットしたあと，SCR
    │    └──────────────┘            │   のTEビットを0にクリアする(ポート9
    │         │                       │   とSCIはピン共用)
    │    ┌──────────────┐            │
    │    │SCRのTEを0にクリア│            │
    │    └──────────────┘            │
    │         │◄────────────────────┘
    │    ┌──────────┐
    │    │ 送信終了  │
    │    └──────────┘
```

図9・8 シリアル送信のフローチャート例

- **初期化**：すでに述べた手順で初期化します。これが終わるとTxD端子は自動的に送信データ出力端子となります。また，TEビットを「1」にしてから1フレーム(10〜12 bit)の「1」を出力するのに相当する時間が経過すると，送信可能状態となります。
- **TDRエンプティ?**：ここでSSRのTDREビットが「1」になる(TDRが空になる)のを待って送信データを1BのTDRに書き込みます。そのあと，このTDREフラグを「0」にクリアします。これは，いま書き込んだデータの送信が終了して再びTDRが空になったとき，それをフラグで知って次のデータを書き込むための準備です。この動作は全データの送信が終了するまで繰り返されます。
- **全データ送信終了?**：最終バイトのデータをTDRに書き込んだら，そのバイトの送信が完了するまで(SSRのTENDが「1」になるまで)待ち，これで送信完了です。
- **ブレーク出力**：もし，送信完了時にブレークを出力するのなら，SCIと端子を共用しているI/Oポート9に設定を行います。ポート9のDRを「0」にクリアし，DDRを「1」にセットします。これでポートは「0」を出力する状態となるので，SCRレジスタのTEビットを「0」(送信停止)にクリアすれば，TxD端子からは「0」が連続出力され，ブレーク状態となります。

●4● シリアル送信テストプログラム

このテストプログラムでは，SW-5のデータ(並列8 bit)を読み込み，それをそのまま送信データとするようにしました。できあがったプログラムは，図**9・9**のとおりです。以下，順に説明しましょう。

- **CPUの指定〜シンボルの定義(4〜17行)**：この部分はもう説明の必要がないでしょう。主にSCI内部レジスタのシンボルを定義しました。P2DRとSW_D5はSW-5データの読み込み／保存用です。
- **セクションの宣言(19行)**：ROMのコードセクション(プログラム領域)がH'000100番地から始まることを宣言しています。
- **初期化(21〜34行)**：スタックポインタSP(ER7)とポート2の設定はいままでどおりです。FETプルアップもやります。
- **SCR0，SMR0レジスタの設定(26〜28行)**：SCR0，SMR0とも，H'

第9章　SCIによるシリアルデータ送信

```
 1  ;*********************************************************
 2  ;*            シリアル送信テストプログラム           SERIAL0.MAR *
 3  ;*********************************************************
 4            .CPU  300HA            ;CPUの指定
 5            .SECTION VECT, CODE, LOCATE=H'000000 ; セクションの宣言
 6  RES       .DATA.L INIT            ;ラベルINIT：以降にプログラム領域を確保
 7
 8  ;--------------------シンボルの定義--------------------
 9  SW_D5     .EQU  H'FFEF10         ;SW-5(8bit-DIP)の状態を記憶するRAMの番地
10  P2DR      .EQU  H'FFFFC3         ;PORT2入力データレジスタを指定する番地
11  SMR0      .EQU  H'FFFFB0         ;シリアルモードレジスタ0を指定する番地
12  BRR0      .EQU  H'FFFFB1         ;ビットレートレジスタ0を指定する番地
13  SCR0      .EQU  H'FFFFB2         ;シリアルコントロールレジスタ0を指定する番地
14  TE        .BEQU 5,SCR0           ;トランスミットイネーブル(SCR0のbit5)
15  TDR0      .EQU  H'FFFFB3         ;トランスミットデータレジスタ0を指定する番地
16  SSR0      .EQU  H'FFFFB4         ;シリアルステータスレジスタ0を指定する番地
17  TDRE      .BEQU 7,SSR0           ;トランスミットデータエンプティ(SSR0のbit7)
18  ;
19            .SECTION ROM,CODE,LOCATE=H'000100    ;セクションの宣言
20  ;
21  INIT:     MOV.L #H'FFFF10,ER7    ;スタックポインタの設定
22            MOV.B #H'00,R0L        ;ポート2を入力ポートに設定するため
23            MOV.B R0L,@H'FFFFC1    ;コントロールレジスタに"H'00"を書き込む
24            MOV.B #H'FF,R0L        ;ポート2の入力端を内蔵FETでプルアップするため
25            MOV.B R0L,@H'FFFFD8    ;コントロールレジスタに"H'FF"を書き込む
26            MOV.B #B'00000000,R0L  ;R0Lに"H'00"を書き込んでそれをSCR0,SMR0に転送
27            MOV.B R0L,@SCR0        ;RIE,TIE,TEIE,MPIE,TE,RE="0"に,クロックを選択
28            MOV.B R0L,@SMR0        ;送信フォーマット設定(調歩,8bit,NP,stop1bit)
29            MOV.B #51,R0L          ;ビットレート設定のためBRR0に"#51"を書き込む
30            MOV.B R0L,@BRR0        ;この場合は9600bit/sに設定される
31            MOV.B #B'10101010,R0L  ;SW_D5に初期値として"10101010"を書き込む
32            MOV.B R0L,@SW_D5       ;
33            JSR   @TIME10          ;1bit以上の期間待って初期化完了
34            BSET  TE               ;送信を許可する
35  RDFLG:    BTST  TDRE             ;送信データは空か？（送信完了でTDRE=1になる）
36            BEQ   RDFLG            ;空でなければ空になるまで待つ(RDFLGにジャンプ)
37            MOV.B @SW_D5,R0L       ;空なら送信データ(SW_D5の内容)を
38            MOV.B R0L,@TDR0        ;TDR0に書き込む
39            BCLR  TDRE             ;TDREを"0"にして8bit分の送信を開始する
40            MOV.B @P2DR,R0L        ;SW-5の状態(変化)をSW_D5に読み込む
41            MOV.B R0L,@SW_D5       ;8bit分の送信が完了するまで
42            JMP   @RDFLG           ;RDFLGにジャンプして待つ
43  ;
44  TIME10:   MOV.L #H'80,ER6        ;約80μSのタイマルーチン
45  TIME11:   SUB.L #1,ER6           ;ER6レジスタにH'80を書き込み
46            BNE   TIME11           ;それが"0"になるまで"1"ずつ減算を繰り返す
47            RTS                    ;元のルーチンへ戻る
48  ;
49            .END
```

図9・9　シリアル送信テストプログラム

00 を書き込みます。SCR 0 では送／受信動作や割り込み動作をすべて禁止，クロックは調歩同期式モードの内部クロックに設定し，SMR 0 では調歩同期式モード，ビット長 8 bit，パリティなし，1 ストップビット，クロックは ϕ（16 MHz）など送信フォーマットを設定します。

◆ ビットレートの設定（29～30 行）：ビットレートは 9600 bit/s とすることにしました。表 9・3 から対応する $N = 51$（$\phi = 16$ MHz，$n = 0$）を拾って BRR 0 に書き込みます。

◆ 送信データ初期値の設定（31～32 行）：まだ SW-5 から送信データを読み込んでいないので，とりあえずデータの初期値として SW_D 5 に H' AA（10101010）を書き込んでおきます。

◆ 送信許可（33～34 行）：ここで 1 bit 以上の期間待って（タイマサブルーチン TIME 10：を使う）から SCR 0 の bit 5（TE）を「1」にセットすれば，送信が開始されます。

◆ 送信ルーチン **RDFLG**：（35～42 行）：ここからは 1 B ずつの送信作業になります。図 9・8 のフローのように，TDR 0 の送信データが空になるのを待って次のデータ（@SW_D 5）を送り込み，再びそれが空になるまで待って‥を繰り返します。これは無限ループのプログラムです。このプログラムでは SW-5 のデータが変化すればそれは直ちに送信データとなって出力されます。

●5● 実験

できあがったプログラム名は serialo.mar としました。これをアセンブルして serialo.mot を作成し，それを H 8/3048 F に書き込みます。起動するとすぐにマザーボード CN-4 の 7 ピン*（TxD$_0$）からシリアルデータが出力されます。その波形が図 **9・10**（または写真 **9・1**）です。

ここで SW-5 をいろいろと切り換えてみてください。オシロ画面で RS 232 C 出力波形の変化が観測されます。この信号は 0～5 V の論理レベルと異なり ±10 V 程度と電圧が大きく，GND に対し「1」と「0」が対称電圧で出てきます。また，波形データの「1」と「0」の組み合わせが不規則になるので，オシロ画面の同期が取りにくくなります。同期調整にホールドオフ機能があれば，それを利用すると不規則波形でも静止して観測できると思います。

*CN-4 の 7 ピンは，マザーボードではオープン端子（どこにも接続されていない）となっています。

ホールドオフ
　オシロスコープで複雑なパルス列などを観測する場合，同期がとれているのに波形が二重になってしまうことがあります。このとき水平軸の周期を変えて，観測信号の基本周期と一致するように調節できる機能があれば，波形が重ならずに観測できます。それがホールドオフ機能です。

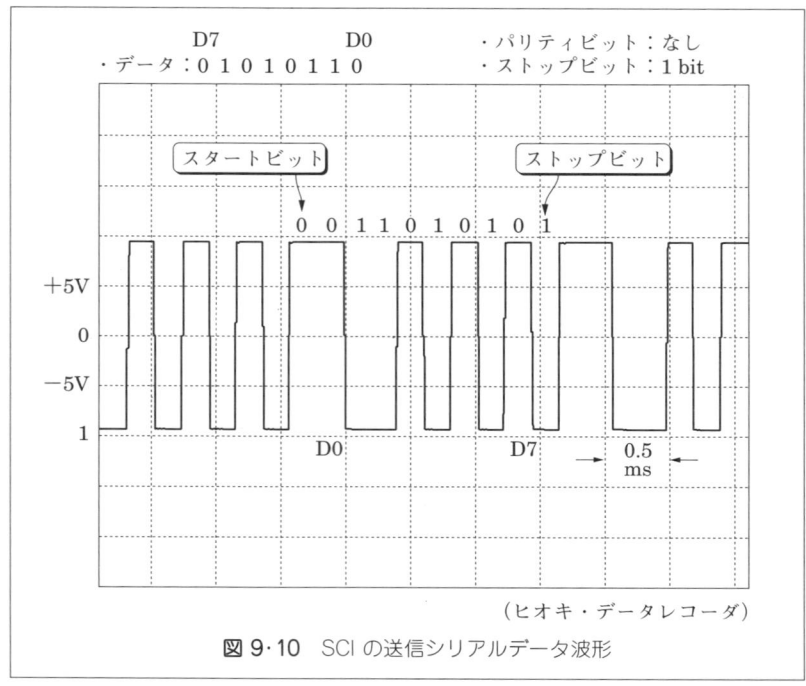

第9章 SCIによるシリアルデータ送信

図9・10 SCIの送信シリアルデータ波形
（ヒオキ・データレコーダ）

・データ：0 1 0 1 0 1 1 0
・パリティビット：なし
・ストップビット：1 bit

スタートビット　ストップビット
0 0 1 1 0 1 0 1 0 1

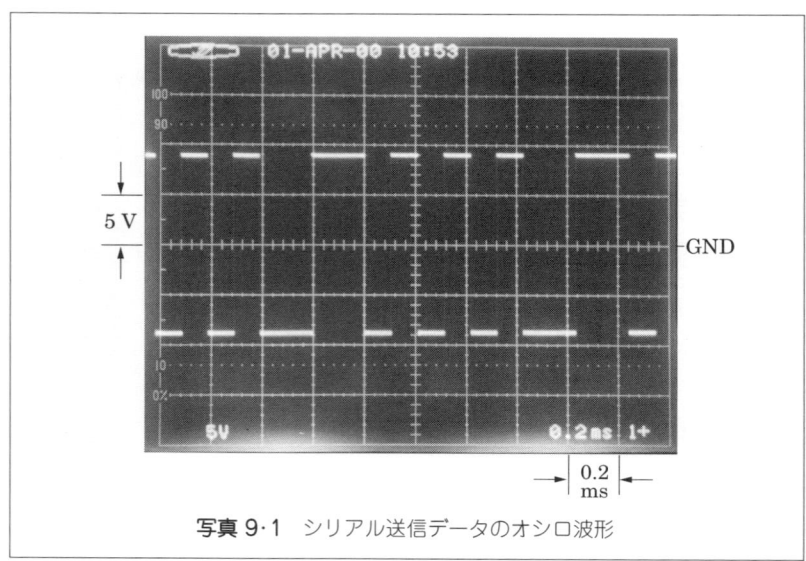

写真9・1 シリアル送信データのオシロ波形

なお，この実験でもLCD表示は省略しました．また，今回はシリアル受信の実験をしませんでしたが，チャレンジしたい方は，付録(p.229)にフローチャートを載せておきましたから参考にしてください．

DMAC で 4 相パルス生成

第 10 章

　CPU 周辺装置の一つですが，他の周辺装置からの割り込みなどで起動され，独立した働きでデータ転送する機能の周辺回路を DMAC（ダイレクト・メモリ・アクセス・コントローラ）といいます．前章までは，周辺回路から割り込み要求を発生し，それに対応する割り込み処理ルーチンで CPU にデータ転送などの働きをさせてきましたが，この DMAC を使うと，CPU に頼らないデータ転送が可能となります．

　本章では，第 8 章の実験で ITU と TPC を使って生成した 4 相ノンオーバラップパルスを，ITC，TPC，および DMAC の組み合わせで生成してみます．第 8 章の場合，ITU の GRA コンペアマッチで割り込み要求が出され，それに対応する割り込み処理ルーチンで，CPU が ROM に書き込まれている波形データを TPC の NDRB レジスタに転送しました．こんどは DMAC に対し ITU から割り込み要求（実際は割り込み動作ではなく転送動作の起動）を行い，これによって DMAC が ROM から直接（CPU を介さず）波形データを NDRB に転送するようにします．

10.1　H 8/3048 F 内蔵 DMAC の働き

● 1 ● DMAC の概要

　DMAC の基本的な働きについては 1・3 節の 4 で説明しましたが，ここで改めて図 **10・1** のブロック図を見ながらその機能概要をお話ししましょう．
・DMAC の動作モードは，ショートアドレスモード，フルアドレスモードに 2 大別されます．

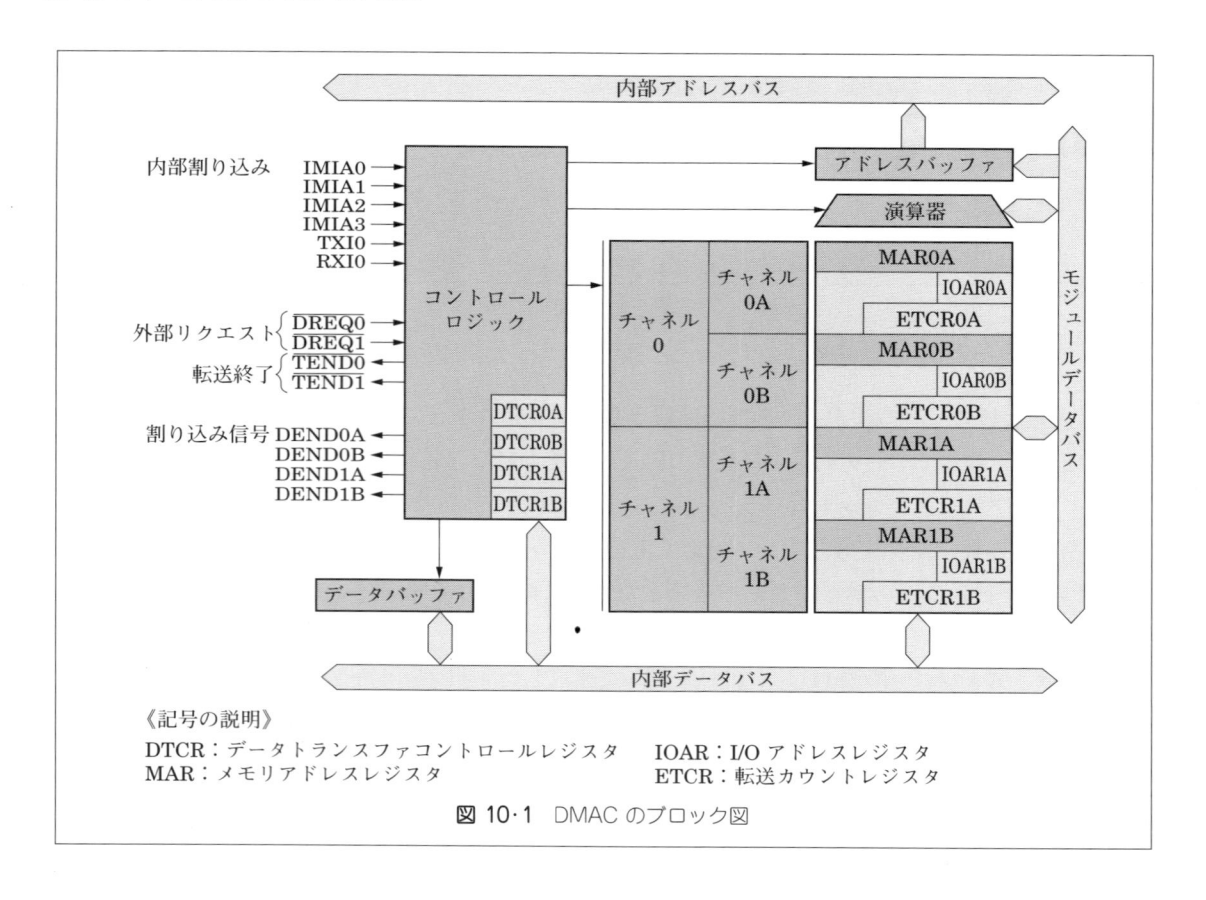

第10章 DMACで4相パルス生成

図10·1 DMACのブロック図

《記号の説明》
DTCR：データトランスファコントロールレジスタ
MAR：メモリアドレスレジスタ
IOAR：I/Oアドレスレジスタ
ETCR：転送カウントレジスタ

・ショート アドレス モードは，さらにI/Oモード，アイドルモード，リピートモードの何れかに分けて選択されます．そして，転送元または転送先どちらかの番地を24 bitで，他方の番地を8 bitでそれぞれ指定し，最大4チャネルまでの転送が可能です．

・フル アドレス モードは，さらにノーマルモードとブロック転送モードに分けられます．転送元および転送先の番地はそれぞれ24 bitで指定し，最大2チャネルまで使用可能です．なお，フル アドレス モード，ショート アドレス モードどちらの場合も，指定できる番地範囲（アドレス空間）は16 MBまで直接指定が可能で，転送単位もB/W（2 B）どちらにも設定できます．

今回はDMACをリピートモードに設定し，1サイクル分の波形データを書き込んだROMから，TPCのNDRBレジスタに対し，波形データを

1Bずつ順に，割り込み発生のたびに転送させます。そして1サイクル分全部のデータ転送が終わると，再び同じ1サイクルのデータ転送を繰り返す方式で波形を生成します。したがって，以下の説明はリピートモードを中心に行います。

●2● コントロールレジスタによるDMACの設定

図10·1に示すように，DMACは多くの内部レジスタを持っています。これらのレジスタの使い方は以下のとおりです。

◆ **メモリアドレスレジスタMAR**：図10·2(1)を見てください。データ転送元，または転送先の番地を書き込むレジスタです。32bitレジスタですが，実質的にはH8/3048Fのアドレス空間に合わせ，上位8bitを固

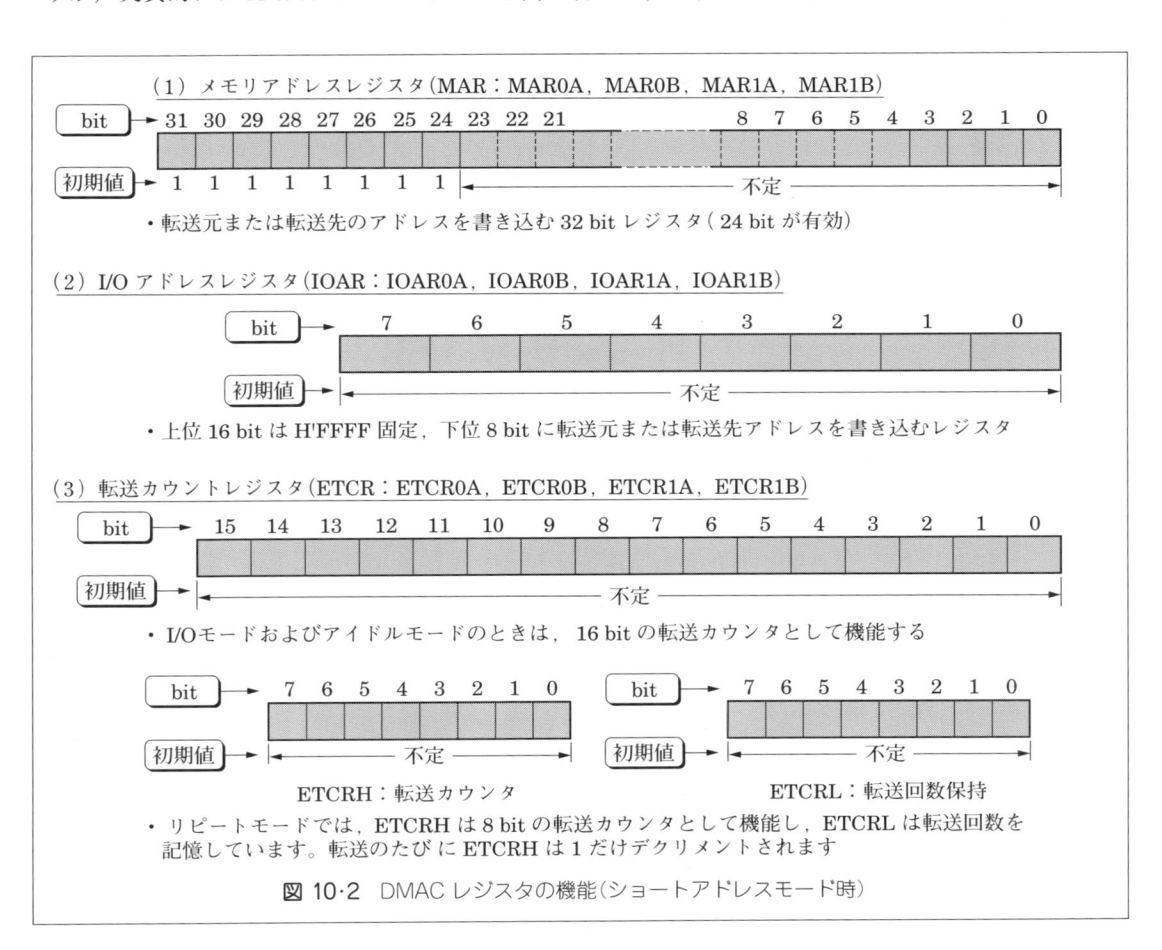

```
(1) メモリアドレスレジスタ(MAR：MAR0A，MAR0B，MAR1A，MAR1B)
 bit   31 30 29 28 27 26 25 24 23 22 21 … 8 7 6 5 4 3 2 1 0
 初期値  1  1  1  1  1  1  1  1 ←────── 不定 ──────→
 ・転送元または転送先のアドレスを書き込む32bitレジスタ(24bitが有効)

(2) I/Oアドレスレジスタ(IOAR：IOAR0A，IOAR0B，IOAR1A，IOAR1B)
 bit   7 6 5 4 3 2 1 0
 初期値 ←── 不定 ──→
 ・上位16bitはH'FFFF固定，下位8bitに転送元または転送先アドレスを書き込むレジスタ

(3) 転送カウントレジスタ(ETCR：ETCR0A，ETCR0B，ETCR1A，ETCR1B)
 bit   15 14 13 12 11 10 9 8 7 6 5 4 3 2 1 0
 初期値 ←──────── 不定 ────────→
 ・I/Oモードおよびアイドルモードのときは，16bitの転送カウンタとして機能する

 bit   7 6 5 4 3 2 1 0        bit   7 6 5 4 3 2 1 0
 初期値 ←── 不定 ──→         初期値 ←── 不定 ──→
  ETCRH：転送カウンタ              ETCRL：転送回数保持

 ・リピートモードでは，ETCRHは8bitの転送カウンタとして機能し，ETCRLは転送回数を
  記憶しています．転送のたびにETCRHは1だけデクリメントされます
```

図10·2 DMACレジスタの機能(ショートアドレスモード時)

定した 24 bit レジスタとなっています。この MAR が転送元になるか転送先となるかは，DMAC の起動要因（DMAC の転送動作を起動するトリガ要因の種別）により自動的に決められます。

- **I/O アドレスレジスタ IOAR**：図 10・2(2)のレジスタです。転送元または転送先の番地を書き込むレジスタですが，8 bit レジスタなので番地指定に必要な残り上位 16 bit は H'FFFF に固定されています。したがって，レジスタ類の番地指定に使われます。

- **転送カウントレジスタ ETCR**：図 10・2(3)のレジスタです。このレジスタはモードによって使われ方が異なります。I/O モード，およびアイドルモードのときは 16 bit の転送カウンタとして機能します。

   リピートモードでは上位 8 bit と下位 8 bit で用途が異なります。初期設定時にはデータ転送回数（転送バイト数）を両レジスタに同時に書き込みますが，そのあと上位 8 bit は転送回数のカウンタとして機能し，下位 8 bit は転送回数そのものを記憶しておくレジスタとして使われます。

- **データトランスファコントロールレジスタ DTCR**：こんどは図 **10・3** を見てください。DMAC の主要な機能設定はこのレジスタで行います。

- **ショートアドレス／フルアドレスモードの設定**：DTCR レジスタには A レジスタグループと B レジスタグループがあり，A レジスタの DTS 2，DTS 1 ビットで，図中の表のようにショートアドレスモードかフルアドレスモードかの設定を行います。

- **DMAC データ転送起動要因の設定**：DTS 2～DTS 0 ビットで転送起動要因（転送トリガ）をどれにするか設定します。たとえば，ITU チャネル 0 のコンペアマッチで転送を起動したければ，DTS 2，DTS 1，DTS 0 を「000」にします。グループ A と B で，前項のように設定方法に多少の違いがありますから，詳しいことはマニュアルを参照してください。

- **ショートアドレスモードにおけるサブモードの設定**：I/O モード，リピートモード，およびアイドルモードは，RPE，DTIE ビットの 1 と 0 で選択します。

- **DTE と DTIE の設定**：DTE ビットを 1 にセット（データ転送許可）するには，DTE＝0 の状態を一度読み出してから 1 を書き込みます（マニュアルで指定された手順）。また，I/O モードまたはアイドルモードのとき，指定された回数の転送が完了すると DTE ビットが 0 にクリアさ

10.1 H8/3048F 内蔵 DMAC の働き

データトランスファコントロールレジスタ（DTCR0A, DTCR0B, DTCR1A, DTCR1B）

bit	7	6	5	4	3	2	1	0
	DTE	DTSZ	DTID	RPE	DTIE	DTS2	DTS1	DTS0
初期値	0	0	0	0	0	0	0	0

DTE		
	0	データの転送禁止
	1	データの転送許可

DTSZ		
	0	1バイト単位の転送
	1	1ワード単位の転送

DTID		
	0	データ転送後 MAR をインクリメント ① DTSZ=0 のとき，転送後 MAR を +1，② DTSZ=1 のとき，転送後 MAR を +2
	1	データ転送後 MAR をディクリメント ① DTSZ=0 のとき，転送後 MAR を -1，② DTSZ=1 のとき，転送後 MAR を -2

RPE	DTIE	説明
0	0	I/O モードで転送
0	1	
1	0	リピートモードで転送
1	1	アイドルモードで転送

DTIE		
	0	DTE による割り込み禁止
	1	DTE による割り込み許可

DTS2	DTS1	DTS0	DMAC の起動要因
0	0	0	ITU-CH0 コンペアマッチ／インプットキャプチャ A 割り込みで起動
0	0	1	ITU-CH1 コンペアマッチ／インプットキャプチャ A 割り込みで起動
0	1	0	ITU-CH2 コンペアマッチ／インプットキャプチャ A 割り込みで起動
0	1	1	ITU-CH3 コンペアマッチ／インプットキャプチャ A 割り込みで起動
1	0	0	SCI-CH0 の送信データエンプティ割り込みで起動
1	0	1	SCI-CH0 の受信データフル割り込みで起動
1	1	0	$\overline{DREQ}$ の立下りエッジ入力で起動（CH-B の場合）／フルアドレスモード転送を指定（CH-A の場合）
1	1	1	$\overline{DREQ}$ の LOW レベル入力で起動（CH-B の場合）／フルアドレスモード転送を指定（CH-A の場合）

＊DTCR0A, DTCR1A によるショートアドレス，フルアドレスの設定

チャネル	DTS2A	DTS1A	説明
0 (DTCR0A)	1	1	DMAC チャネル 0 は，1 チャネルのフルアドレスモード
	上記以外		DMAC チャネル 0A，チャネル 0B は，独立して 2 チャネルのショートアドレスモード
1 (DTCR1A)	1	1	DMAC チャネル 1 は，1 チャネルのフルアドレスモード
	上記以外		DMAC チャネル 1A，チャネル 1B は，独立して 2 チャネルのショートアドレスモード

図 10・3 DTCR による DMAC の設定

れますが，このとき，もし DTIE＝1 にセットされていれば，DMAC から割り込み要求が発生します。

- **DTSZ の設定**：このビットが 0 のときは 1 B サイズの転送，そして 1 のときは 1 W サイズ（2 B 単位）の転送が行われます。
- **DTID の設定**：このビットが 0 のときは，データ転送後，MAR に書き込まれている番地をインクリメント（番地を加算）し，1 なら MAR の番地をデクリメント（番地を減算）します。バイトサイズ転送のときは 1 番地ずつの加／減算，ワードサイズのときは 2 番地ずつの加／減算です。

●3● DMAC の起動要因と割り込み発生

前記のように DTCR の DTS 2〜DTS 0 ビットでデータ転送の起動要因を選択しますが，これは図 10・1 からわかるように，ITU チャネル 0〜3 からの要因 4 本，SCI チャネル 0 からの TXI，RXI 要因が 2 本（以上 6 本は内部割り込み），そして外部割り込み信号による起動が DREQ 0，DREQ 1 の 2 本となっています。

これに対し，DMAC から発生する割り込み要求は，すべて転送終了に伴うもので，DEND 0 A，DEND 0 B，DEND 1 A，DEND 1 B の 4 本です。

10.2 ITU, TPC, DMAC を使ったノンオーバラップ 4 相パルスの生成

●1● DMAC の初期化とプログラムの流れ

図 **10・4** は，DMAC をリピートモードで使うときの初期化の手順です。また図 **10・5** は，ハードウェア的な立場から，DMAC を使った 4 相ノンオーバラップパルス生成のメカニズムを説明したものです。これらを参照しながらプログラムの流れを説明しましょう。

・まず，転送元（ROM のデータ領域）の先頭番地を MAR に，そして転送先（この場合は TPC の NDRB レジスタ）の番地を IOAR に書き込みます。
・4 相ノンオーバラップ波形を生成するには波形データが必要です。今回は，隣接する波形が 1/2 ずつオーバラップし，パルス 4 発目ごとに頭が揃う，図 **10・6** のような変則 4 相パルスを生成してみることにしました。ま

インクリメント／ディクリメント

増加／減少のことですが，プログラム用語としては，ある命令を実行するごとに，メモリの番地を一定の単位ずつ進めたり（インクリメント），または同じステップで減少させたり（ディクリメント）することをいいます。

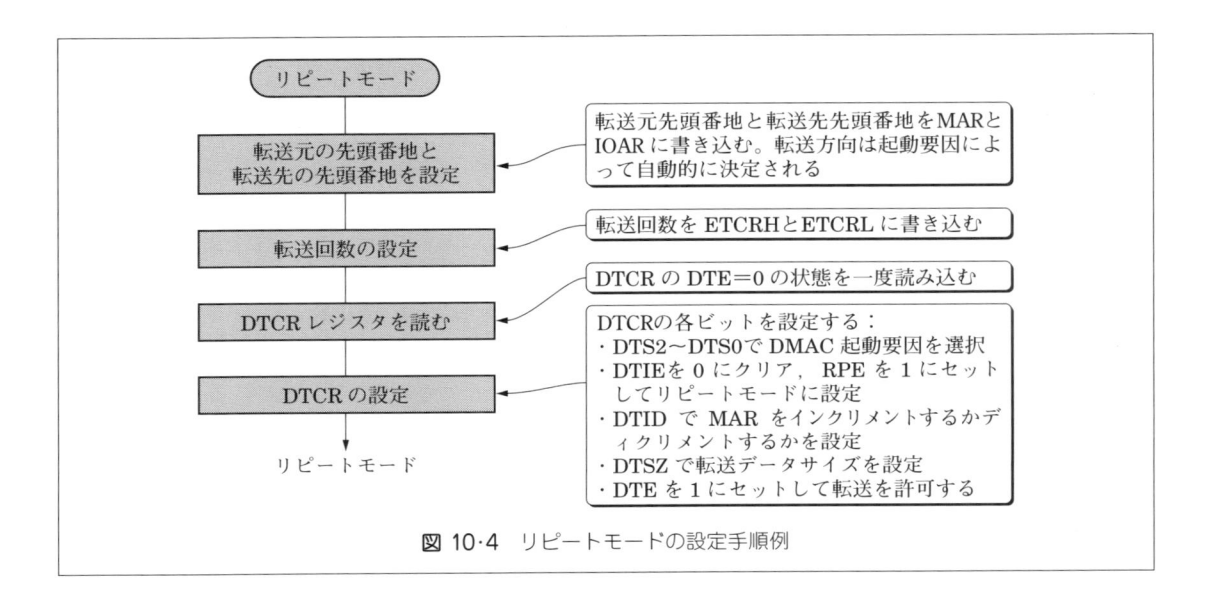

10.2 ITU, TPC, DMAC を使ったノンオーバラップ 4 相パルスの生成

リピートモード

- 転送元の先頭番地と転送先の先頭番地を設定 ← 転送元先頭番地と転送先先頭番地をMARとIOARに書き込む。転送方向は起動要因によって自動的に決定される
- 転送回数の設定 ← 転送回数を ETCRH と ETCRL に書き込む
- DTCR レジスタを読む ← DTCR の DTE＝0 の状態を一度読み込む
- DTCR の設定 ← DTCRの各ビットを設定する：
  ・DTS2～DTS0で DMAC 起動要因を選択
  ・DTIEを 0 にクリア，RPE を 1 にセットしてリピートモードに設定
  ・DTID で MAR をインクリメントするかディクリメントするかを設定
  ・DTSZ で転送データサイズを設定
  ・DTE を 1 にセットして転送を許可する
- リピートモード

図 10·4 リピートモードの設定手順例

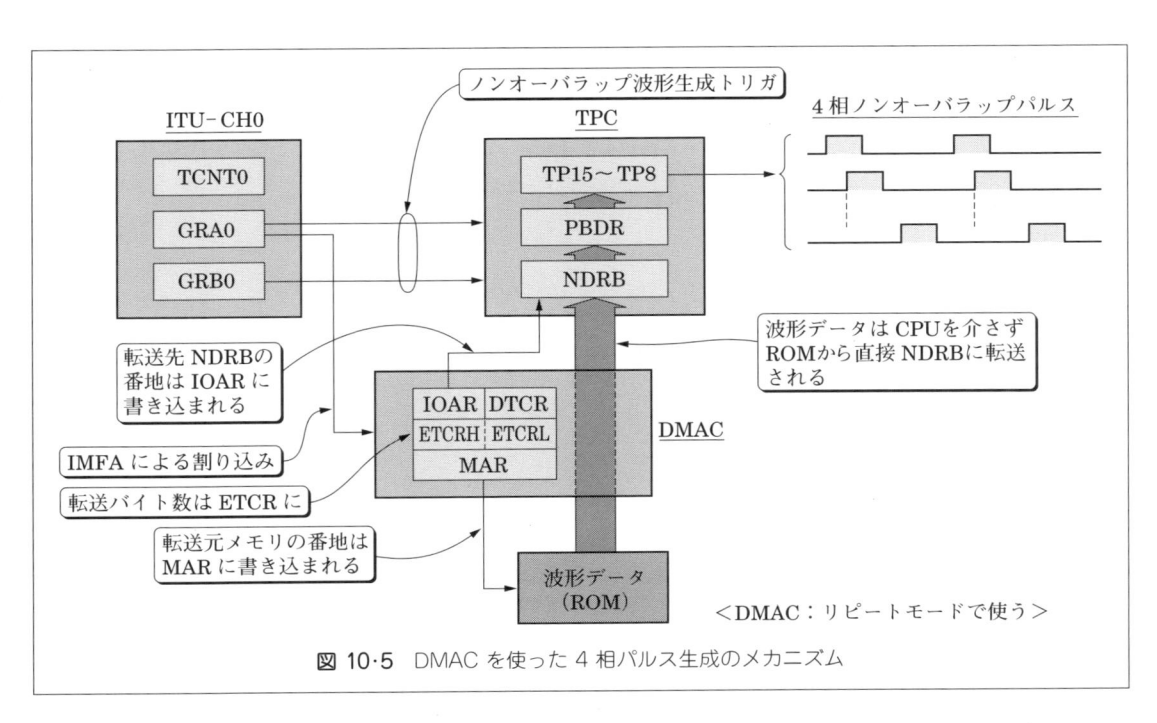

ITU-CH0: TCNT0, GRA0, GRB0

ノンオーバラップ波形生成トリガ

TPC: TP15～TP8, PBDR, NDRB

4 相ノンオーバラップパルス

DMAC: IOAR, DTCR, ETCRH, ETCRL, MAR

- 転送先 NDRB の番地は IOAR に書き込まれる
- IMFA による割り込み
- 転送バイト数は ETCR に
- 転送元メモリの番地は MAR に書き込まれる
- 波形データは CPU を介さず ROM から直接 NDRB に転送される

波形データ（ROM）

＜DMAC：リピートモードで使う＞

図 10·5 DMAC を使った 4 相パルス生成のメカニズム

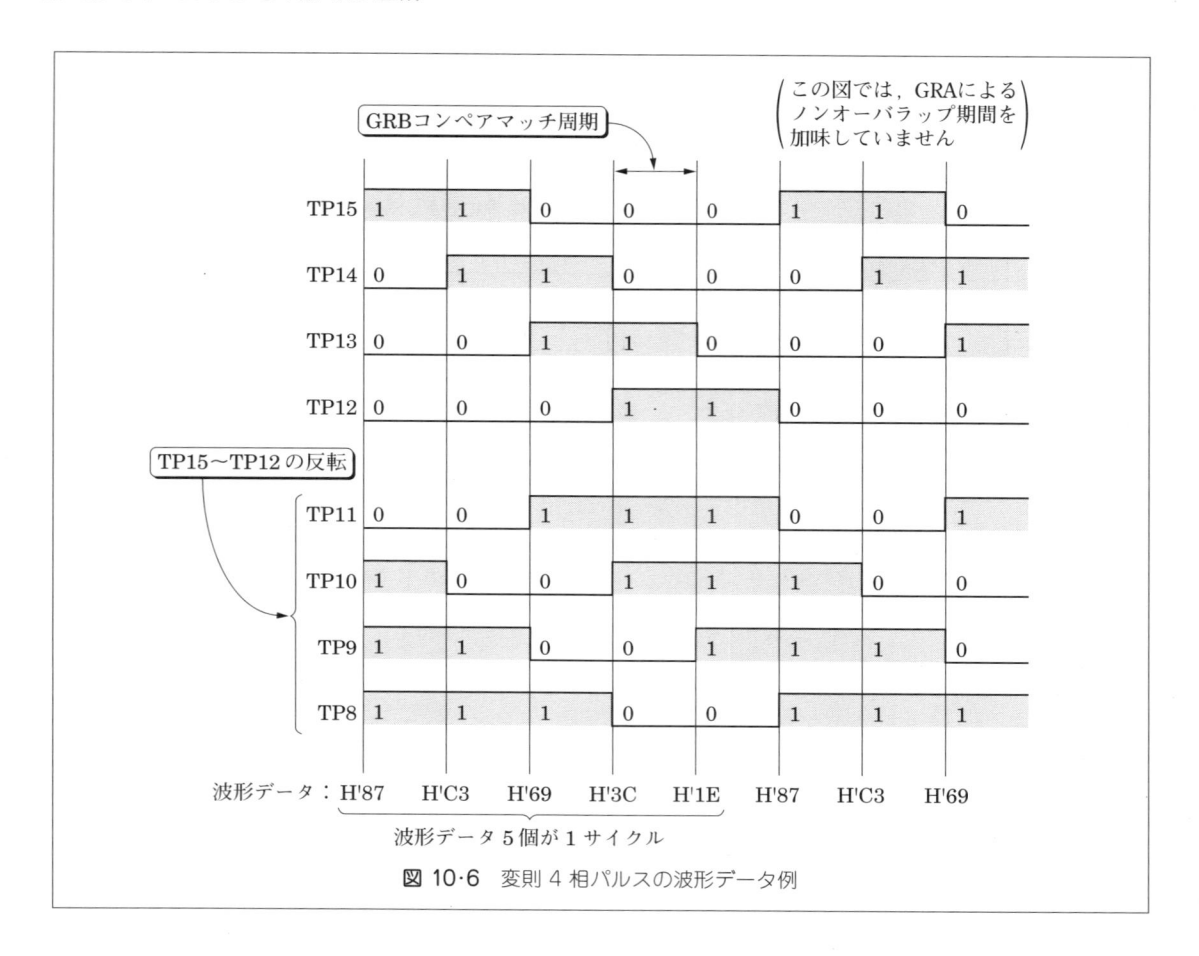

第10章　DMACで4相パルス生成

図10·6　変則4相パルスの波形データ例

た，TP15〜TP12のグループとTP11〜TP8のグループとで互いに位相が反対，しかも波形の立ち上がりと立ち下がりが重ならないノンオーバラップ波形としました。これをロジック回路で生成しようとすればそれなりにむずかしいと思いますが，このように複雑な波形でも簡単に得られるのがこの方式のミソだといえるでしょう。

なお，図10·6では，ノンオーバラップ部分まで含めて描くと複雑になるため，その部分は省略してあります。実験すれば生成された波形が観測できますから，それでノンオーバラップの実際を理解してください。波形データは5個で1サイクル分です。したがって転送回数「5」をETCRHとETCRLにそれぞれ書き込みます。

・続いて，DTCRレジスタのDTEビットに1を書き込む準備として，

前記のようにDTE＝0の状態を一度レジスタ(ER 0〜6どれでも可)に読み込みます。

このあと，以下のようにDTCRの各ビットを設定します。
- DTS 2〜DTS 0に「000」を書き込み，ITUチャネル0のコンペアマッチでDMACの転送が起動されるように設定します。
- DTIEに0，RPEに1を書き込んでリピートモードを設定します。
- DTIDに0を書き込んで，データ転送後MAR(の内容番地)をインクリメントするように設定します。
- DTSZに0を書き込んで，データ転送を1B単位で行うよう設定します。したがって，前項MARのインクリメントは＋1番地ずつとなります。
- DTEビットを1にして，DMACにデータ転送を許可します。

●2● プログラムの作成

図**10･7**が，できあがったノンオーバラップ4相パルス生成プログラムです。TPCを使った波形発生メカニズムは第8章とまったく同じです。ただ，波形データをNDRBに転送する方法が，第8章ではCPUが割り込み処理プログラムを実行することで行っていたものが，今回は，DMACによる転送に変更されただけです。したがってITUとTPCの設定に関する部分はほとんど第8章と同じと思ってよいでしょう。DMAC初期設定の部分が追加された形になっています。

- **CPUの指定〜シンボルの定義**(4〜28行)：24〜28行でDMACに関係するレジスタのシンボルを追加定義しました。
- **セクションの宣言**(30行)：PROGという名前のコード(プログラム)セクションがH'000100番地から始まることを宣言します。
- **ポート2の初期化**(32〜36行)：ポート2をプルアップ付きの入力ポートに設定します。ここから読み込んだSW-5のデータを，ROMデータ領域84〜85行のデータNONOVL：(GRA 0のタイミング数値)およびPERIOD：(GRB 0のタイミング数値)に乗算し，それをパルス波形のタイミング数値として使用します。
- **ITUとTPCの初期設定**(39〜62行)：39, 40行のTMDR設定は，CPUリセット直後の初期値と同じです。したがってこの場合は必要な設定ではありません。しかし，いままでの章でも省略してきたので，本当はこ

第10章　DMACで4相パルス生成

図10・7

```
 1  ;*********************************************************************
 2  ;*   ノンオーバラップ4相パルス生成プログラム(TPC&DMAC)　NOVL4PDMO.MAR　*
 3  ;*********************************************************************
 4              .CPU   300HA              ;CPUの指定
 5              .SECTION VECT, CODE, LOCATE=H'000000 ; セクションの宣言
 6  RES         .DATA. L INIT             ; ラベルINIT：以降にプログラム領域を確保
 7  ;--------------------シンボルの定義--------------------
 8  P2DR        .EQU       H'FFFFC3       ;ポート2の入力を読むデータレジスタ
 9  TSTR        .EQU       H'FFFF60       ;タイマスタートレジスタの番地
10  STR0        .BEQU      0,TSTR         ;TSTRのbit0(CH-0のカウント/停止制御)をSTR0と定義
11  TMDR        .EQU       H'FFFF62       ;タイマモードレジスタの番地
12  TCR0        .EQU       H'FFFF64       ;CH0のタイマコントロールレジスタの番地
13  TIER0       .EQU       H'FFFF66       ;CH0のタイマインタラプトイネーブルレジスタの番地
14  TSR0        .EQU       H'FFFF67       ;CH0のタイマステータスレジスタの番地
15  GRA0        .EQU       H'FFFF6A       ;タイマCH0のジェネラルレジスタAの番地
16  GRB0        .EQU       H'FFFF6C       ;タイマCH0のジェネラルレジスタBの番地
17  TPMR        .EQU       H'FFFFA0       ;TPC出力モードレジスタの番地
18  TPCR        .EQU       H'FFFFA1       ;TPC出力コントロールレジスタの番地
19  NDERB       .EQU       H'FFFFA2       ;TPCネクストデータイネーブルレジスタBの番地
20  NDRB        .EQU       H'FFFFA4       ;TPCネクストデータレジスタBの番地
21  PBDDR       .EQU       H'FFFFD4       ;ポートBデータディレクションレジスタの番地
22  PBDR        .EQU       H'FFFFD6       ;ポートBデータレジスタの番地
23
24  MAR0AR      .EQU       H'FFFF20       ;DMACのメモリアドレスレジスタを指定する番地
25  IOAR0A      .EQU       H'FFFF26       ;DMACのI/Oアドレスレジスタを指定する番地
26  ETCR0AH     .EQU       H'FFFF24       ;DMACの転送カウントレジスタHを指定する番地
27  ETCR0AL     .EQU       H'FFFF25       ;DMACの転送カウントレジスタLを指定する番地
28  DTCR0A      .EQU       H'FFFF27       ;DMACのデータトランスファコントロールレジスタの番地
29
30              .SECTION PROG,CODE,LOCATE=H'000100     ;セクションの宣言
31
32  INIT:       MOV.L      #H'FFFF10,ER7  ;スタックポインタの初期番地を設定する
33              MOV.B      #H'00,R0L      ;ポート2データディレクションレジスタに"0"を書き込み
34              MOV.B      R0L,@H'FFFFC1  ;ポートT2を入力に設定する
35              MOV.B      #H'FF,R0L      ;ポートT2入力プルアップレジスタに"FF"を書き込み
36              MOV.B      R0L,@H'FFFFD8  ;MOSトランジスタによるプルアップを行う
37
38  ;---------------ITU&TPCの初期設定----------------------
39              MOV.B      #H'80,R0L      ;TMDRにH'80を転送し
40              MOV.B      R0L,@TMDR      ;タイマを通常動作に設定する
41              MOV.B      @P2DR,R1L      ;8P-DIPSWのON/OFFデータをポート2から読み込み
42              MOV.B      @NONOVL,R0L    ;それをRAM領域に書き込んであるノンオーバラップ期間
43              MULXU.B    R1L,R0         ;のデータと掛け算してGRA0に書き込む
44              MOV.W      R0,@GRA0       ;これで波形のノンオーバラップ期間が設定される
45              MOV.B      @PERIOD,R0L    ;同様にポート2からの周期倍率データを
46              MULXU.B    R1L,R0         ;RAM領域に書き込んである波形周期データと掛け算し
47              MOV.W      R0,@GRB0       ;GRB0に書き込む。出力波形の周期が設定される
48              MOV.B      #H'40,R0L      ;TCR0に"40"を書き込み，GRBコンペアマッチでカウ
49              MOV.B      R0L,@TCR0      ;ンタクリヤなどの条件設定を行う
50              MOV.B      #H'01,R0L      ;TIER0に"01"を書き込み
51              MOV.B      R0L,@TIER0     ;カウンタにIMFAフラグによる割り込みを許可する
52              MOV.B      #H'3C,R0L      ;TPCから最初に出力する波形データを
53              MOV.B      R0L,@PBDR      ;PBDRに書き込む
54              MOV.B      #H'FF,R0L      ;TPCのPBDDRに"FF"を書き込み
55              MOV.B      R0L,@PBDDR     ;ポートBをTP8～TP15の出力端子に設定する
56              MOV.B      R0L,@NDERB     ;NDERBに"FF"を書き込みNDRBへのデータ転送を許可
```

10.2 ITU, TPC, DMAC を使ったノンオーバラップ 4 相パルスの生成

```
57              MOV.B    #H'FC,R0L         ;TPMRに"FC"を書き込んで
58              MOV.B    R0L,@TPMR         ;ノンオーバラップ動作を設定
59              MOV.B    #H'00,R0L         ;TPCRに"00"を書き込んで，TP8～TP15が
60              MOV.B    R0L,@TPCR         ;タイマのCH0により出力がトリガされるように設定
61              MOV.B    #H'1E,R0L         ;PBDRに次回送り込むネクストデータを
62              MOV.B    R0L,@NDRB         ;NBRDに書き込んでおく
63
64       ;----------DMAC---------------
65              MOV.L    #PULSE,ER0        ;データ転送元の先頭番地を設定
66              MOV.L    ER0,@MAR0AR
67              MOV.B    #H'A4,R0L         ;データ転送先の番地を設定
68              MOV.B    R0L,@IOAR0A       ;
69              MOV.B    #H'05,R0L         ;転送データバイト数を
70              MOV.B    R0L,@ETCR0AH      ;ETCR0AHレジスタと
71              MOV.B    R0L,@ETCR0AL      ;ETCR0ALレジスタに書き込む
72              MOV.B    @DTCR0A,R0L       ;一度，DTCR0Aを読み出す
73              MOV.B    #B'10010000,R0L   ;DTCR0Aの設定：転送許可，バイトサイズ
74              MOV.B    R0L,@DTCR0A       ;ソースアドレスインクリメント，リピートモード他
75
76              BSET     STR0              ;タイマカウンタCH0を動作開始させる
77              ANDC     #H'7F,CCR         ;CCRのbit7をクリアし，CPUに割り込みを許可する
78  TPCWV       BRA      TPCWV             ;ここでぐるぐる回りをする
79
80              .SECTION RAM,DATA,LOCATE=H'000B00    ;データセクションを設定
81
82  PULSE:      .DATA.B  H'87,H'C3,H'69,H'3C,H'1E    ;波形出力データ
83              .ALIGN 2
84  NONOVL:     .DATA.B  H'0A              ;ノンオーバラップ期間のデータ
85  PERIOD:     .DATA.B  H'46              ;出力波形の周期データ
86
87              .END                       ;プログラムの終了を示す
```

図 10·7 ノンオーバラップ 4 相パルス生成プログラム

うなのだという意味で，ここに一応記述しておきます。41～51 行は図 8·10 (p.122) の 37～47 行と同じです。このあと 52～62 行も，書き込む 1 回目および 2 回目の波形データが異なるだけで，他の部分は図 8·10 の 48～58 行と同じになっています。

- **DMAC の初期設定**(65～74 行)：まず，転送元と転送先の先頭番地をそれぞれ MAR 0 AR と IOAR 0 A に書き込みます。そのあと ETCR 0 AH, ETCR 0 AL に転送バイト数「5」を書き込みます。そして一度 DTCR 0 A を読み出してから，データの転送を許可する，転送サイズは 1 B，ソースアドレスはインクリメントする，およびリピートモード選択などを設定します。

- **波形生成開始**(76～78 行)：以上で初期設定を終わり，ITU のチャネル

ソースアドレス／デスティネーションアドレス
　転送元の番地をソースアドレス，転送先の番地をデスティネーションアドレスといいます。

0/TCNT 0 のカウントを開始させ，CCR の bit 7 を 0 にクリアして割り込み動作を許可すれば，波形生成が開始されます。ここでプログラムは BRA 命令によりぐるぐる回りとなります。

◆ データセクション（80〜85 行）：80 行でデータセクションを宣言してから，ラベル PULSE：に波形データ 5 個，NONOVL：にノンオーバラップ期間に相当する数値 1 個，そして PERIOD：に波形のトリガ周期に相当する数値 1 個をそれぞれデータとして書き込みます。

● 3 ● 生成波形の観察とステッピングモータへの応用

作成したプログラムのファイル名は novl 4 pdmo.mar としました。これをアセンブルして novl 4 pdmo.mot に変換し，H 8/3048 F のフラッシュ ROM に書き込みます。

電源 ON で回路を起動するとすぐ，TP 15〜TP 8 に図 **10・8** のような波形が出力されます。今回は生成波形を全部見るためデータレコーダでチャートに書き出しました。図 10・6 と比較すれば，ノンオーバラップ部分がどのようになっているかよくわかると思います。

ところで，この生成波形をどのように利用する？と聞かれると，返事に困ります。この方式で，複雑な波形でも簡単に生成できることを証明したかっただけですから。しかし，たとえば類似の波形でステッピングモータをドライブし，回転させる実験などは可能だと思います。

図 **10・9** を見てください。こちらは 1/2 ずつオーバラップした完全な 4 相パルス波です。この波形の「1」の部分でステッピングモータの各磁極 A〜D が n 極に励磁されたとすると，s 極回転子は図のように右回りにステップ回転します。

ステッピングモータ
　流したパルス電流のパルス数に比例した回転角（回転数）で回転するモータをステッピングモータといいます。1 パルスごとの回転角が決まっています。

図 10・8 ノンオーバラップ 4 相パルス生成プログラムの波形

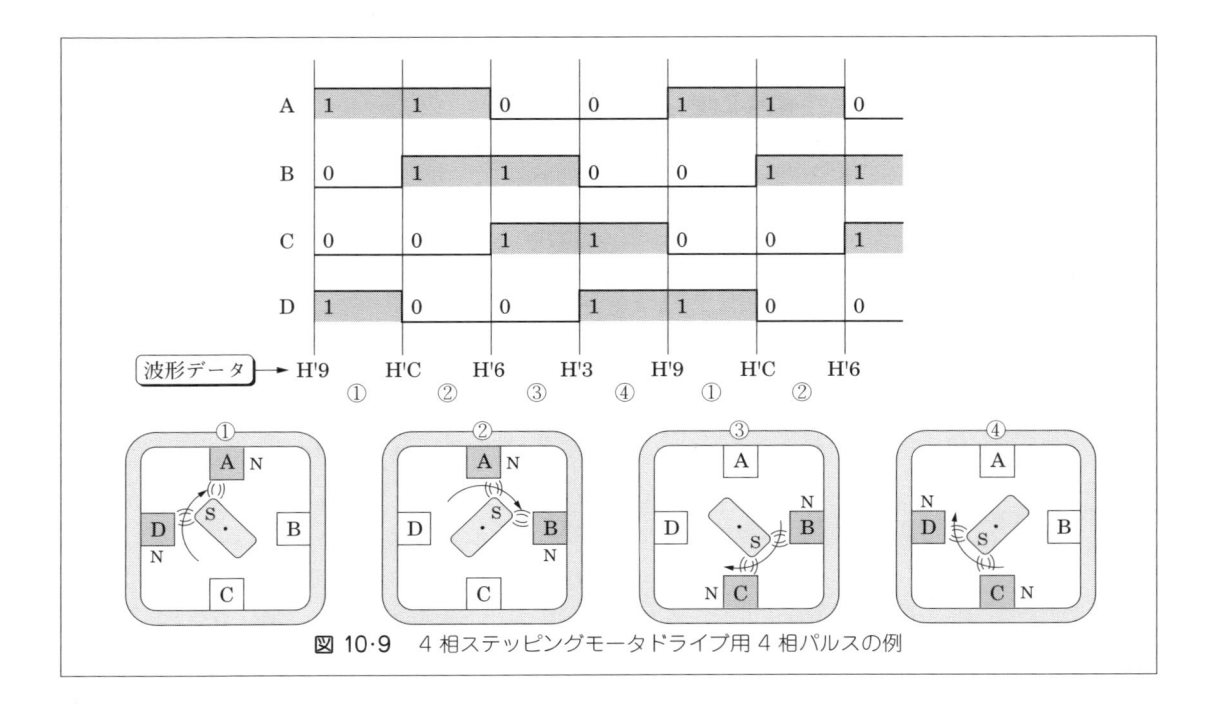

10.2 ITU, TPC, DMAC を使ったノンオーバラップ4相パルスの生成

図 10·9 4相ステッピングモータドライブ用4相パルスの例

実際のモータでは回転極，固定極とも s-n の対になっていて，「A/B極 が n のとき C/D 極が s」→「B/C 極が n で D/A 極が s」‥と磁極が回転し，それにつれて回転子も右回転します。このとき，たとえば A パルスが「1」→「0」，C パルスが「0」→「1」に変化する瞬間，回路構成によってはドライバのターンオフの遅れによるスルー（短絡）電流が流れる可能性があります。それを防ぐためノンオーバラップ期間を設けます。これは図 10·8 のノンオーバラップ期間を見れば理解できるでしょう。

実際のドライブ回路の作り方などは専門書を参照してください。ステッピングモータは比較的容易に手に入りますから，メカトロの初歩実験に向いていると思います。その際，停止中のモータにいきなり高速度パルスを加えても回転が追従できないので，周期の長いパルスから次第に短くしていくなど，ちょっとした工夫が必要でしょう。

スルー電流

モータ電極コイルドライブ回路のように，他の極と共通接続され，かつ極性を反転させてドライブするような回路では，ドライブ用トランジスタの一方がまだ完全にOFFにならないうちに他がONになってしまうような状態がよく起こります。このようなとき一瞬電源の＋と－がショートした状態になります。この電流のことをここではスルー電流と呼んでいます。

サイン波と三角波の生成

第 11 章

任意の波形を生成する方法として，その波形の振幅に相当するディジタルデータを一定時間間隔ごとに出力し，それを D/A 変換する方法があります．変換アナログ出力のエンベロープに相当する波形が得られるわけですが，本章では，サイン波と三角波を生成してみることにします．

> **エンベロープ**
> 変化するアナログ出力電圧の外縁を結ぶ包絡線のことです．

なお，波形データを D/A コンバータに対し一定時間間隔ごとに出力する方法として，今回は割り込みによる方法，および DMAC による方法を試してみました．実験の結果，高い周波数の領域で両者の働きに大きな違いがみられました．

11.1 任意波形生成の方法

● 1 ● ディジタル波形は ITU と TPC で

規則的なディジタル波形は方形波発振回路，またはそれとロジック回路の組み合わせで簡単に得られます．しかし，任意の位相関係を持った複数の方形波を同時に‥となると，かなりの困難を伴うでしょう．

たとえば図 **11・1** のように，一見でたらめとも見える 4 本の A～D 波形を得ようとすれば，もうロジックでは手に負えません．第 7 章と第 8 章のように，ITU と TPC を使う方法でなければ無理でしょう．図に示すように，すべての波形に共通する最大公約周期を見い出し，それを基に波形データを作成すれば，任意のディジタル波形群が得られるはずです．

● 2 ● アナログ波形は波形データを D/A 変換して

アナログ波形の生成は，たとえばサイン波ならウィーンブリッジ発振器，

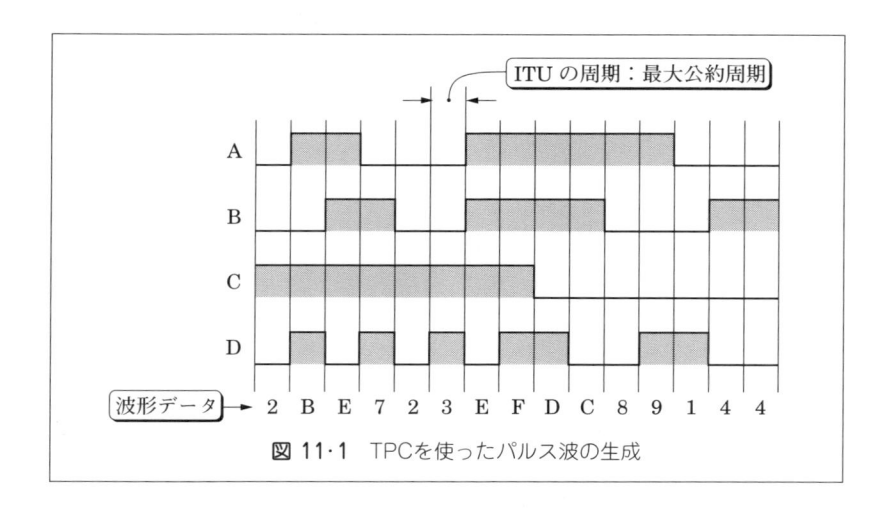

図 11・1 TPCを使ったパルス波の生成

三角波なら積分回路とコンパレータの組み合わせ‥などと相場が決まっています。しかし任意の波形のアナログ波を生成しようとすれば，簡単にはいきません。考えられる方法としては，たとえば図**11・2**のように，作りたい波形の振幅データを時系列的なディジタルデータとして作成し，それを一定時間間隔でD/Aコンバータに送り込み，アナログ値に連続変換する方法などが一般的でしょう。

この場合，D/Aコンバータ出力電圧のエンベロープが生成アナログ波

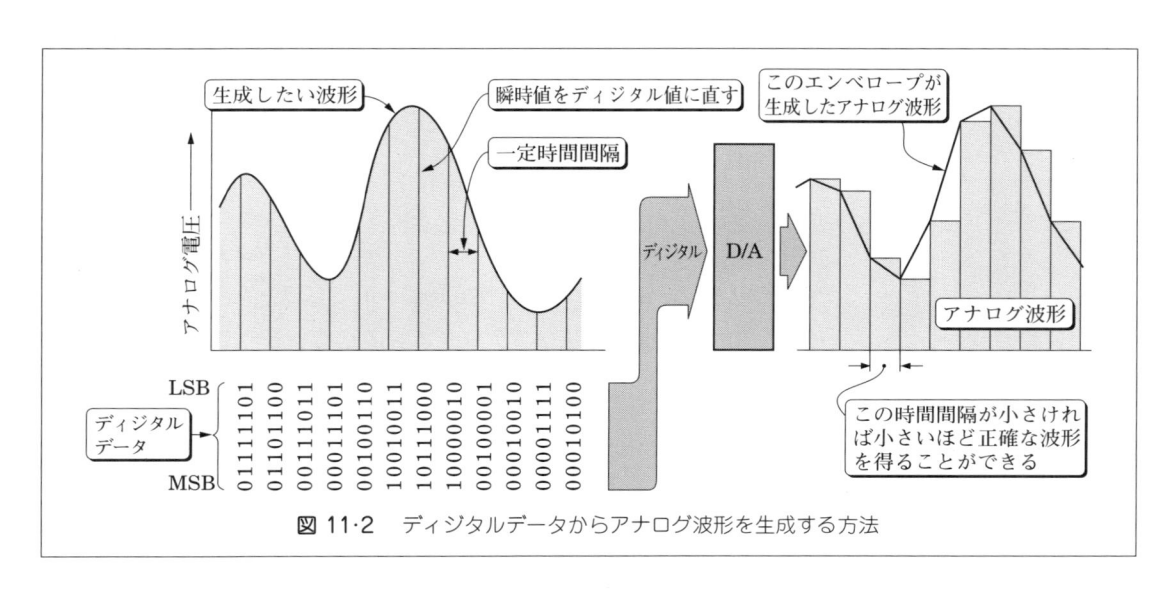

図 11・2 ディジタルデータからアナログ波形を生成する方法

形となるので，D/Aコンバータにディジタルデータを供給する時間間隔をできるだけ短くして（供給ディジタルデータ量を増やして），生成波形の原波形に対する近似性を向上させることが求められます。しかしこの時間間隔は，D/Aコンバータの変換所要時間より長くなければ正確なエンベロープが得られませんから，高い周波数帯におけるこの方式のアナログ波形生成は，D/Aコンバータの変換速度により制限を受けることになります。

11.2 波形データの作成

では，H8/3048F内蔵D/Aコンバータを使ってサイン波／三角波を生成するため，波形データを作成してみましょう。波形の1サイクルを128ステップに分割し，各ステップに対応するアナログ振幅をディジタル値で表します。128ステップにした理由は，波形データをメモリから読み出すとき，番地の指定は2進数ですから，2進数で区切りのよい数にしておかないとプログラムを作るときちょっと面倒だからです。もちろん，64ステップ（6bit）でも256（8bit）ステップでもOKですが，エンベロープのスムーズさと所要データ量を考慮し128ステップとしました。

●1● サイン波形のデータ

図11・3が，サイン波形ディジタルデータを作成するときの考え方です。内蔵D/Aコンバータは8bitですから，出力アナログ電圧は「最下位1bitの重み電圧」の0～255倍の範囲（図6・4(p.86)参照）となります。そこでサイン波の中心（アナログ0V）点をディジタル値の127としました。

このディジタル値127を中心に，サイン波のアナログ振幅±1（この場合，ディジタル値と対応させるため便宜的に±1としましたが，もともとこの「127」などのディジタル値はアナログに対応しているので，±1でも±2でも意味は同じです）に対応するディジタル値の振幅を±127とすると，図のようにディジタル変化幅ほぼ一杯にサイン波が納まりました。

それぞれのステップに対応するディジタルデータは図中の式で簡単に求められます。筆者は表計算ソフトEXCELを使って整数値解で求めました（整数の0～255でなければ，2進／8bitで表せないから）。

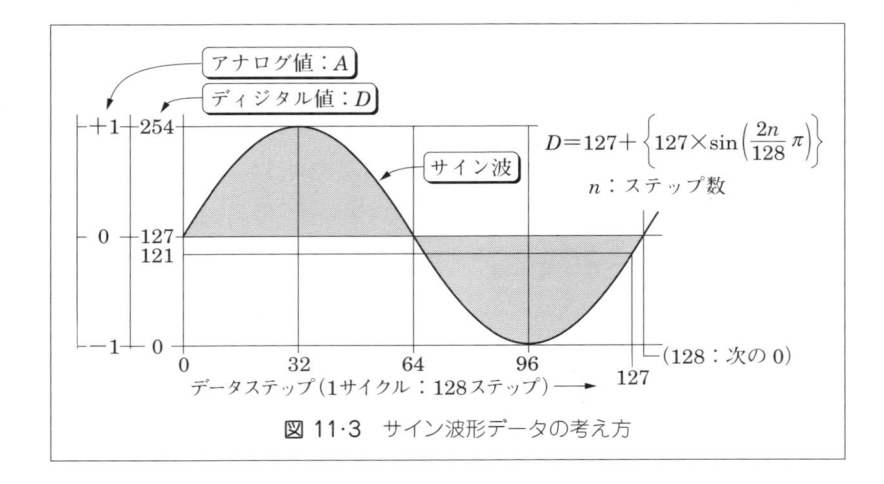

11.2 波形データの生成

図11·3 サイン波形データの考え方

$$D = 127 + \left\{ 127 \times \sin\left(\frac{2n}{128}\pi\right) \right\}$$

n：ステップ数

計算結果の波形データは，あとのプログラムの中でデータ領域「WVDATA：」に書き込まれていますから，ここでは省略します。

●2● 三角波形のデータ

図 **11·4** が三角波形データの考え方です。三角波は単調増加，単調減少，左右対称ですから，計算はサイン波より簡単です。問題はステップ 32 および 96 の地点です。サイン波の場合はこのステップ前後に同じ数値が並んでいても波形としておかしくないのですが，三角波では両側の 31, 33 ステップと 95, 97 ステップがそれぞれ対称的な増／減で同じ数値とならなければ三角波に見えません。そこで考えた末，図のように 127 を中心に，1

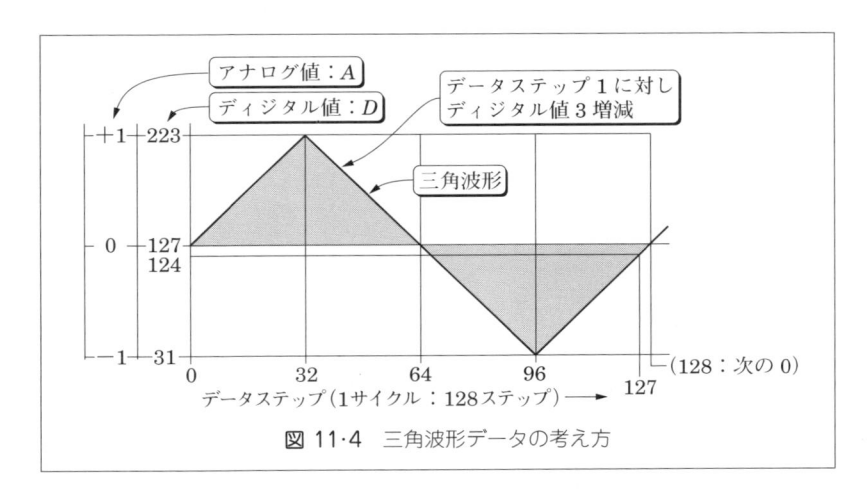

図 11·4 三角波形データの考え方

第 11 章　サイン波と三角波の生成

ステップ当り 3 増／減，振れ幅 ±96 とすることにしました。

　この波形データでは，サイン波のときのように D/A 出力の電圧幅一杯に振らせることはできませんが，128 ステップと振れ幅 0〜255 という限られた範囲内で整数配分すると，どうしてもこのようになってしまいます。計算結果は，サイン波と同様プログラムのデータ領域に書き込まれているので，ここでは省略します。

11.3　ITU からの割り込みによるアナログ波形の生成

　手始めは，ITU から一定時間間隔で割り込みを発生させ，これによって D/A コンバータの DADR 0 レジスタに波形データを順次送り込む方式の波形生成です。このメカニズムは図 **11・5** を参照してください。加えて今回は LCD 表示を復活？し，同時に SW-1〜4 によって LED 1〜4 の点滅もできるようにしました。

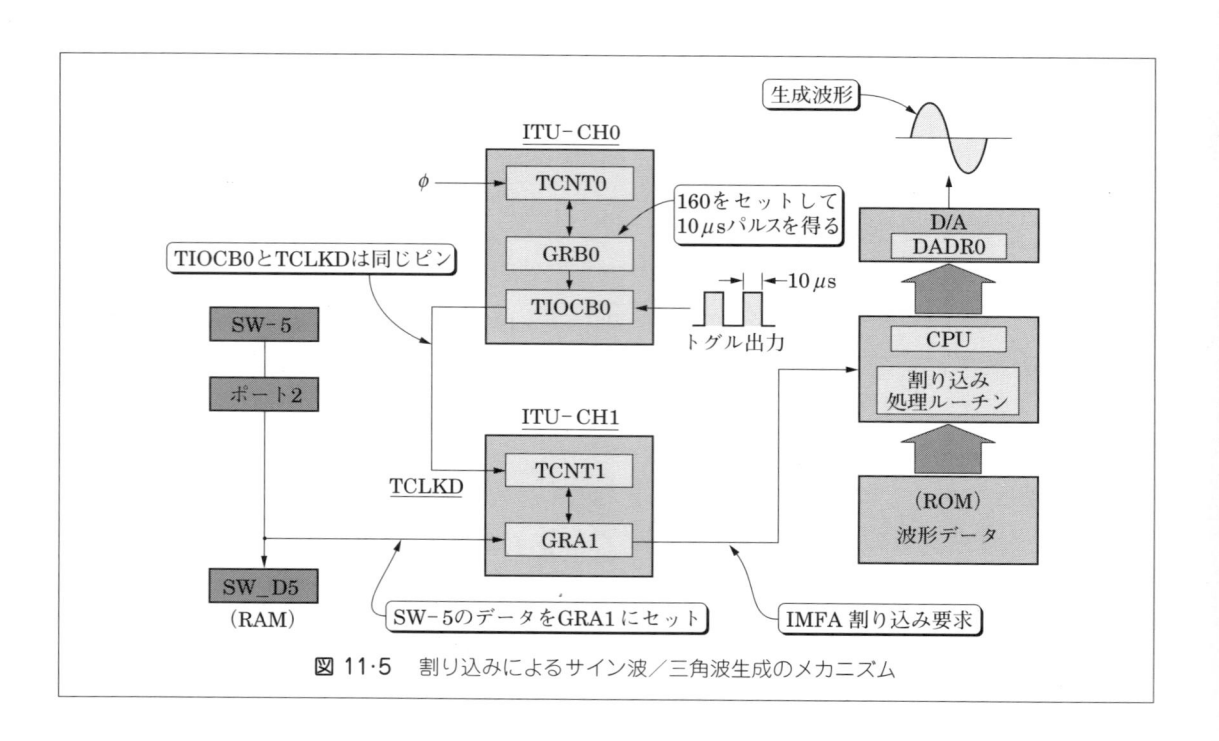

図 11・5　割り込みによるサイン波／三角波生成のメカニズム

11.3 ITUからの割り込みによるアナログ波形の生成

●1● プログラムの流れ

LCD表示やLED点／滅のプログラム部分を除くと，波形生成手順の流れは図**11·6**のようになります。

◆ **割り込みベクトルの指定**：初めにCPUの指定とシンボルの定義を済ませます。次にITUが発生する割り込み要求の受け皿として，割り込み

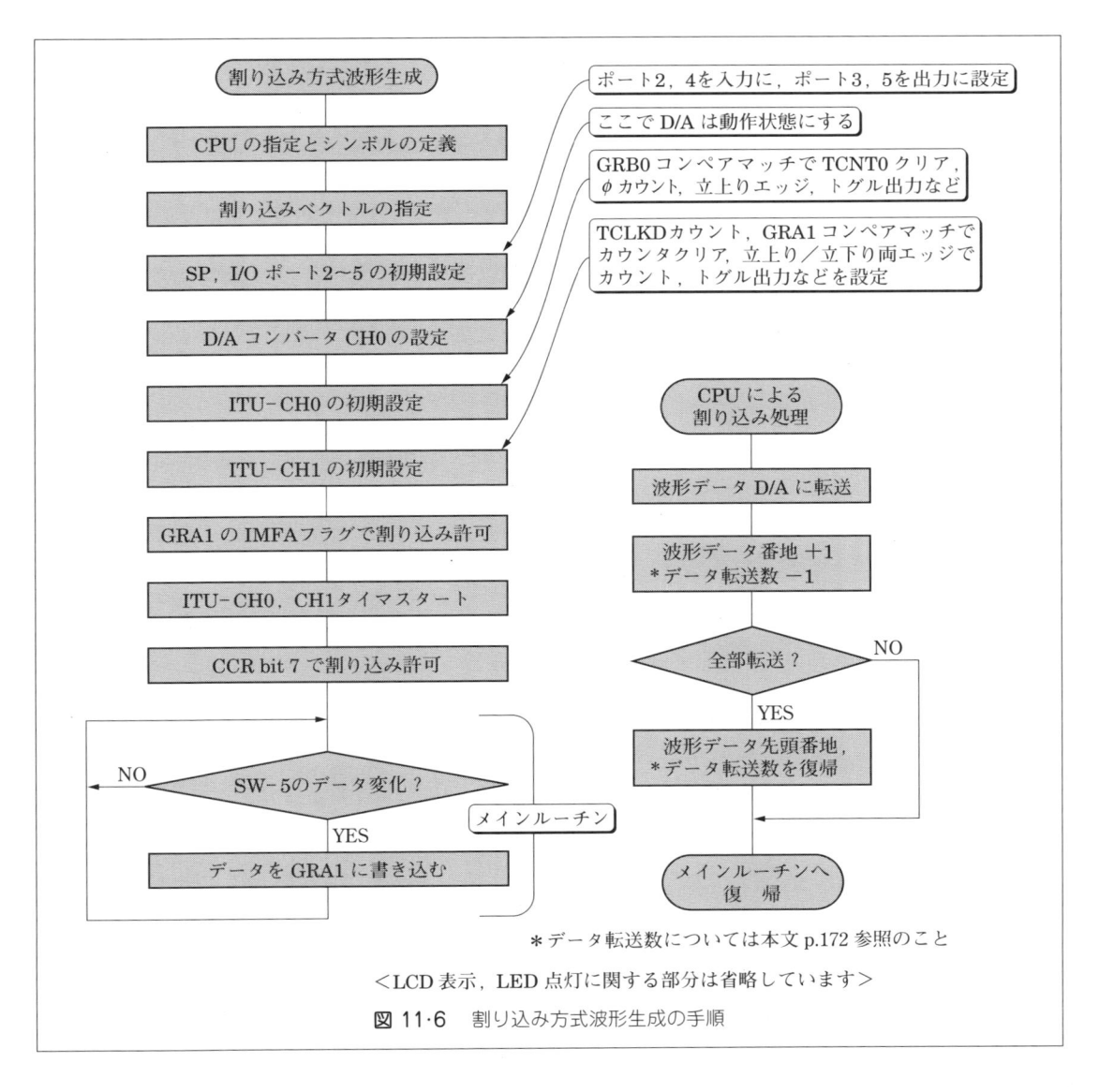

```
割り込み方式波形生成
        ↓
CPUの指定とシンボルの定義
        ↓
割り込みベクトルの指定
        ↓
SP, I/Oポート2～5の初期設定 ──→ ポート2, 4を入力に，ポート3, 5を出力に設定
        ↓
D/AコンバータCH0の設定 ──→ ここでD/Aは動作状態にする
        ↓
ITU-CH0の初期設定 ──→ GRB0コンペアマッチでTCNT0クリア，
                          φカウント，立上りエッジ，トグル出力など
        ↓
ITU-CH1の初期設定 ──→ TCLKDカウント，GRA1コンペアマッチで
                          カウンタクリア，立上り／立下り両エッジで
                          カウント，トグル出力などを設定
        ↓
GRA1のIMFAフラグで割り込み許可
        ↓
ITU-CH0, CH1タイマスタート
        ↓
CCR bit 7で割り込み許可
        ↓
   ┌──────────┐
   ↓          │NO
SW-5のデータ変化？
   │YES
   ↓
データをGRA1に書き込む
        ↑
    メインルーチン
```

```
CPUによる割り込み処理
        ↓
波形データD/Aに転送
        ↓
波形データ番地 +1
＊データ転送数 -1
        ↓
  全部転送？ ──NO──┐
        │YES       │
        ↓          │
波形データ先頭番地， │
＊データ転送数を復帰 │
        ↓          │
   メインルーチンへ │
      復　帰 ←─────┘
```

＊データ転送数については本文p.172参照のこと

＜LCD表示，LED点灯に関する部分は省略しています＞

図 11·6 　割り込み方式波形生成の手順

第 11 章　サイン波と三角波の生成

処理ルーチンの先頭番地をベクタ領域に書き込みます。ベクタ領域の番地は割り込み要因によって異なりますから，表 8・1 (p.113)，付録 p.220 などを参照してください。今回は ITU の CH 1 から割り込みを発生させるようにしました。

◆ **D/A コンバータの設定**：スタックポインタ SP (ER 7) や I/O ポートの設定に続いて，波形生成用 D/A コンバータとして CH 0 を使うように設定します。波形データの転送先は DADR 0 レジスタです。この設定の直後から D/A コンバータは変換動作を開始します。

◆ **ITU-CH 0 の初期設定**：ITU は CH 0 と CH 1 を使います。図 11・5 に示すように，CH 0 は CH 1 のカウントクロック TCLKD の発生源として機能します。この CH 0 の GRB 0 に 160* を書き込み，TCNT 0 が 16 MHz の CPU クロックをそのままカウントするように設定すると，GRB 0 のコンペアマッチ周期は約 $10\,\mu\mathrm{s}$ となります。また，この CH 0 出力は TIOCB 0 ピンから出力されますが，たまたまこの出力ピンと CH 2 の TCLKD 入力ピンが同じピン（共用ピン）なので，特に配線しなくてもこの相互接続ができてしまいます。

*この場合は 10 進数の 160 です．クロックが 16 MHz なので，ひと目で TCLKD が 1 周期 $10\,\mu\mathrm{s}$ であることがわかります．

　ここで，なぜ TCLKD を $10\,\mu\mathrm{s}$ 周期にしたかというと，D/A コンバータの変換時間が $10\,\mu\mathrm{s}$ なので，TCLKD の周期をこれより短くすると D/A 変換が完全に行われず，正確な出力波形のエンベロープが得られなくなると考えたからです。しかしこれは，DMAC 方式の実験でわかったことですが，$2\,\mu\mathrm{s}$ 程度に縮めても波形生成が可能でした。

◆ **ITU-CH 1 の初期設定**：CH 1 の GRA 1 コンペアマッチで割り込みを発生させます。カウントクロックは TLCKD，アップ／ダウン両エッジでカウント動作，トグル出力，などを設定します。GRA 1 には SW-5 のデータを書き込むので，CH 1 のコンペアマッチ周期，つまり割り込み発生周期は $10\,\mu\mathrm{s} \times$ (SW-5 のデータ + 1) となります。そして，この周期の 128 倍が生成波形の 1 サイクル時間です。

◆ **割り込み許可とタイマスタート**：ITU の初期設定が終わったところで，ITU-CH 1 からの IMFA フラグによる割り込みを許可します。ただしここで許可するのは ITU に対してだけですから，引き続く ITU-CH 0/CH 1 のタイマスタートのあと，CCR の bit 7 をクリアして CPU に対しても割り込みを許可します。

11.3 ITUからの割り込みによるアナログ波形の生成

- **メインルーチン**：初期設定が終わったあと，メインルーチンではSW-5のデータが変化するかどうかを無限ループで監視します。もし変化があれば，そのデータでGRA1を書き換え，再びSW-5の監視に戻ります。
- **割り込み処理サブルーチン**：メインルーチンの実行中に割り込みが発生すると，その時点でメインルーチンの作業は一時中断され，割り込み処理ルーチンの実行に移行します。これは，指定されたメモリ番地の波形データを，割り込み発生の都度，1Bずつメモリから DADR 0 に転送する作業です。1Bの転送が終わればプログラムの実行は元のメインルーチンに復帰します。

●2● プログラムの作成

以上の流れに沿い，第4章のLCD表示，LED点滅プログラムと組み合わせながら作ったのが，図**11・7**のプログラムです。

- **CPU の指定～シンボルの定義**(4～39行)：シンボルは全部いままでの章に出てきたものばかりです。LEDのシンボルが，LED-1～LED-4と増えた点だけが異なります。
- **割り込みベクトルの指定**(42～43行)：ITU-CH 1 の IMFA フラグによる割り込みなので，ベクタの番地は H'000070 です。割り込み処理ルーチンの先頭番地をここに書き込むわけですが，アセンブラでは処理プログラム先頭番地のラベル(ここでは ITU_I：)を書いておけば，あとはアセンブラが適当な番地を探して書き込んでくれます。
- **CODE セクションの宣言**(46行)：H'000100 番地からプログラム本体である CODE セクションが開始されることを宣言しています。
- **I/O ポートの初期設定**(47～62行)：ポート 2，4 をプルアップ付き入力に，そしてポート 3，5 を出力に設定します。
- **D/A コンバータの設定**(64～65行)：D/A コンバータの CH 0 を動作状態に設定します。
- **LCD のソフトウェアリセット～LCD の初期画面表示**(68～131行)：この部分は完全に図 4・6 (p.54～58)と同じです。
- **ITU の初期設定**(134～155行)：TMDR に H'80 を書き込み，ITU タイマを正常動作に設定します。そのあと，CH 0：TCR 0 には "11000000" を，TIOR 0 には "10111000" を書き込み，GRB 0 コンペアマッチでカウ

図 11・7

```
 1  ;*********************************************************
 2  ;* サイン波／三角波 生成テストプログラム      MBWVITO.MAR  *
 3  ;*********************************************************
 4              .CPU   300HA              ;CPUの指定
 5              .SECTION VECT, CODE, LOCATE=H'000000 ; セクションの宣言
 6  RES         .DATA.L INIT               ;ラベルINIT：以降にプログラム領域を確保
 7
 8  ;-----シンボルの定義（主として番地を記号に置き換えてわかりやすくする）-----
 9  SW_D        .EQU    H'FFEF10          ;SW-1～4のON/OFF状態を記憶するRAMの番地
10  SW_D5       .EQU    H'FFEF11          ;SW-5(8bit-DIP)の状態を記憶するRAMの番地
11  LCD_D       .EQU    H'FFEF12          ;LCDに転送するデータ1バイトを一時入れるRAMの番地
12  LCD162      .EQU    H'FFEF13          ;LCD表示16文字2行分のデータを入れておくRAMの番地
13  P2DR        .EQU    H'FFFFC3          ;ポート2の入力データレジスタを指定する番地
14  P3_D        .EQU    H'FFFFC6          ;ポート3の出力データレジスタを指定する番地
15  E_SIG       .BEQU   5,P3_D            ;LCD制御信号イネーブル"E"
16  RS          .BEQU   4,P3_D            ;LCDデータ/制御識別信号"RS"
17  P4DR        .EQU    H'FFFFC7          ;ポート4の入力データレジスタを指定する番地
18  P5DR        .EQU    H'FFFFCA          ;ポート5の出力データレジスタを指定する番地
19  LED1        .BEQU   0,P5DR            ;LED1(ポート5のbit0)
20  LED2        .BEQU   1,P5DR            ;LED2(ポート5のbit1)
21  LED3        .BEQU   2,P5DR            ;LED3(ポート5のbit2)
22  LED4        .BEQU   3,P5DR            ;LED4(ポート5のbit3)
23
24  DADR0       .EQU    H'FFFFDC          ;D/A(CH0)に被変換データを入力する番地
25  DACR        .EQU    H'FFFFDE          ;D/A(CH0,1共通)コントロールレジスタの番地
26
27  TSTR        .EQU    H'FFFF60          ;タイマスタートレジスタ(CH0～4共通)の番地
28  STR0        .BEQU   0,TSTR            ;TSTRのbit0、CH0のカウント開始/停止制御
29  STR1        .BEQU   1,TSTR            ;TSTRのbit1、CH1のカウント開始/停止制御
30  GRB0        .EQU    H'FFFF6C          ;CH0の設定カウント数入力用ゼネラルレジスタB
31  GRA1        .EQU    H'FFFF74          ;CH1の設定カウント数入力用ゼネラルレジスタA
32  TMDR        .EQU    H'FFFF62          ;タイマモードレジスタ(CH0～4共通)の番地
33  TCR0        .EQU    H'FFFF64          ;CH0タイマコントロールレジスタの番地
34  TIOR0       .EQU    H'FFFF65          ;CH0タイマI/Oコントロールレジスタの番地
35  TCNT0       .EQU    H'FFFF68          ;CH0タイマカウンタの番地
36  TCR1        .EQU    H'FFFF6E          ;CH1タイマコントロールレジスタの番地
37  TIOR1       .EQU    H'FFFF6F          ;CH1タイマI/Oコントロールレジスタの番地
38  TIER1       .EQU    H'FFFF70          ;CH1タイマ割り込みイネーブル制御レジスタの番地
39  TSR1        .EQU    H'FFFF71          ;CH1タイマステータスレジスタの番地
40
41  ;-----割り込みベクトルの指定------------------
42              .ORG    H'70              ;タイマCH1の割り込みベクトルを記入する番地
43              .DATA.L ITU_I             ;割り込み処理プログラムの領域確保
44
45  ;-----I/Oポートの初期設定-----
46              .SECTION ROM,CODE,LOCATE=H'000100    ;コードセクションの宣言
47  INIT:       MOV.L   #H'FFF10,ER7      ;スタックポインタの設定
48              MOV.B   #H'00,R0L         ;ポート2(SW-5に接続)を入力に設定するため
49              MOV.B   R0L,@H'FFFFC1     ;コントロールレジスタにH'00を書き込む
50              MOV.B   #H'FF,R0L         ;ポート2をプルアップに設定するため
51              MOV.B   R0L,@H'FFFFD8     ;コントロールレジスタにH'FFを書き込む
52
53              MOV.B   #H'FF,R0L         ;ポート3を出力に設定するため
54              MOV.B   R0L,@H'FFFFC4     ;コントロールレジスタにH'FFを書き込む
55
56              MOV.B   #H'00,R0L         ;ポート4を入力に設定するため
```

図11・10では削除[*]
（*p.170の注記参照。以下同様）

57	MOV.B	R0L,@H'FFFFC5	;コントロールレジスタにH'00を書き込む
58	MOV.B	#H'FF,R0L	;ポート4をプルアップに設定するため
59	MOV.B	R0L,@H'FFFFDA	;コントロールレジスタにH'FFを書き込む
60			
61	MOV.B	#H'FF,R0L	;ポート5を出力に設定するため
62	MOV.B	R0L,@H'FFFFC8	;コントロールレジスタにH'FFを書き込む
63			
64	MOV.B	#H'5F,R0L	;D/AコンバータCH0を動作状態にするため
65	MOV.B	R0L,@DACR	;コントロールレジスタDACRにH'5Fを書き込む
66			
67	;-----LCDのソフトウェアリセット-----		
68	JSR	@TIME00	;16msのWAIT(4ms×4)
69	JSR	@TIME00	
70	JSR	@TIME00	
71	JSR	@TIME00	
72			
73	MOV.B	#B'00100011,R0L	;リセットのためのファンクションセット1回目
74	MOV.B	R0L,@LCD_D	;LCDのマニュアルに従い"00100011"を準備
75	BCLR	RS	;制御動作なのでRSは"0"にする
76	JSR	@LCD_OUT8	;上記データを8bit転送サブルーチンでLCDに転送
77	JSR	@TIME00	;リセット動作を有効にするため4msのWAIT
78			
79	MOV.B	#B'00100011,R0L	;リセットのためのファンクションセット2回目
80	MOV.B	R0L,@LCD_D	;以下，1回目と同じ
81	BCLR	RS ;	
82	JSR	@LCD_OUT8	;
83	JSR	@TIME00	;4msのWAIT
84			
85	MOV.B	#B'00100011,R0L	;リセットのためのファンクションセット3回目
86	MOV.B	R0L,@LCD_D	;以下，1回目と同じ
87	BCLR	RS ;	
88	JSR	@LCD_OUT8	;
89	JSR	@TIME00	;4msのWAIT
90			
91	MOV.B	#B'00100010,R0L	;マニュアルに従い最終回のファンクションセット
92	MOV.B	R0L,@LCD_D	;この回だけ，転送データが"00100010"に
93	BCLR	RS	;変わっている点に注意
94	JSR	@LCD_OUT8	;
95	JSR	@TIME00	;4msのWAIT
96			
97	;-----LCDの初期設定-----		
98	MOV.B	#B'00101000,R0L	;ここで正規のファンクションセットを行う
99	MOV.B	R0L,@LCD_D	;転送データが前項と異なっている点に注意
100	BCLR	RS	;LCDに対する正規のデータ転送(8bit)は
101	JSR	@LCD_OUT4	;4bit×2回に分けてサブルーチンで行う
102	JSR	@TIME00	;4msのWAIT
103			
104	MOV.B	#B'00001110,R0L	;LCD表示をONにする制御データをLCDに転送
105	MOV.B	R0L,@LCD_D	;
106	BCLR	RS	;制御データ転送時はRSを"0"にする
107	JSR	@LCD_OUT4	;4bit×2回転送サブルーチンへ
108	JSR	@TIME00	;4msのWAIT
109			
110	MOV.B	#B'00000110,R0L	;エントリーモードの設定
111	MOV.B	R0L,@LCD_D	;カーソル移動はインクリメント方向
112	BCLR	RS	;表示のシフト

図 11·7

第11章　サイン波と三角波の生成

```
113              JSR       @LCD_OUT4        ;                                                図11・7
114              JSR       @TIME00          ;4msのWAIT
115      ;-----初期設定終了-----
116
117      ;-----LCDの初期画面表示-----
118              MOV.B     #B'00000001,R0L  ;LCD内部の表示用メモリをクリヤする
119              MOV.B     R0L,@LCD_D       ;
120              BCLR      RS               ;
121              JSR       @LCD_OUT4        ;
122              JSR       @TIME00          ;4msのWAIT
123              MOV.B     #32,R0L          ;LCDに，表示する文字数を転送
124              MOV.L     #LCD162,ER1      ;LCDに表示するデータ32文字のRAM先頭番地をセット
125              MOV.L     #MOJI,ER2        ;初期表示文字データ領域の先頭番地をセット
126      SHOKI0: MOV.B     @ER2+,R0H        ;初期文字データをレジスタに入れる
127              MOV.B     R0H,@ER1         ;そのレジスタ値をLCD表示RAMに入れる
128              INC.L     #1,ER1           ;次のデータの番地を指定する
129              DEC.B     R0L              ;文字数から1を引く
130              BNE       SHOKI0           ;文字数が0になるまで繰り返す
131              JSR       @LCDDSP          ;LCD表示サブルーチンへ
132
133      ;-----ITUの初期設定-----
134              MOV.B     #H'80,R0L        ;TMDRにH'80を転送し，
135              MOV.B     R0L,@TMDR        ;タイマを通常動作に設定する
136      ;-----CH0初期設定-----
137              MOV.B     #B'11000000,R0L  ;GRBのコンペアマッチでクリヤ，φカウント，
138              MOV.B     R0L,@TCR0        ;立上りエッジ動作などを設定
139              MOV.B     #B'10111000,R0L  ;GRBコンペアマッチでトグル出力，GRA禁止，
140              MOV.B     R0L,@TIOR0       ;などを設定する
141              MOV.W     #160:16,R0       ;GRBコンペアマッチ間隔を10μsにするため
142              MOV.W     R0,@GRB0         ;GRB0に"160"をセット
143      ;-----CH1初期設定-----
144              MOV.B     #B'10110111,R0L  ;GRAのコンペアマッチでクリヤ，TCLK-Dカウント，
145              MOV.B     R0L,@TCR1        ;立上り/立下り両エッジ動作などを設定
146              MOV.B     #B'10001011,R0L  ;GRAコンペアマッチでトグル出力，
147              MOV.B     R0L,@TIOR1       ;GRB禁止などを設定する
148              MOV.W     #H'2,R0          ;GRAカウント数は
149              MOV.W     R0,@GRA1         ;とりあえず2カウント入れておく
150              MOV.B     #B'11111001,R0L  ;GRAのIMFAフラグによる割り込みを許可する
151              MOV.B     R0L,@TIER1       ;
152              MOV.L     #WVDATA,ER4      ;波形データの先頭番地をER4にセット
153              BSET      STR0             ;CH0タイマスタート
154              BSET      STR1             ;CH1タイマスタート
155              ANDC      #H'7F,CCR        ;CCRの割り込みマスクビットをクリヤし，割り込み許可
156                                                                                  図11・10では削除*
157      ;-----MAINルーチン-----
158              MOV.B     #0,R0L           ;SW_D，SW_D5のRAM領域をクリヤする
159              MOV.B     R0L,@SW_D        ;(この動作は最初だけで，実質的なMAINルーチンは
160              MOV.B     R0L,@SW_D5       ;次項，BOTAN:の行からとなる)
161      BOTAN:  MOV.B     @P4DR,R0L        ;SW-1～4の状態をR0Lに読み込む
162              MOV.B     @SW_D,R0H        ;SW_Dの内容をR0Hに読み込む
163              CMP.B     R0H,R0L          ;R0HとR0Lの内容を比較する
164              BEQ       S5CHK            ;同じなら(変化がなければ)S5CHKにジャンプ
165              JSR       @S1_4            ;変化があればS1_4サブルーチンへ
166      S5CHK:  MOV.B     @P2DR,R0L        ;SW-5の状態をR0Lに読み込む
167              MOV.B     @SW_D5,R0H       ;SW_D5の内容をR0Hに読み込む
168              CMP.B     R0H,R0L          ;両者を比較する
```

11.3 ITUからの割り込みによるアナログ波形の生成

```
169            BEQ       BOTAN           ;同じなら(変化がなければ)BOTANにジャンプ  図11·7
170            JSR       @S5             ;変化があればS5サブルーチンへ
171            JMP       @BOTAN          ;
172  ;-----MAINルーチン終了-----
173
174  ;-----サブルーチン-----
175  ;-----LCD文字出力16文字×2行-----
176  LCDDSP: PUSH.L     ER0             ;他で使っている可能性のあるレジスタは
177            PUSH.L    ER1             ;その内容をスタックに退避しておく
178            MOV.B     #B'00000010,R0L ;カーソルをホーム位置にするための制御データを
179            MOV.B     R0L,@LCD_D      ;LCDに転送する
180            BCLR      RS              ;制御データ転送なのでRSは"0"
181            JSR       @LCD_OUT4       ;8bitデータを4bit×2回で転送するサブルーチンへ
182            JSR       @TIME00         ;4msのWAIT
183  ;-----LCD表示1行目-----
184            MOV.B     #16,R0L         ;LCD表示文字数(1行分)のセット
185            MOV.L     #LCD162,ER1     ;LCD表示データRAM領域の先頭番地をセット
186  LCDDSP1: MOV.B     @ER1+,R0H       ;表示文字データをレジスタに入れる
187            MOV.B     R0H,@LCD_D      ;文字データを転送用RAMに入れる
188            BSET      RS              ;データ転送なのでRSを"1"にする
189            JSR       @LCD_OUT4       ;4bit×2回の転送サブルーチンへ
190            BCLR      RS              ;RSを"0"に戻す
191            DEC.B     R0L             ;文字数から1を引く
192            BNE       LCDDSP1         ;文字数が0になるまで繰り返す
193            MOV.B     #B'11000000,R0L ;カーソルを2行目に移すための制御データを
194            MOV.B     R0L,@LCD_D      ;LCDに転送する
195            BCLR      RS              ;制御データ転送なのでRSは"0"(ビットクリヤ)
196            JSR       @LCD_OUT4       ;4bit×2回の転送サブルーチンへ
197  ;-----LCD表示2行目-----
198            MOV.B     #16,R0L         ;2行目(1行分)の文字数をセットする
199            MOV.L     #LCD162+16,ER1  ;2行目LCD表示データRAM領域の先頭番地をセット
200  LCDDSP2: MOV.B     @ER1+,R0H       ;文字データをレジスタに入れる
201            MOV.B     R0H,@LCD_D      ;文字データを転送用RAMに入れる
202            BSET      RS              ;データ転送なのでRSは"1"(ビットセット)
203            JSR       @LCD_OUT4       ;転送サブルーチンへ
204            BCLR      RS              ;RSを"0"に戻す
205            DEC.B     R0L             ;文字数から1を引く
206            BNE       LCDDSP2         ;文字数が0になるまで繰り返す
207            POP.L     ER1             ;スタックに退避したER1,ER0の内容を復帰する
208            POP.L     ER0             ;退避のときと順番が逆になる点に注意
209            RTS                       ;もとのルーチンに戻る
210
211  ;-----LCDへのデータ/コマンドの転送(8bit)-----
212  LCD_OUT8: PUSH.L    ER0             ;レジスタER0の内容をスタックに退避
213            BSET      E_SIG           ;LCD制御"E"信号を"1"にする
214            MOV.B     @LCD_D,R0L      ;データ(コマンド)をLCDに転送する
215            MOV.B     R0L,@P3_D       ;
216            JSR       @TIME10         ;WAIT
217            BCLR      E_SIG           ;LCD制御"E"信号を"0"に戻す
218            JSR       @TIME10         ;WAIT
219            POP.L     ER0             ;ER0レジスタをスタックから復帰
220            RTS
221  ;-----LCDへのデータ/コマンドの転送(4bit×2回)-----
222  LCD_OUT4: PUSH.L    ER0             ;ER0レジスタの内容をスタックに退避
223  ;----- 上位4bit 送出-----
224            BSET      E_SIG           ;LCD制御"E"信号を"1"にする
```

第11章　サイン波と三角波の生成

```
225            MOV.B     @LCD_D,R0L        ;データ(コマンド)をレジスタR0Lに入れる     図11・7
226            SHLR.B    R0L               ;4 bit 単位の転送なので上位4 bitを
227            SHLR.B    R0L               ;下位に4bitシフトする
228            SHLR.B    R0L
229            SHLR.B    R0L
230            AND.B     #B'00001111,R0L   ;データ線以外をマスクする
231            MOV.B     @P3_D,R0H         ;RS信号の退避
232            AND.B     #B'11110000,R0H   ;RS信号，E信号以外をマスクする
233            OR.B      R0H,R0L           ;RS信号，E信号，データ（4bit）を
234            MOV.B     R0L,@P3_D         ;合成したすべての信号をLCDに転送
235            JSR       @TIME10           ;WAIT
236            BCLR      E_SIG             ;E信号を"0"にする
237            JSR       @TIME10           ;WAIT
238    ;-----下位4 bit 送出-----
239            BSET      E_SIG             ;LCDのE信号を"1"にする
240            MOV.B     @LCD_D,R0L        ;データ(コマンド)をR0Lレジスタに入れる
241            AND.B     #B'00001111,R0L   ;データ線下位4bit以外をマスクする
242            MOV.B     @P3_D,R0H         ;RS信号を退避
243            AND.B     #B'11110000,R0H   ;RS信号，E信号以外をマスク
244            OR.B      R0H,R0L           ;RS信号，E信号，データ（4 bit）を
245            MOV.B     R0L,@P3_D         ;合成したすべての信号をLCDに転送
246            JSR       @TIME10           ;WAIT
247            BCLR      E_SIG             ;LCDのE信号を"0"にする
248            JSR       @TIME10           ;WAIT
249            POP.L     ER0               ;ER0レジスタの内容を復帰させる
250            RTS
251
252    ;-----SW-1～4の状況をLCD表示する-----
253    S1_4:   MOV.B     R0L,@SW_D         ;現在の状態をRAM領域SW_Dに格納する
254            MOV.B     #4,R1L            ;文字数(スイッチ数)のセット
255            MOV.L     #LCD162 + 21,ER2  ;LCD表示の先頭番地をER2にセット
256            MOV.B     @SW_D,R0L         ;スイッチの状態をレジスタR0Lに読み込む
257    BOTAN0: ROTL.B    R0L               ;R0Lの最上位bitを最下位bitにローテート
258            MOV.B     R0L,R0H           ;
259            AND.B     #B'00000001,R0H   ;最下位bitのみ"1"か"0"かを判定
260            OR.B      #B'00110000,R0H   ;H'30を加算してアスキーコードに変換
261            MOV.B     R0H,@-ER2         ;この結果をLCD表示RAM領域に格納
262            DEC.B     R1L               ;文字数から1を引く
263            BNE       BOTAN0            ;文字数が0になるまで(4bit分)繰り返す
264            JSR       @LCDDSP           ;LCD表示ルーチンへジャンプ
265    ;-----LEDの点灯(SW-1～SW-4に対応)-----
266    SW1LED: MOV.B     @SW_D,R0L         ;現在のSW-1～4の状態をR0Lに
267            BTST      #4,R0L            ;SW-1の状態をチェック
268            BEQ       BOTAN1            ;押されていればBOTAN1にジャンプ
269            BCLR      LED1              ;押されていなければ消灯
270            JMP       @SW2LED           ;
271    BOTAN1: BSET      LED1              ;押されているのでLED1点灯
272    SW2LED: BTST      #5,R0L            ;SW-2の状態をチェック
273            BEQ       BOTAN2            ;押されていればBOTAN2にジャンプ
274            BCLR      LED2              ;押されていなければ消灯
275            JMP       @SW3LED           ;
276    BOTAN2: BSET      LED2              ;押されているのでLED2点灯
277    SW3LED: BTST      #6,R0L            ;SW-3の状態をチェック
278            BEQ       BOTAN3            ;押されていればBOTAN3にジャンプ
279            BCLR      LED3              ;押されていなければ消灯
280            JMP       @SW4LED           ;
```

11.3 ITUからの割り込みによるアナログ波形の生成

```
281 BOTAN3:  BSET    LED3                    ;押されているのでLED3点灯        図11・7
282 SW4LED:  BTST    #7,R0L                  ;SW-4の状態をチェック
283          BEQ     BOTAN4                  ;押されていればBOTAN4にジャンプ
284          BCLR    LED4                    ;押されていなければ消灯
285          RTS                             ;もとのルーチンに戻る
286 BOTAN4:  BSET    LED4                    ;押されているのでLED4点灯
287          RTS                             ;もとのルーチンに戻る
288 ;-----SW-5の状態のLCD表示-----
289 S5:      MOV.B   R0L,@SW_D5              ;現在のSW-5の状態をRAM領域SW_D5に格納
290          MOV.W   #H'0,R1                 ;
291          MOV.W   R1,@TCNT0               ;カウンタTCNT0の内容をクリヤ
292          EXTU.W  R0                      ;R0Lの内容を16bitにゼロ拡張
293          MOV.W   R0,@GRA1                ;それをGRA1に書き込む
294          MOV.B   #8,R1L                  ;表示文字数(8bit分の"1"または"0")のセット
295          MOV.L   #LCD162+23,ER2          ;LCD表示データRAMの先頭番地をER2に書き込む
296          MOV.B   @SW_D5,R0L              ;SW_D5の内容をR0Lレジスタに読み込む
297 BOTAN5:  ROTL.B  R0L                     ;左ローテートで最上位bitを最下位bitへ
298          MOV.B   R0L,R0H                 ;それをR0Hへ転送
299          AND.B   #B'00000001,R0H         ;最下位bit以外はマスクする
300          OR.B    #B'00110000,R0H         ;H'30を加算してアスキーコードに変換
301          MOV.B   R0H,@ER2                ;それをLCD表示RAM領域に格納
302          INC.L   #1,ER2                  ;LCD表示RAMの番地を1進める
303          DEC.B   R1L                     ;セットした文字数から1を引く
304          BNE     BOTAN5                  ;文字数が0になるまで繰り返す
305          JSR     @LCDDSP                 ;LCD表示サブルーチンへジャンプ
306          RTS                             ;もとのルーチンへ戻る
307
308 ;-----割り込み処理ルーチン-----
309 ITU_I:   PUSH.L  ER0                     ;ER4以外の使用中のレジスタ内容をスタックに退避
310          PUSH.L  ER1                     ;
311          PUSH.L  ER2                     ;
312          PUSH.L  ER6                     ;
313          BCLR    #0,@TIER1               ;タイマCH1からの割り込みを停止させる
314          AND.L   #H'0000007F,ER4         ;下位8bit以外をマスク
315          OR.L    #H'00000B80,ER4         ;上位にH'00000Bを加算(WAVDATA領域の番地を指定)
316          MOV.B   @ER4,R0L                ;その番地に書き込まれたデータをR0Lに転送
317          MOV.B   R0L,@DADR0              ;それをD/Aコンバータに転送
318          INC.L   #1,ER4                  ;番地に1を加算(次の波形データが格納)
319          BCLR    #0,@TSR1                ;IMFAフラグをクリヤする(次回割り込み可に設定)
320          BSET    #0,@TIER1               ;タイマCH1からの割り込みを許可
321          POP.L   ER6                     ;ERレジスタの内容をスタックから復帰
322          POP.L   ER2                     ;
323          POP.L   ER1                     ;
324          POP.L   ER0                     ;
325          RTE                             ;もとのルーチンに戻る
326                                                                               図11・10では削除*
327 ;-----タイマ-----
328
329 TIME00:  MOV.L   #H'1900,ER6             ;4ms TIMER
330 TIME01:  SUB.L   #1,ER6                  ;ER6にH'1900を書き込み,H'1ずつ減算して
331          BNE     TIME01                  ;ゼロになるまでの時間を稼ぐ
332          RTS
333
334 TIME10:  MOV.L   #H'80,ER6               ;80μs TIMER
335 TIME11:  SUB.L   #1,ER6                  ;ER6にH'80を書き込み,H'1ずつ減算して
336          BNE     TIME11                  ;ゼロになるまでの時間を稼ぐ
```

第 11 章　サイン波と三角波の生成

```
337              RTS
338
339    ;-----サブルーチン終了-----
340    ;-----文字データ-----
341              .ALIGN 2
342              .SECTION   LCDDATA,DATA,LOCATE=H'000B80
343    WVDATA: .DATA.B 127,133,139,146,152,158,164,170
344            .DATA.B 176,181,187,192,198,203,208,212
345            .DATA.B 217,221,225,229,233,236,239,242
346            .DATA.B 244,247,249,250,252,253,253,254
347            .DATA.B 254,254,253,253,252,250,249,247
348            .DATA.B 244,242,239,236,233,229,225,221
349            .DATA.B 217,212,208,203,198,192,187,181
350            .DATA.B 176,170,164,158,152,146,139,133
351            .DATA.B 127,121,115,108,102,96,90,84
352            .DATA.B 78,73,67,62,56,51,46,42
353            .DATA.B 37,33,29,25,21,18,15,12
354            .DATA.B 10,7,5,4,2,1,1,0
355            .DATA.B 0,0,1,1,2,4,5,7
356            .DATA.B 10,12,15,18,21,25,29,33
357            .DATA.B 37,42,46,51,56,62,67,73
358            .DATA.B 78,84,90,96,102,108,115,121
359    MOJI:   .SDATA "H8/3048F TEST BD 1111  11111111 "
```

> 361～377 行「；」を 343～359 行に移せば三角波形になる

```
360
361    ;WVDATA: .DATA.B 127,130,133,136,139,142,145,148
362    ;        .DATA.B 151,154,157,160,163,166,169,172
363    ;        .DATA.B 175,178,181,184,187,190,193,196
364    ;        .DATA.B 199,202,205,208,211,214,217,220
365    ;        .DATA.B 223,220,217,214,211,208,205,202
366    ;        .DATA.B 199,196,193,190,187,184,181,178
367    ;        .DATA.B 175,172,169,166,163,160,157,154
368    ;        .DATA.B 151,148,145,142,139,136,133,130
369    ;        .DATA.B 127,124,121,118,115,112,109,106
370    ;        .DATA.B 103,100,97,94,91,88,85,82
371    ;        .DATA.B 79,76,73,70,67,64,61,58
372    ;        .DATA.B 55,52,49,46,43,40,37,34
373    ;        .DATA.B 31,34,37,40,43,46,49,52
374    ;        .DATA.B 55,58,61,64,67,70,73,76
375    ;        .DATA.B 79,82,85,88,91,94,97,100
376    ;        .DATA.B 103,106,109,112,115,118,121,124
377    ;MOJI:   .SDATA "H8/3048F TEST BD 1111  11111111 "
378
379              .END
```

図 11・7　割り込み方式による波形生成テストプログラム

＊　図 11・10 では削除（41～43 行，152～155 行，308～325 行）：図 11・10 のサイン波／三角波生成テストプログラム（DMAC）の場合は，この図 11・7 のプログラムのこれらの行が削除されることを示しています．比較参考のために注記しています．

ンタクリア／トグル出力，CPU クロック 16 MHz カウント，立ち上がりエッジ動作，GRA 0 禁止などを設定し，GRB 0 に 160（10 進数表示）を書き込みます．

　CH 1：TCR 1 に "10110111" を，また TIOR 1 には "10001011" を書き込んで，GRA 1 のコンペアマッチでカウンタクリア／トグル出力，TCLKD カウント，立ち上がり／立ち下がり両エッジ動作，GRB 1 禁止などを設定します．また GRA 1 に何も書き込まない状態では割り込み周期が不定となるので，とりあえず 2 を書き込み，IMFA フラグによる割り込みを許可しておきます．

　なお，152 行で波形データの先頭番地を ER 4 レジスタに書き込んでいますが，このレジスタは，実行中のプログラムがメインルーチン，LCD 表示ルーチン，サブルーチンのどこにあっても，波形データ番地の記憶用だけの目的に使うので，サブルーチンでの ER 4 の退避は行いません．これは，いままでの章でも何回か同じようなケースがありました．覚えておきましょう．最後に ITU タイマをスタートし，CPU の割り込み動作を許可します．

◆ メインルーチン（158～171 行）：無限ループで，SW-1～4，SW-5 に変化があるかどうかを監視しています．SW-1～4 に変化があった場合は，LCD 表示と LED-1～4 の点灯ルーチンにジャンプし，SW-5 に変化があった場合は，LCD 表示と SW-5 データの GRA 1 書き込みを行います．

◆ サブルーチン（176～306 行）：大部分は図 4・6 と同じですが，SW-1～4 の状態が変化したとき点滅する LED が LED-1～4 と増加したのに伴い，266～287 行が変わっています．また，289～293 行で，変化した SW-5 のデータを GRA 1 に書き込む部分が追加されています．

◆ 割り込み処理ルーチン（309～325 行）：このルーチンの働きは，もちろん，波形データを D/A に対して転送することです．ルーチンの冒頭で ER 4 以外の使用中レジスタをスタックに退避し，そのあと ITU-CH 1 からの割り込みを禁止します．これは，割り込み処理中に次の割り込みが発生しないようにするためです．

　このあと，ER 4 に書き込まれた波形データの先頭番地（H'0000 B 80）から 1 回目のデータを DADR 0 に転送します．続いて ER 4 の番地を 1 番地進め（次のデータ転送のため），割り込みの再許可，レジスタの復帰

第11章 サイン波と三角波の生成

を経てメインルーチンに戻ります。この動作を割り込み発生のたびに繰り返すわけですが、ここで気になるのが314, 315行です。

この行ではER4の内容とH'7FのAND、およびH'B80とのORを続けて論理演算しています。これは、波形データをDADR0に転送したあとER4に書き込まれた番地に1番地加算を何回も繰り返すと、128番目のデータ転送から129番目になったとき、もう、その番地にはデータが存在しない（波形データは128個です）のでその対策です。

314, 315行のようにすると、128番目の転送終了でデータ番地は元のH'0000B80に戻ります。具体的には表11・1を参照してください。このように、データ番地のインクリメントによって転送バイト数のカウントを同時に行う方法もあります。

したがって、図11・6の割り込み処理フローに「＊データ転送数−1」という項目がありますが、考え方はこのとおりとして、実際にはデータ転送のカウント数はプログラムの表面に出てきません。

◆ **タイマサブルーチン(329〜337行)**：これは図4・6と同じです。各種の時間待ちに利用するサブルーチンですが、内容はもうご存知のはずです。

表11・1 割り込みルーチン314, 315行の意味

＊上位24ビットを表す

データ転送	操作	ER4の内容(番地)			
		＊16進	2進	2進	
1回目		0 B	1000	0000	→0 B 80
	AND	0 0	0000	0000	
	OR	0 B	1000	0000	←転送
	INC	0 B	1000	0001	
128回目		0 B	1111	1111	→0 BFF
	AND	0 0	0111	1111	
	OR	0 B	1111	1111	←転送
	INC	0 C	0000	0000	
129回目 (次の1回目)		0 C	0000	0000	→0 C 00
	AND	0 0	0000	0000	
	OR	0 B	1000	0000	←転送
	INC	0 B	1000	0001	

表中の「AND」は、AND.L #H'0000007F, ER4のこと、また「OR」は、OR.L #H'00000B80, ER4のことである。

◆ データ領域(341〜377 行)：342 行でデータセクションを宣言します。343〜358 行がサイン波のデータ，359 行が LCD 表示の文字データ，361〜376 行が三角波のデータ，そして 377 行が LCD 表示の文字データ(これは 359 行と同じ)です。なお，図 11・7 のままなら生成波形はサイン波となりますが，361〜377 行の行頭セミコロン；を 343〜359 行の行頭に移動すれば，三角波を生成することができます。

●3● プログラムの書き込みと波形の観察

作成したプログラムは，ファイル名を mbwvito.mar としました。これをいつもの手順で mbwvito.mot にアセンブルし，flash.exe で H 8/3048 F のフラッシュ ROM に書き込みます。電源 ON で直ちにサイン波がマザーボードの CN-2 の 18(ポート 7 のビット 6)ピンから出力されます。

写真 11・1 は，このプログラムで生成したサイン波形，および写真 11・2 が三角波の波形です。

生成波の周波数は SW-5 のデータで変化しますが，計算上は SW-5 = H'0 のとき生成周波数 = 780 Hz となるはずです。しかし実際はこのとおりになりませんでした。原因は割り込み処理に要する時間です。10 μs 以内にすべての処理を終えてメインルーチンに復帰できなければ，DADR 0 に対

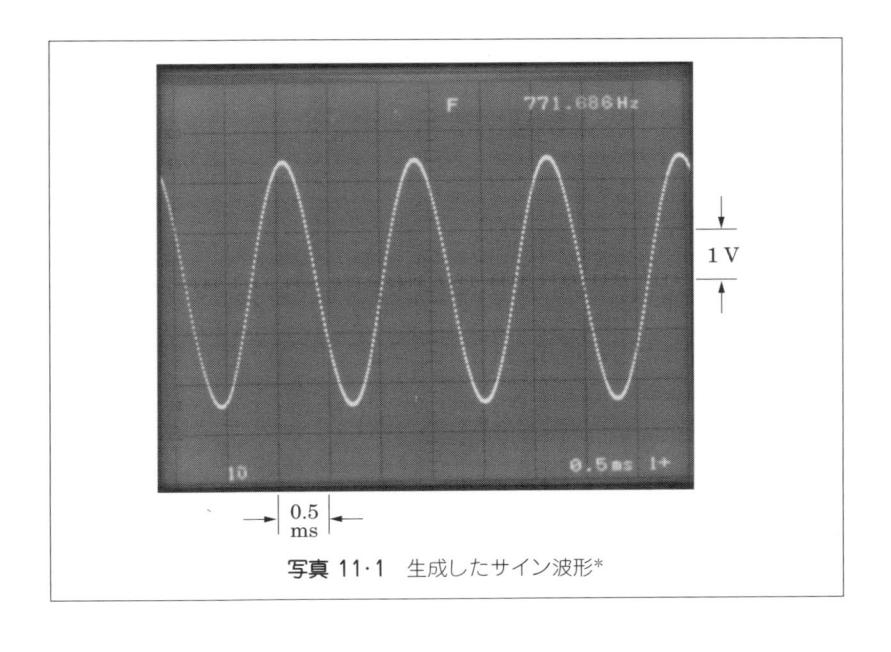

写真 11・1 生成したサイン波形*

*この波形は DMAC 方式のときのものです。波形そのものは割りこみ方式の場合でも全く同じですが，生成可能な周波数の上限が割りこみ方式の場合 390 Hz 程度であるのに対し，DMAC 方式では 3.8 kHz となっています。

写真 11・2 生成した三角波形

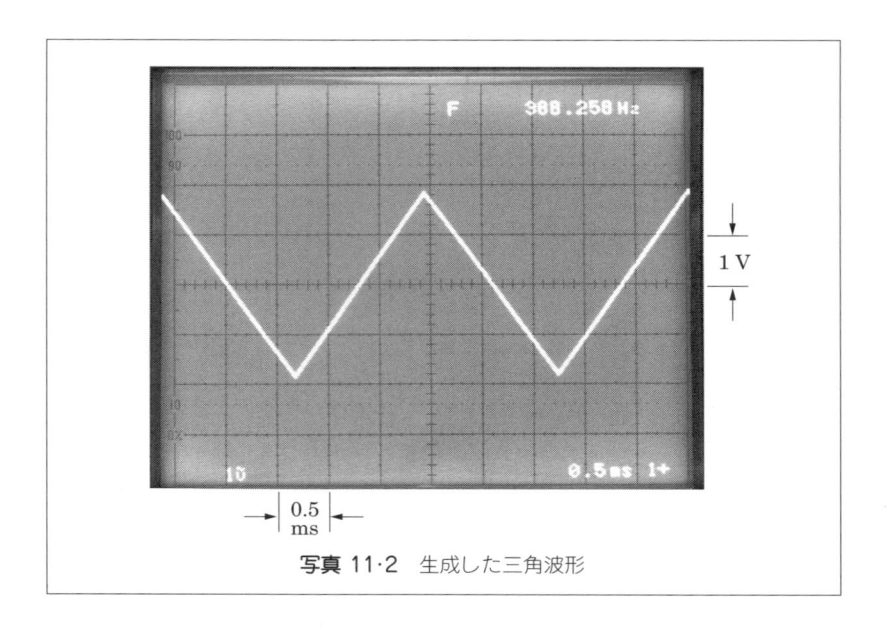

する波形データ転送の時間間隔が伸びてきます．実際は，SW-5 のデータが H'0 および H'1 のとき生成周波数 390 Hz，H'2 で 260 Hz‥H'80 では 6 Hz となりました．

また，SW-1〜4 を押すとすぐ点灯するはずの LED-1〜4 が，SW-5 データ H'0，H'1 付近ではかなり遅れて点灯し，SW-1〜4 を OFF にしてもすぐ消灯せず，しばらく点灯を続ける状態でした．CPU が時系列的に直列に作業を実行する割り込み方式では，この種の"割り込み処理に伴うメインルーチンの作業時間遅れ"問題は避けられません．そこでこんどは，DMAC を使った方式を実験してみることにしました．

11.4 ITU，DMAC による波形の生成

DMAC を使った波形生成のメカニズムは，図 **11・8** を参照してください．図 11・5 と比べて大きく変わったのは，D/A に対する波形データの転送が，CPU ではなく DMAC に任せられた点です．少なくとも波形データの転送に関しては，CPU は直接的な関係がなくなりました．ITU-CH 0/CH 1 については割り込み方式のときと同じです．

11.4 ITU, DMACによる波形の生成

図11·8 DMACによるサイン波／三角波生成のメカニズム

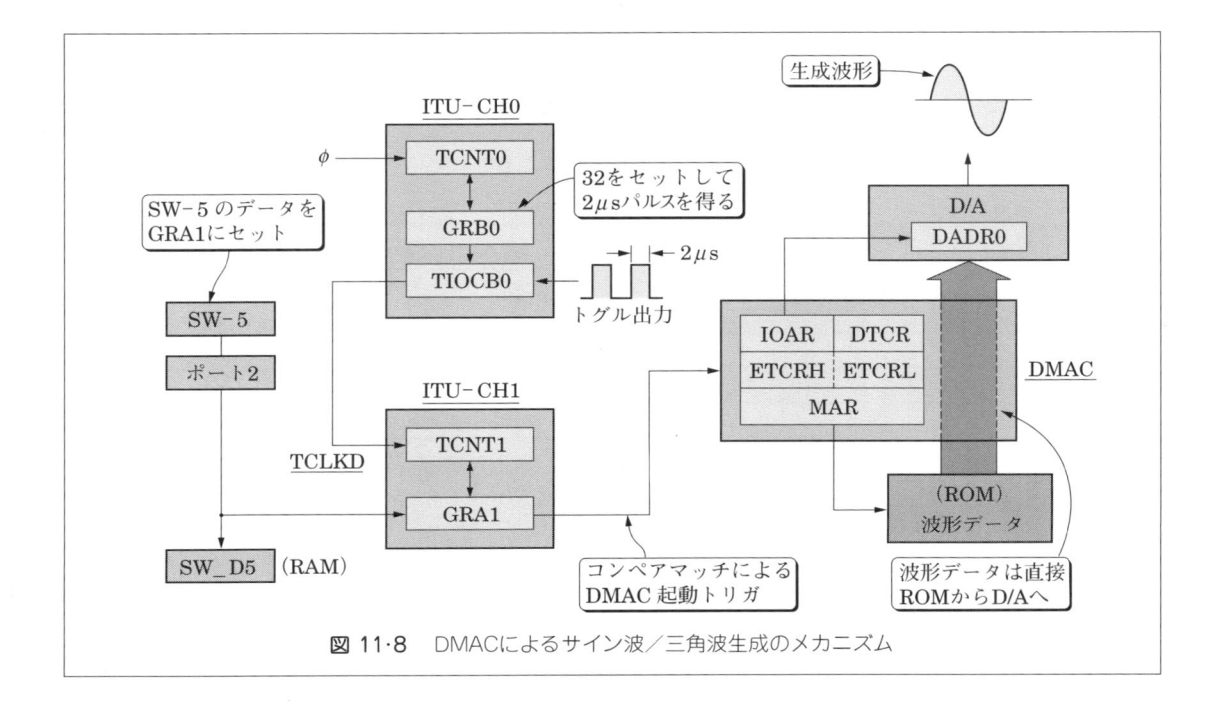

●1● 割り込み方式プログラムとの相違点

では，図**11·9**を見ながら，DMACを使った波形生成プログラムの流れを説明しましょう。

- ◆ **CPUの指定とシンボルの定義～GRA1のIMFA フラグで割り込み許可**：この部分は，割り込みベクトルの指定がなくなっただけで，ほかは図11·6と同じです。
- ◆ **DMACの初期設定**：この部分は，前項割り込みベクトルの指定がなくなった代わりに増えた項目です。設定を要する項目は，波形データが書き込まれているメモリの先頭番地(転送元番地)，そのデータの転送先番地(DADR 0)，転送バイト数，DTCRによる各種の設定(データ転送許可，転送サイズは1B単位，ソースアドレスをインクリメントする，リピートモードに設定など)を行います。
- ◆ **ITU-CH 0/CH 1のタイマスタート，CCRビット7によるCPUの割り込み動作許可**：これらは図11·6と基本的に同じです。
- ◆ **メインルーチン**：無限ループでSW-5のデータ変化を監視し，変化が

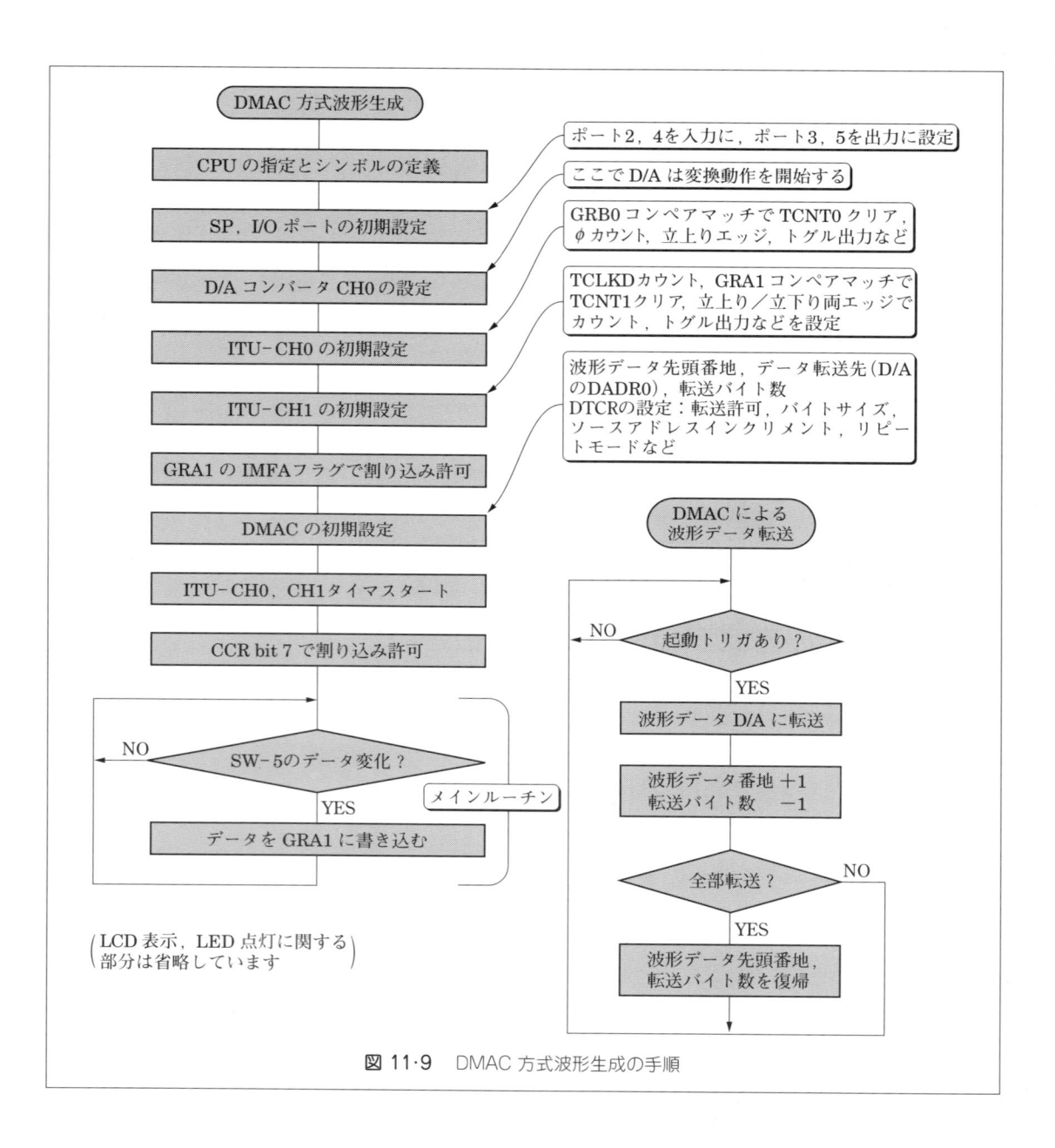

第 11 章　サイン波と三角波の生成

```
        ┌─────────────────┐
        │ DMAC 方式波形生成 │
        └─────────────────┘
                 │
        ┌─────────────────┐       ┌─────────────────────────────────┐
        │ CPU の指定とシンボルの定義 │──────│ ポート 2, 4 を入力に, ポート 3, 5 を出力に設定 │
        └─────────────────┘       └─────────────────────────────────┘
                 │                ┌─────────────────────────────────┐
        ┌─────────────────┐       │ ここで D/A は変換動作を開始する        │
        │ SP, I/O ポートの初期設定 │──────└─────────────────────────────────┘
        └─────────────────┘       ┌─────────────────────────────────┐
                 │                │ GRB0 コンペアマッチで TCNT0 クリア,    │
        ┌─────────────────┐       │ φ カウント, 立上りエッジ, トグル出力など │
        │ D/A コンバータ CH0 の設定 │──────└─────────────────────────────────┘
        └─────────────────┘       ┌─────────────────────────────────┐
                 │                │ TCLKD カウント, GRA1 コンペアマッチで  │
        ┌─────────────────┐       │ TCNT1 クリア, 立上り/立下り両エッジで  │
        │ ITU-CH0 の初期設定    │──────│ カウント, トグル出力などを設定       │
        └─────────────────┘       └─────────────────────────────────┘
                 │                ┌─────────────────────────────────┐
        ┌─────────────────┐       │ 波形データ先頭番地, データ転送先 (D/A  │
        │ ITU-CH1 の初期設定    │──────│ の DADR0), 転送バイト数              │
        └─────────────────┘       │ DTCR の設定: 転送許可, バイトサイズ,   │
                 │                │ ソースアドレスインクリメント, リピー  │
        ┌─────────────────────┐   │ トモードなど                         │
        │ GRA1 の IMFA フラグで割り込み許可 │──────└─────────────────────────────────┘
        └─────────────────────┘
                 │
        ┌─────────────────┐                    ┌─────────────────┐
        │ DMAC の初期設定    │                    │ DMAC による      │
        └─────────────────┘                    │ 波形データ転送    │
                 │                              └─────────────────┘
        ┌─────────────────────┐                         │
        │ ITU-CH0, CH1 タイマスタート │              ┌────────◇────────┐
        └─────────────────────┘          NO      │  起動トリガあり?   │
                 │                         ┌─────│                  │
        ┌─────────────────────┐            │     └────────┬────────┘
        │ CCR bit 7 で割り込み許可  │         │              │ YES
        └─────────────────────┘            │     ┌─────────────────┐
                 │                         │     │ 波形データ D/A に転送 │
        ┌────────┴──────────┐             │     └─────────────────┘
        │                    │             │              │
   ┌────◇────────┐          │             │     ┌─────────────────┐
NO │ SW-5 のデータ変化? │       │             │     │ 波形データ番地 +1   │
◄──│              │          │             │     │ 転送バイト数  -1    │
   └─────┬───────┘  メインルーチン           │     └─────────────────┘
         │ YES                              │              │
   ┌─────────────────┐                      │     ┌────────◇────────┐ NO
   │ データを GRA1 に書き込む │                 │     │    全部転送?      │──┐
   └─────────────────┘                      │     └────────┬────────┘  │
                                            │              │ YES         │
                                            │     ┌─────────────────┐   │
                                            │     │ 波形データ先頭番地, │   │
                                            │     │ 転送バイト数を復帰   │   │
                                            │     └─────────────────┘   │
                                            │              │             │
                                            └──────────────┴─────────────┘
```

(LCD 表示, LED 点灯に関する
部分は省略しています)

図 11·9　DMAC 方式波形生成の手順

11.4 ITU，DMAC による波形の生成

あればそれを GRA 1 に書き込みます。これも図 11・6 と同じです。
- ◆**DMAC による波形データ転送**：前項メインルーチンで SW-5 の状態に変化があるかどうかを監視する CPU 側の作業と併行して，GRA 1 コンペアマッチによる DMAC の起動が周期的に行われます。そしてその起動のたびに，波形データが 1 B ずつ DADR 0 に転送されます。

まず DMAC に起動トリガがかかると，波形データがデータ領域から DADR 0 に転送され，そのあと転送元番地を 1 番地インクリメント，転送バイト数を 1 B デクリメントします。この時点で波形データ全数の転送が終了していなければそのままメインルーチンに復帰，もし全数転送を完了していれば転送元番地と転送バイト数を初期値に設定しなおしてからメインルーチンに復帰します。

●2● DMAC 方式のプログラム

以上の流れで作成した DMAC 方式波形生成テストプログラムが図 11・10 です。以下，順を追って説明しましょう。
- ◆**CPU の指定〜シンボルの定義**(5〜45 行)：割り込み方式のプログラムと基本的に同じですが，24〜28 行に DMAC に関するシンボルが追加されました。
- ◆**CODE セクションの宣言〜ITU の初期設定**(48〜153 行)：この部分も，図 11・7 と同じです。ただし 143，144 行で GRB 0 にコンペアマッチ周期の定数を書き込んでいますが，これは図 11・7 の場合「160」だったものが，ここでは「32」に変更されています。この定数は D/A に波形データを転送する時間間隔を決定する要素ですが，図 11・7 のときは D/A 変換に要する 10 μs 以上にする‥と説明したはずです。しかし実際に試してみると，サイン波や三角波のように連続変化する波形データの場合，この規格値よりかなり速く変換されることがわかりました。10 μs というのは，たとえば波形データが H'00 から H'FF に急激な変化をしたとしても，この時間内で変換出力は安定する，という意味のようです。

なお，図 11・7 の 152〜155 行は，152 行が削除され，153〜155 行は DMAC 初期設定の直後（メインルーチンの直前）に 167〜169 行として移動しています。
- ◆**DMAC の初期設定**(156〜165 行)：波形データ転送元の先頭番地（ラベ

第11章 サイン波と三角波の生成

図11·10

```
 1  ;                          MBWVDMO.MAR  ROM版
 2  ;*****************************************************
 3  ;*        サイン波／三角波　生成テストプログラム(DMAC)          *
 4  ;*****************************************************
 5              .CPU  300HA            ;CPUの指定
 6              .SECTION  VECT, CODE, LOCATE=H'000000  ; セクションの宣言
 7  RES         .DATA. L INIT           ;ラベルINIT：以降のプログラム領域を確保
 8  ;-----シンボルの定義（主として番地を記号に置き換えてわかりやすくする）-----
 9  SW_D        .EQU    H'FFEF10       ;SW-1～4のON/OFF状態を記憶するRAMの番地
10  SW_D5       .EQU    H'FFEF11       ;SW-5(8bit-DIP)の状態を記憶するRAMの番地
11  LCD_D       .EQU    H'FFEF12       ;LCDに転送するデータ1バイトを一時入れるRAMの番地
12  LCD162      .EQU    H'FFEF13       ;LCD表示16文字2行分のデータを入れておくRAMの番地
13  P2DR        .EQU    H'FFFFC3       ;ポート2の入力データレジスタを指定する番地
14  P3_D        .EQU    H'FFFFC6       ;ポート3の出力データレジスタを指定する番地
15  E_SIG       .BEQU   5,P3_D         ;LCD制御信号イネーブル"E"
16  RS          .BEQU   4,P3_D         ;LCDデータ/制御識別信号"RS"
17  P4DR        .EQU    H'FFFFC7       ;ポート4の入力データレジスタを指定する番地
18  P5DR        .EQU    H'FFFFCA       ;ポート5の出力データレジスタを指定する番地
19  LED1        .BEQU   0,P5DR         ;LED1(ポート5のbit0)
20  LED2        .BEQU   1,P5DR         ;LED2(ポート5のbit1)
21  LED3        .BEQU   2,P5DR         ;LED3(ポート5のbit2)
22  LED4        .BEQU   3,P5DR         ;LED4(ポート5のbit3)
23
24  MAR0AR  .EQU    H'FFFF20           ;DMACのメモリアドレスレジスタを指定する番地
25  IOAR0A  .EQU    H'FFFF26           ;DMACのI/Oアドレスレジスタを指定する番地
26  ETCR0AH .EQU    H'FFFF24           ;DMACの転送カウントレジスタHを指定する番地
27  ETCR0AL .EQU    H'FFFF25           ;DMACの転送カウントレジスタLを指定する番地
28  DTCR0A  .EQU    H'FFFF27           ;DMACのデータトランスファコントロールレジスタの番地
29
30  DADR0   .EQU    H'FFFFDC           ;D/A(CH0)に被変換データを入力する番地
31  DACR    .EQU    H'FFFFDE           ;D/A(CH0, 1共通)コントロールレジスタの番地
32
33  TSTR    .EQU    H'FFFF60           ;タイマスタートレジスタ(CH0～4共通)の番地
34  STR0    .BEQU   0,TSTR             ;TSTRのbit0, CH0のカウント開始/停止制御
35  STR1    .BEQU   1,TSTR             ;TSTRのbit1, CH1のカウント開始/停止制御
36  GRB0    .EQU    H'FFFF6C           ;CH0の設定カウント数入力用ゼネラルレジスタB
37  GRA1    .EQU    H'FFFF74           ;CH1の設定カウント数入力用ゼネラルレジスタA
38  TMDR    .EQU    H'FFFF62           ;タイマモードレジスタ(CH0～4共通)の番地
39  TCR0    .EQU    H'FFFF64           ;CH0タイマコントロールレジスタの番地
40  TIOR0   .EQU    H'FFFF65           ;CH0タイマI/Oコントロールレジスタの番地
41  TCNT0   .EQU    H'FFFF68           ;CH0タイマカウンタの番地
42  TCR1    .EQU    H'FFFF6E           ;CH1タイマコントロールレジスタの番地
43  TIOR1   .EQU    H'FFFF6F           ;CH1タイマI/Oコントロールレジスタの番地
44  TIER1   .EQU    H'FFFF70           ;CH1タイマ割り込みイネーブル制御レジスタの番地
45  TSR1    .EQU    H'FFFF71           ;CH1タイマステータスレジスタの番地
46
47  ;-----I/Oポートの初期設定-----
48          .SECTION  ROM,CODE,LOCATE=H'000100
49  INIT:   MOV.L   #H'FFF10,ER7       ;スタックポインタの設定
50          MOV.B   #H'00,R0L          ;ポート2(SW-5に接続)を入力に設定するため
51          MOV.B   R0L,@H'FFFFC1      ;コントロールレジスタにH'00を書き込む
52          MOV.B   #H'FF,R0L          ;ポート2をプルアップに設定するため
53          MOV.B   R0L,@H'FFFFD8      ;コントロールレジスタにH'FFを書き込む
54
55          MOV.B   #H'FF,R0L          ;ポート3を出力に設定するため
56          MOV.B   R0L,@H'FFFFC4      ;コントロールレジスタにH'FFを書き込む
```

追加行*

(*p.184の注記参照。以下同様)

図 11・10

```
57
58          MOV.B      #H'00,R0L          ;ポート4を入力に設定するため
59          MOV.B      R0L,@H'FFFFC5      ;コントロールレジスタにH'00を書き込む
60          MOV.B      #H'FF,R0L          ;ポート4をプルアップに設定するため
61          MOV.B      R0L,@H'FFFFDA      ;コントロールレジスタにH'FFを書き込む
62
63          MOV.B      #H'FF,R0L          ;ポート5を出力に設定するため
64          MOV.B      R0L,@H'FFFFC8      ;コントロールレジスタにH'FFを書き込む
65
66          MOV.B      #H'5F,R0L          ;D/AコンバータCH0を動作状態にするため
67          MOV.B      R0L,@DACR          ;コントロールレジスタDACRにH'5Fを書き込む
68
69  ;-----LCDのソフトウェアリセット-----
70          JSR        @TIME00            ;16msのWAIT (4ms×4)
71          JSR        @TIME00
72          JSR        @TIME00
73          JSR        @TIME00
74
75          MOV.B      #B'00100011,R0L    ;リセットのためのファンクションセット1回目
76          MOV.B      R0L,@LCD_D         ;LCDのマニュアルに従い"00100011"を準備
77          BCLR       RS                 ;制御動作なのでRSは"0"にする
78          JSR        @LCD_OUT8          ;上記データを8bit転送サブルーチンでLCDに転送
79          JSR        @TIME00            ;リセット動作を有効にするため4msのWAIT
80
81          MOV.B      #B'00100011,R0L    ;リセットのためのファンクションセット2回目
82          MOV.B      R0L,@LCD_D         ;以下，1回目と同じ
83          BCLR       RS                 ;
84          JSR        @LCD_OUT8          ;
85          JSR        @TIME00            ;4msのWAIT
86
87          MOV.B      #B'00100011,R0L    ;リセットのためのファンクションセット3回目
88          MOV.B      R0L,@LCD_D         ;以下，1回目と同じ
89          BCLR       RS         ;
90          JSR        @LCD_OUT8          ;
91          JSR        @TIME00            ; 4msのWAIT
92
93          MOV.B      #B'00100010,R0L    ;マニュアルに従い最終回のファンクションセット
94          MOV.B      R0L,@LCD_D         ;この回だけ，転送データが"00100010"に
95          BCLR       RS                 ;変わっている点に注意
96          JSR        @LCD_OUT8          ;
97          JSR        @TIME00            ;4msのWAIT
98
99  ;-----LCDの初期設定-----
100         MOV.B      #B'00101000,R0L    ;ここで正規のファンクションセットを行う
101         MOV.B      R0L,@LCD_D         ;転送データが前項と異なっている点に注意
102         BCLR       RS                 ;LCDに対する正規のデータ転送(8bit)は
103         JSR        @LCD_OUT4          ;4bit×2回に分けてサブルーチンで行う
104         JSR        @TIME00            ;4msのWAIT
105
106         MOV.B      #B'00001110,R0L    ;LCD表示をONにする制御データをLCDに転送
107         MOV.B      R0L,@LCD_D         ;
108         BCLR       RS                 ;制御データ転送時はRSを"0"にする
109         JSR        @LCD_OUT4          ;4bit×2回転送サブルーチンへ
110         JSR        @TIME00            ;4msのWAIT
111
112         MOV.B      #B'00000110,R0L    ;エントリーモードの設定
```

第11章 サイン波と三角波の生成

```
113         MOV.B    R0L,@LCD_D        ;カーソル移動はインクリメント方向,       図11・10
114         BCLR     RS                ;表示のシフトは行わない，などを設定
115         JSR      @LCD_OUT4         ;
116         JSR      @TIME00           ;4msのWAIT
117  ;------初期設定終了------
118
119  ;------LCDの初期画面表示------
120         MOV.B    #B'00000001,R0L   ;LCD内部の表示用メモリをクリアする
121         MOV.B    R0L,@LCD_D        ;
122         BCLR     RS                ;
123         JSR      @LCD_OUT4         ;
124         JSR      @TIME00           ;4msのWAIT
125         MOV.B    #32,R0L           ;LCDに，表示する文字数を転送
126         MOV.L    #LCD162,ER1       ;LCDに表示するデータ32文字のRAM先頭番地をセット
127         MOV.L    #MOJI,ER2         ;初期表示文字データ領域の先頭番地をセット
128  SHOKI0: MOV.B   @ER2+,R0H         ;初期文字データをレジスタに入れる
129         MOV.B    R0H,@ER1          ;そのレジスタ値をLCD表示RAMに入れる
130         INC.L    #1,ER1            ;次のデータの番地を指定する
131         DEC.B    R0L               ;文字数から1を引く
132         BNE      SHOKI0            ;文字数が0になるまで繰り返す
133         JSR      @LCDDSP           ;LCD表示サブルーチンへ
134
135  ;------ITUの初期設定------
136         MOV.B    #H'80,R0L         ;TMDRにH'80を転送し
137         MOV.B    R0L,@TMDR         ;タイマを通常動作に設定する
138  ;------CH0初期設定------
139         MOV.B    #B'11000000,R0L   ;GRBのコンペアマッチでクリア，φカウント，
140         MOV.B    R0L,@TCR0         ;立上りエッジ動作などを設定
141         MOV.B    #B'10111000,R0L   ;GRBコンペアマッチでトグル出力，GRA禁止
142         MOV.B    R0L,@TIOR0        ;などを設定する
143         MOV.W    #32:16,R0         ;GRBコンペアマッチ間隔を2μsにするため
144         MOV.W    R0,@GRB0          ;GRB0に"32"をセット
145  ;------CH1初期設定------
146         MOV.B    #B'10110111,R0L   ;GRAのコンペアマッチでクリア，TCLK-Dカウント,
147         MOV.B    R0L,@TCR1         ;立上り/立下り両エッジ動作などを設定
148         MOV.B    #B'10001011,R0L   ;GRAコンペアマッチでトグル出力，GRB禁止
149         MOV.B    R0L,@TIOR1        ;などを設定する
150         MOV.W    #H'2,R0           ;GRAカウント数は
151         MOV.W    R0,@GRA1          ;とりあえず2カウント入れておく
152         MOV.B    #B'11111001,R0L   ;GRAのIMFAフラグによる割り込みを許可する
153         MOV.B    R0L,@TIER1        ;
154
155  ;-----------DMACの初期設定---------------     155～169行；追加行*
156         MOV.L    #WVDATA,ER0       ;データ転送元(波形データ)先頭番地を設定
157         MOV.L    ER0,@MAR0AR       ;
158         MOV.B    #H'DC,R0L         ;データ転送先(D/Aデータレジスタ0)番地を設定
159         MOV.B    R0L,@IOAR0A       ;
160         MOV.B    #H'80,R0L         ;転送データバイト数(128バイト)を
161         MOV.B    R0L,@ETCR0AH      ;ETCR0AHレジスタと
162         MOV.B    R0L,@ETCR0AL      ;ETCR0ALレジスタに書き込む
163         MOV.B    @DTCR0A,R0L       ;DTCR0AレジスタのDTEビットを1回読み出す
164         MOV.B    #B'10010001,R0L   ;DTCR0Aレジスタの設定：転送許可，バイトサイズ
165         MOV.B    R0L,@DTCR0A       ;ソースアドレスインクリメント，リピートモード他
166
167         BSET     STR0              ;CH0タイマスタート
168         BSET     STR1              ;CH1タイマスタート
```

11.4 ITU, DMAC による波形の生成

図 11・10

```
169            ANDC       #H'7F,CCR           ;CCRの割り込みマスクビットをクリヤし
170                                           ;割り込み許可
171  ;-----MAINルーチン-----
172            MOV.B      #0,R0L              ;SW_D, SW_D5のRAM領域をクリヤする
173            MOV.B      R0L,@SW_D           ;(この動作は最初だけで, 実質的なMAINルーチンは
174            MOV.B      R0L,@SW_D5          ;次項, BOTAN:の行からとなる)
175  BOTAN:    MOV.B      @P4DR,R0L           ;SW-1〜4の状態をR0Lに読み込む
176            MOV.B      @SW_D,R0H           ;SW_Dの内容をR0Hに読み込む
177            CMP.B      R0H,R0L             ;R0HとR0Lの内容を比較する
178            BEQ        S5CHK               ;同じなら(変化がなければ)S5CHKにジャンプ
179            JSR        @S1_4               ;変化があればS1_4サブルーチンへ
180  S5CHK:    MOV.B      @P2DR,R0L           ;SW-5の状態をR0Lに読み込む
181            MOV.B      @SW_D5,R0H          ;SW_D5の内容をR0Hに読み込む
182            CMP.B      R0H,R0L             ;両者を比較する
183            BEQ        BOTAN               ;同じなら(変化がなければ)BOTANにジャンプ
184            JSR        @S5                 ;変化があればS5サブルーチンへ
185            JMP        @BOTAN              ;
186  ;-----MAINルーチン終了-----
187
188  ;-----サブルーチン-----
189  ;-----LCD文字出力16文字×2行-----
190  LCDDSP:   PUSH.L     ER0                 ;他で使っている可能性のあるレジスタは
191            PUSH.L     ER1                 ;その内容をスタックに退避しておく
192            MOV.B      #B'00000010,R0L     ;カーソルをホーム位置にするための制御データを
193            MOV.B      R0L,@LCD_D          ;LCDに転送する
194            BCLR       RS                  ;制御データ転送なのでRSは"0"
195            JSR        @LCD_OUT4           ;8bitデータを4bit×2回で転送するサブルーチンへ
196            JSR        @TIME00             ;4msのWAIT
197  ;-----LCD表示1行目-----
198            MOV.B      #16,R0L             ;LCD表示文字数(1行分)のセット
199            MOV.L      #LCD162,ER1         ;LCD表示データRAM領域の先頭番地をセット
200  LCDDSP1:  MOV.B      @ER1+,R0H           ;表示文字データをレジスタに入れる
201            MOV.B      R0H,@LCD_D          ;文字データを転送用RAMに入れる
202            BSET       RS                  ;データ転送なのでRSを"1"にする。
203            JSR        @LCD_OUT4           ;4bit×2回の転送サブルーチンへ
204            BCLR       RS                  ;RSを"0"に戻す
205            DEC.B      R0L                 ;文字数から1を引く
206            BNE        LCDDSP1             ;文字数が0になるまで繰り返す
207            MOV.B      #B'11000000,R0L     ;カーソルを2行目に移すための制御データを
208            MOV.B      R0L,@LCD_D          ;LCDに転送する
209            BCLR       RS                  ;制御データ転送なのでRSは"0"(ビットクリヤ)
210            JSR        @LCD_OUT4           ;4bit×2回の転送サブルーチンへ
211  ;-----LCD表示2行目-----
212            MOV.B      #16,R0L             ;2行目(1行分)の文字数をセットする
213            MOV.L      #LCD162+16,ER1      ;2行目LCD表示データRAM領域の先頭番地をセット
214  LCDDSP2:  MOV.B      @ER1+,R0H           ;文字データをレジスタに入れる
215            MOV.B      R0H,@LCD_D          ;文字データを転送用RAMに入れる
216            BSET       RS                  ;データ転送なのでRSは"1"(ビットセット)
217            JSR        @LCD_OUT4           ;転送サブルーチンへ
218            BCLR       RS                  ;RSを"0"に戻す
219            DEC.B      R0L                 ;文字数から1を引く
220            BNE        LCDDSP2             ;文字数が0になるまで繰り返す
221            POP.L      ER1                 ;スタックに退避したER1,ER0の内容を復帰する
222            POP.L      ER0                 ;退避のときと順番が逆になる点に注意
223            RTS                            ;元のルーチンに戻る
224
```

```
225  ;-----LCDへのデータ/コマンドの転送(8bit)-----                              図11・10
226  LCD_OUT8: PUSH.L    ER0             ;レジスタER0の内容をスタックに退避
227            BSET      E_SIG           ;LCD制御"E"信号を"1"にする
228            MOV.B     @LCD_D,R0L      ;データ(コマンド)をLCDに転送する
229            MOV.B     R0L,@P3_D       ;
230            JSR       @TIME10         ;WAIT
231            BCLR      E_SIG           ;LCD制御"E"信号を"0"に戻す
232            JSR       @TIME10         ;WAIT
233            POP.L     ER0             ;ER0レジスタをスタックから復帰
234            RTS
235  ;-----LCDへのデータ/コマンドの転送(4bit×2回)-----
236  LCD_OUT4: PUSH.L    ER0             ;ER0レジスタの内容をスタックに退避
237  ;----- 上位4 bit 送出-----
238            BSET      E_SIG           ;LCD制御"E"信号を"1"にする
239            MOV.B     @LCD_D,R0L      ;データ(コマンド)をレジスタR0Lに入れる
240            SHLR.B    R0L             ;4bit単位の転送なので上位4 bitを
241            SHLR.B    R0L             ;下位に4bitシフトする
242            SHLR.B    R0L
243            SHLR.B    R0L
244            AND.B     #B'00001111,R0L ;データ線以外をマスクする
245            MOV.B     @P3_D,R0H       ;RS信号の退避
246            AND.B     #B'11110000,R0H ;RS信号,E信号以外をマスクする
247            OR.B      R0H,R0L         ;RS信号,E信号,データ(4bit)を
248            MOV.B     R0L,@P3_D       ;合成したすべての信号をLCDに転送
249            JSR       @TIME10         ;WAIT
250            BCLR      E_SIG           ;E信号を"0"にする
251            JSR       @TIME10         ;WAIT
252  ;----- 下位4 bit 送出-----
253            BSET      E_SIG           ;LCDのE信号を"1"にする
254            MOV.B     @LCD_D,R0L      ;データ(コマンド)をR0Lレジスタに入れる
255            AND.B     #B'00001111,R0L ;データ線下位4bit以外をマスクする
256            MOV.B     @P3_D,R0H       ;RS信号を退避
257            AND.B     #B'11110000,R0H ;RS信号,E信号以外をマスク
258            OR.B      R0H,R0L         ;RS信号,E信号,データ(4 bit)を
259            MOV.B     R0L,@P3_D       ;合成したすべての信号をLCDに転送
260            JSR       @TIME10         ;WAIT
261            BCLR      E_SIG           ;LCDのE信号を"0"にする
262            JSR       @TIME10         ;WAIT
263            POP.L     ER0             ;ER0レジスタの内容を復帰させる
264            RTS
265
266  ;-----SW-1~4の状況をLCD表示する-----
267  S1_4:     MOV.B     R0L,@SW_D       ;現在の状態をRAM領域SW_Dに格納する
268            MOV.B     #4,R1L          ;文字数(スイッチ数)のセット
269            MOV.L     #LCD162+21,ER2  ;LCD表示の先頭番地をER2にセット
270            MOV.B     @SW_D,R0L       ;スイッチの状態をレジスタR0Lに読み込む
271  BOTAN0:   ROTL.B    R0L             ;R0Lの最上位bitを最下位bitにローテート
272            MOV.B     R0L,R0H
273            AND.B     #B'00000001,R0H ;最下位bitのみ"1"か"0"かを判定
274            OR.B      #B'00110000,R0H ;H'30を加算してアスキーコードに変換
275            MOV.B     R0H,@-ER2       ;この結果をLCD表示RAM領域に格納
276            DEC.B     R1L             ;文字数から1を引く
277            BNE       BOTAN0          ;文字数が0になるまで(4bit分)繰り返す
278            JSR       @LCDDSP         ;LCD表示ルーチンへジャンプ
279  ;-----LEDの点灯(S1~S4に対応)-----
280  SW1LED:   MOV.B     @SW_D,R0L       ;現在のSW-1~4の状態をR0Lに
```

11.4 ITU，DMACによる波形の生成

図11・10

```
281             BTST      #4,R0L              ; SW-1の状態をチェック
282             BEQ       BOTAN1              ; 押されていればBOTAN1にジャンプ
283             BCLR      LED1                ; 押されていなければ消灯
284             JMP       @SW2LED             ;
285   BOTAN1:   BSET      LED1                ; 押されているのでLED1点灯
286   SW2LED:   BTST      #5,R0L              ; SW-2の状態をチェック
287             BEQ       BOTAN2              ; 押されていればBOTAN2にジャンプ
288             BCLR      LED2                ; 押されていなければ消灯
289             JMP       @SW3LED             ;
290   BOTAN2:   BSET      LED2                ; 押されているのでLED2点灯
291   SW3LED:   BTST      #6,R0L              ; SW-3の状態をチェック
292             BEQ       BOTAN3              ; 押されていればBOTAN3にジャンプ
293             BCLR      LED3                ; 押されていなければ消灯
294             JMP       @SW4LED             ;
295   BOTAN3:   BSET      LED3                ; 押されているのでLED3点灯
296   SW4LED:   BTST      #7,R0L              ; SW-4の状態をチェック
297             BEQ       BOTAN4              ; 押されていればBOTAN4にジャンプ
298             BCLR      LED4                ; 押されていなければ消灯
299             RTS                           ; もとのルーチンに戻る
300   BOTAN4:   BSET      LED4                ; 押されているのでLED4点灯
301             RTS                           ; もとのルーチンに戻る
302   ;-----SW-5の状態のLCD表示-----
303   S5:       MOV.B     R0L,@SW_D5          ; 現在のSW-5の状態をRAM領域SW_D5に格納
304             MOV.W     #H'0,R1             ;
305             MOV.W     R1,@TCNT0           ; カウンタTCNT0の内容をクリヤ
306             EXTU.W    R0                  ; R0Lの内容を16bitにゼロ拡張
307             MOV.W     R0,@GRA1            ; それをGRA1に書き込む
308             MOV.B     #8,R1L              ; 表示文字数(8bit分の"1"または"0")のセット
309             MOV.L     #LCD162+23,ER2      ; LCD表示データRAMの先頭番地をER2に書き込む
310             MOV.B     @SW_D5,R0L          ; SW_D5の内容をR0Lレジスタに読み込む
311   BOTAN5:   ROTL.B    R0L                 ; 左ローテートで最上位bitを最下位bitへ
312             MOV.B     R0L,R0H             ; それをR0Hへ転送
313             AND.B     #B'00000001,R0H     ; 最下位bit以外はマスクする
314             OR.B      #B'00110000,R0H     ; H'30を加算してアスキーコードに変換
315             MOV.B     R0H,@ER2            ; それをLCD表示RAM領域に格納
316             INC.L     #1,ER2              ; LCD表示RAMの番地を1進める
317             DEC.B     R1L                 ; セットした文字数から1を引く
318             BNE       BOTAN5              ; 文字数が0になるまで繰り返す
319             JSR       @LCDDSP             ; LCD表示サブルーチンへジャンプ
320             RTS                           ; もとのルーチンへ戻る
321
322   ;-----タイマ-----
323
324   TIME00:   MOV.L     #H'1900,ER6         ; 4ms TIMER
325   TIME01:   SUB.L     #1,ER6
326             BNE       TIME01
327             RTS
328
329   TIME10:   MOV.L     #H'80,ER6           ; 80μs TIMER
330   TIME11:   SUB.L     #1,ER6
331             BNE       TIME11
332             RTS
333
334   ;-----サブルーチン終了-----
335   ;-----文字データ-----
336             .ALIGN 2
```

第 11 章　サイン波と三角波の生成

```
337                .SECTION LCDDATA,DATA,LOCATE=H'000B80
338     WVDATA:    .DATA.B 127,133,139,146,152,158,164,170
339                .DATA.B 176,181,187,192,198,203,208,212
340                .DATA.B 217,221,225,229,233,236,239,242
341                .DATA.B 244,247,249,250,252,253,253,254
342                .DATA.B 254,254,253,253,252,250,249,247
343                .DATA.B 244,242,239,236,233,229,225,221
344                .DATA.B 217,212,208,203,198,192,187,181
345                .DATA.B 176,170,164,158,152,146,139,133
346                .DATA.B 127,121,115,108,102,96,90,84
347                .DATA.B 78,73,67,62,56,51,46,42
348                .DATA.B 37,33,29,25,21,18,15,12
349                .DATA.B 10,7,5,4,2,1,1,0
350                .DATA.B 0,0,1,1,2,4,5,7
351                .DATA.B 10,12,15,18,21,25,29,33
352                .DATA.B 37,42,46,51,56,62,67,73
353                .DATA.B 78,84,90,96,102,108,115,121
354     MOJI:      .SDATA "H8/3048F TEST BD 1111  11111111 "
355
356     ;WVDATA:   .DATA.B 127,130,133,136,139,142,145,148
357     ;          .DATA.B 151,154,157,160,163,166,169,172
358     ;          .DATA.B 175,178,181,184,187,190,193,196
359     ;          .DATA.B 199,202,205,208,211,214,217,220
360     ;          .DATA.B 223,220,217,214,211,208,205,202
361     ;          .DATA.B 199,196,193,190,187,184,181,178
362     ;          .DATA.B 175,172,169,166,163,160,157,154
363     ;          .DATA.B 151,148,145,142,139,136,133,130
364     ;          .DATA.B 127,124,121,118,115,112,109,106
365     ;          .DATA.B 103,100,97,94,91,88,85,82
366     ;          .DATA.B 79,76,73,70,67,64,61,58
367     ;          .DATA.B 55,52,49,46,43,40,37,34
368     ;          .DATA.B 31,34,37,40,43,46,49,52
369     ;          .DATA.B 55,58,61,64,67,70,73,76
370     ;          .DATA.B 79,82,85,88,91,94,97,100
371     ;          .DATA.B 103,106,109,112,115,118,121,124
372     ;MOJI:     .SDATA "H8/3048F TEST BD 1111  11111111 "
373
374                .END
```

図 11・10　DMAC方式波形生成テストプログラム

＊　追加行(24〜28行，155〜169行)：DMAC方式とするため，図 11・7 のプログラムに追加された行を示します。図 11・7 で「削除」と書かれた行は，この図 11・10 では削除されています。

ル WVDATA：)を MAR 0 AR に，データ転送先番地(DADR 0)を IOAR 0 A に，データ転送バイト数「H'80(10進数の128)」を ETCR 0 AH と ETCR 0 AL に，それぞれ書き込みます。次に DTCR 0 A レジスタの DTE ビットを一度読み出してから，データ転送許可，転送サイズは 1 B，ソースアドレスはインクリメントする，リピートモードに設定，などの制御コードを DTCR 0 A に書き込みます。

11.4 ITU, DMAC による波形の生成

- **タイマスタートと CPU 割り込み許可**(167～169 行)：ITU タイマのカウント開始，CPU に対する割り込み動作の許可などは，メインルーチンの開始直前に行います。
- **メインルーチン以降**(172～372 行)：メインルーチン以降の，サブルーチン，タイマルーチン，データ領域などは，図 11・7 のプログラムと同じです。

●3● DMAC 方式は高い周波数でよく働く

　完成した DMAC 方式波形生成テストプログラムは，ファイル名を mbwvdmo.mar としました．これをいつものようにアセンブルして．mot タイプのファイルに変換し，H 8/3048 F のフラッシュ ROM に書き込みます．電源 ON で直ちにマザーボード CN-2 の 18(ポート 7-ビット 6)ピンから生成波形が出力されます．

　生成波形そのものは，当然ながら，前節の割り込み方式のものとまったく同じですが，生成周波数は SW-5 のデータが H'0 で 3.8 kHz，H'1 で 1.9 kHz，H'2 のとき 1.27 kHz‥と，TCLKD が 2 μs としてほぼ計算値どお

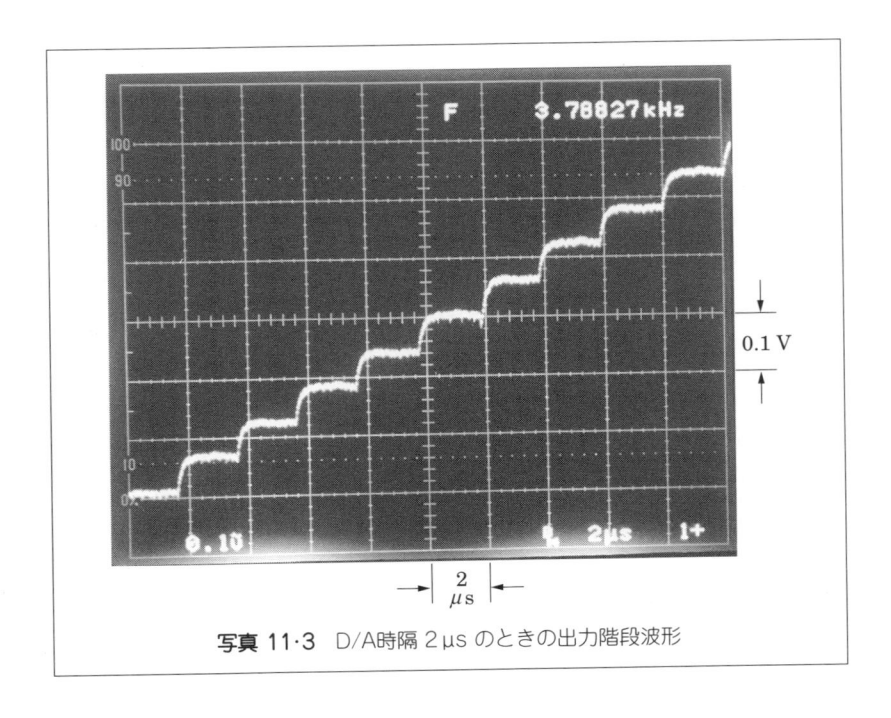

写真 11・3 D/A時隔 2 μs のときの出力階段波形

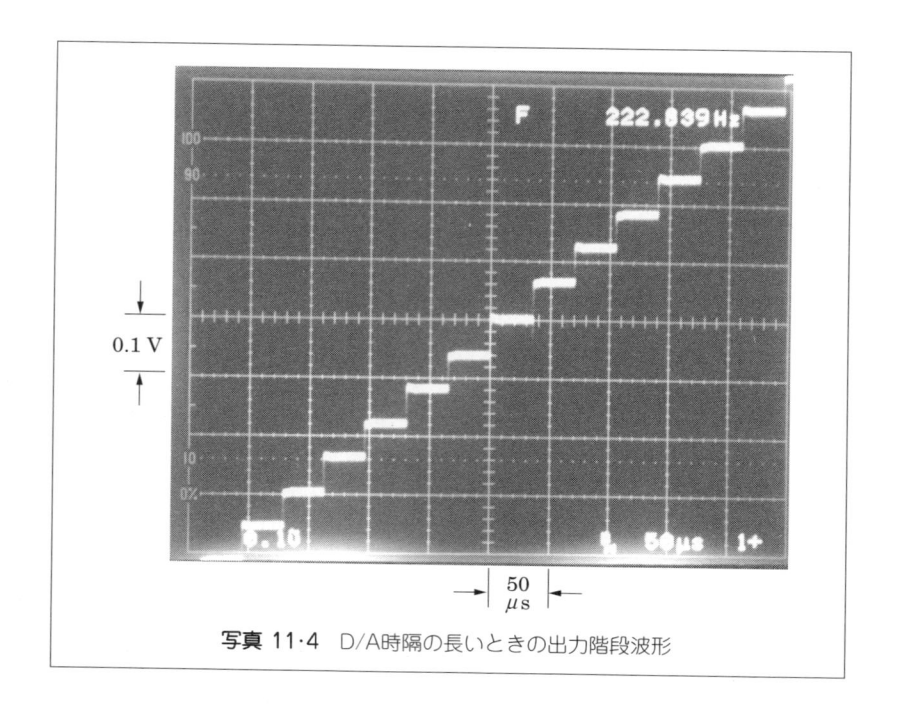

第11章　サイン波と三角波の生成

写真 11・4　D/A時隔の長いときの出力階段波形

りになりました．また，SW-1〜4を押したとき直ちにLED 1〜4が点滅し，時間遅れの現象は見られませんでした．

　このようにDMAC方式では，波形データ転送に関して，割り込み処理方式のようなCPUに対する負担がありませんから，D/Aコンバータの変換速度が追従できる限り，データ転送時間間隔を短縮して高い周波数の波形を生成することが可能となります．実験の結果では，前記のように最小転送時間間隔をTCLKDの2μsにしても追従してくれました．これを確認するには，写真 **11・3** のように生成波形の階段状変化を観察すればOKです．この写真の場合，階段波形の立ち上がりが少し丸くなっていますが，2μs経過後は水平に安定していて，D/A変換が確実に追従していることを示しています．しかしこれは，あくまでも連続変化データ転送の場合ですから，いつでもうまくいくとは限りません．基本的にはマニュアルの10μsを尊重すべきでしょう．参考のため，十分低い周波数帯における階段状波形を写真 **11・4** に示しておきます．

複数のプログラムを
割り込みで切り換えて起動する

―――― 第 12 章

　前章までに作成したいろいろなプログラムは，H 8/3048 F に対し同時には 1 種類しか書き込むことができませんでした．実験とはいえ 128 kB ものフラッシュ ROM を，わずか 1〜2 kB 程度のプログラム 1 種類だけで使うのはもったいない？話です．そこで割り込みの勉強も兼ね，4〜5 種類程度のプログラムを切り換えて使えるように工夫してみました．

　作成するプログラムは，第 11 章の mbwvdmo.mar をベースに，サイン波生成，三角波生成，D/A・A/D 変換，シリアル送信，ノンオーバラップ 4 相波生成の 5 プログラムを，NMI（ノンマスカブルインタラプト），IRQ 0〜IRQ 2（外部割り込み）を使って切り換えられるようにしたものです．

12.1　プログラム切り換えの原理

● 1 ● プログラムの構成

　図 12・1 を見てください．今回作成するプログラムの全体構成です．このプログラムで電源を ON にすると mbwvdmo.mot に相当する部分が起動され，初期設定を経てメインルーチンの実行が開始されます．そして同時に DMAC と D/A の働きでサイン波が生成されます．

　このプログラムでは，CPU の指定のあと，NMI，IRQ 0，IRQ 1，IRQ 2 の割り込みベクトルが設定されています．そこで，それぞれに対応する割り込み処理ルーチンとして，上記の三角波生成，D/A・A/D‥などのプログラムを配置すれば，それぞれのプログラムに移行できるという仕掛けです．

　この方法でプログラムを切り換えた場合，普通の割り込み処理ルーチン

第12章 複数のプログラムを割り込みで切り換えて起動する

メモリの番地	プログラム
	CPUの指定
H'00001C	割り込みベクトル
H'000100	シンボルの定義 I/Oポートの初期設定 LCDのソフトウェアリセット LCDの初期設定 LCDの初期画面表示 ITUの初期設定（CH0，CH0） DMACの初期設定
H'000230	メインルーチン
H'00025C	既存サブルーチン LCD文字出力16文字×2行 ～LCDへのデータ／コマンドの転送 SW-1～4の状況をLCDに表示 LEDの点灯（SW-1～4に対応） SW-5の状態のLCD表示
	割り込み処理ルーチン
H'0003DA	NON OVERLAP 4P PROGRAM
H'00043A	SERIAL PROGRAM
H'00046C	D/A, A/D 割り込みルーチン 液晶表示 S6, A/D 電圧値変換，10進（アスキーコード）変換
H'00056C	三角波 DMAC の初期設定
H'0005C2	タイマ・サブルーチン
H'000B80	WVDATA：サイン波データ
H'000C00	MOJI：H8/3048F TEST BD
H'000C20	ノンオーバラップ波形データ
H'000C28	MOJI1：E= 0.000 V
H'000C48	WVDATAT：三角波データ

種別	ベクタ	ジャンプ先
NMI	H'00001C	H'000056C
IRQ0	H'000030	H'000046C
IRQ1	H'000034	H'00043A
IRQ2	H'000038	H'00003DA

初期設定： IRQ0～IRQ2を許可するため，IERにH'07の書き込みを追加

アセンブラが自動的に割り当ててくれる

IRQ2：ノンオーバラップ4相波の生成		H'0003DA
IRQ1：シリアル送信		H'00043A
IRQ0：D/A，A/D 変換		H'00046C
NMI：三角波生成		H'00056C

（■は，ベースのプログラムに追加または変更を加えた部分）

＊サイン波／三角波生成テストプログラム（DMAC）；MBWVDMO.MALがベースです
＊このような割り込み処理のやり方は，あくまでも実験用で，変則的なものです

図 12・1 複数プログラムを割り込みで切り換える構成

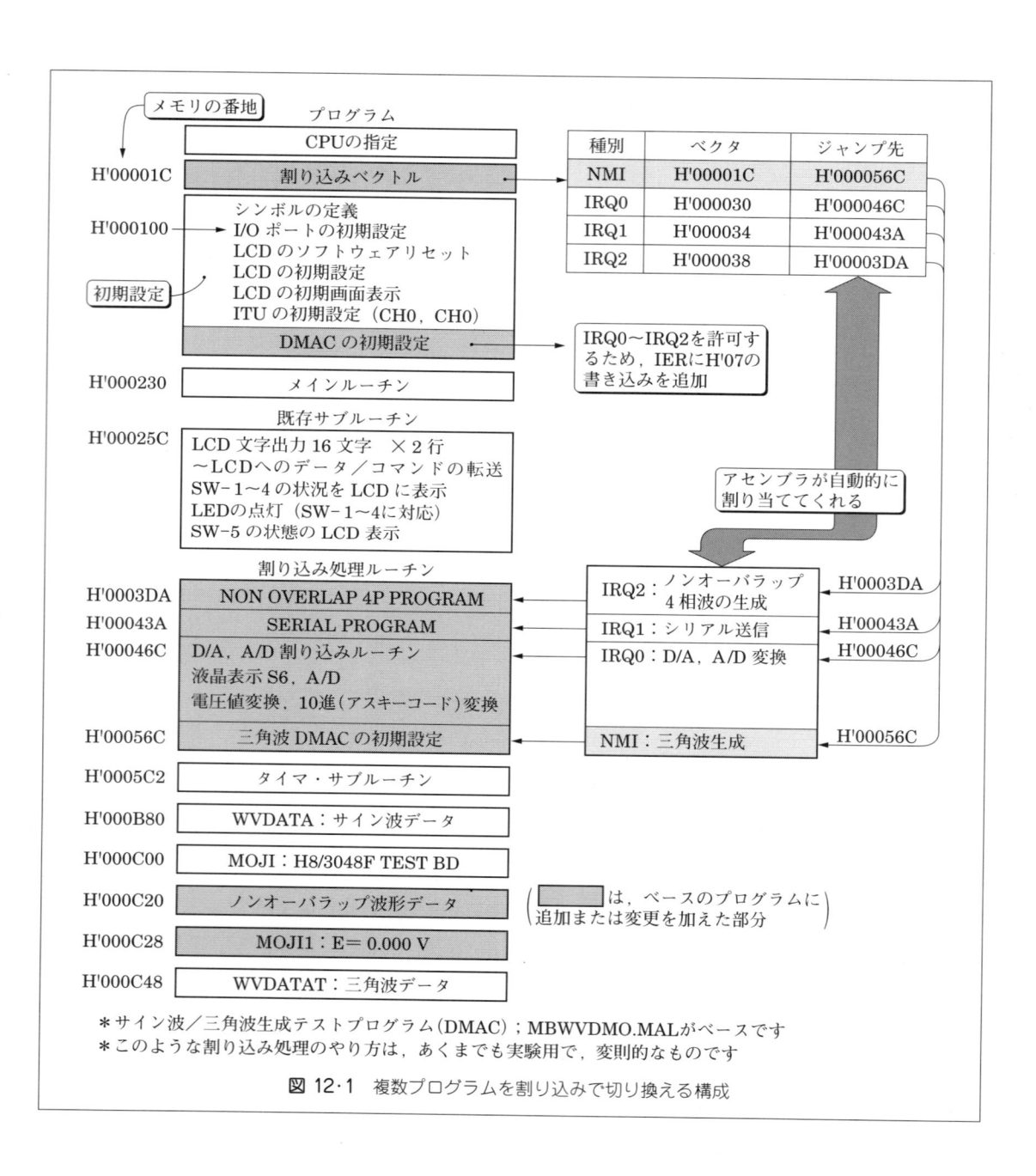

のように，作業が終了したら元のプログラムに復帰するというのではなく，移行先の作業をそのまま続行する形になります。したがってプログラム作成上は，次のような注意が必要です。

・基本的に，起動時の初期設定は移行先の各プログラムに共通して引き継がれますから，それぞれの割り込み処理ルーチン内において必要な各種の設定がこの起動時の設定と異なる場合は，処理ルーチンの冒頭で修正する，などの対策が必要です。

・割り込み処理ルーチンにジャンプしたら，もう元のプログラムには戻らないのが原則ですから，レジスタの退避は必要ありません。その代わり，元のプログラムで使用中のレジスタ内容がそのまま引き継がれるので，それが不都合なら処理ルーチン側で対策を講じます。また，割り込みに伴う戻り番地や CCR の退避が自動的に行われてしまうことも忘れないようにしてください。

・起動から一度他のプログラムにジャンプし，そのあとさらに他のプログラムに移りたい場合は，一旦リセットしてから目的のプログラムに移行するようにします。こうしないと，レジスタの使い方や周辺の設定が混乱して正常に動作しなくなります。

・既存のサブルーチンは，独立して使うことを前提にプログラムされていますから，割り込み処理ルーチンからも自由に呼び出して使うことができます。ただし，割り込みルーチン側で使用中のレジスタなどについて，その退避と復帰がサブルーチン側で完全にプログラムされているかどうかのチェックが必要です。

●2● 割り込み用スイッチの増設

　本章のプログラムを実行するには，マザーボードに外部割り込み要求用のスイッチを増設する必要があります。接続方法は図 **12・2** を参照してください。割り込み用の他にリセットスイッチも必要です。筆者はタクトスイッチと称する 6 mm 角ほどの小さなスイッチを使いましたが，プッシュ ON タイプのものなら何でも OK です。

　なお，これらの割り込み関連入力ピンは，図のように抵抗でプルアップします。ただし，RES，NMI については，すでにプルアップ済みなのでその必要はありません。

第12章 複数のプログラムを割り込みで切り換えて起動する

図12・2 NMI, TRQ$_0$〜IRQ$_0$ スイッチの増設

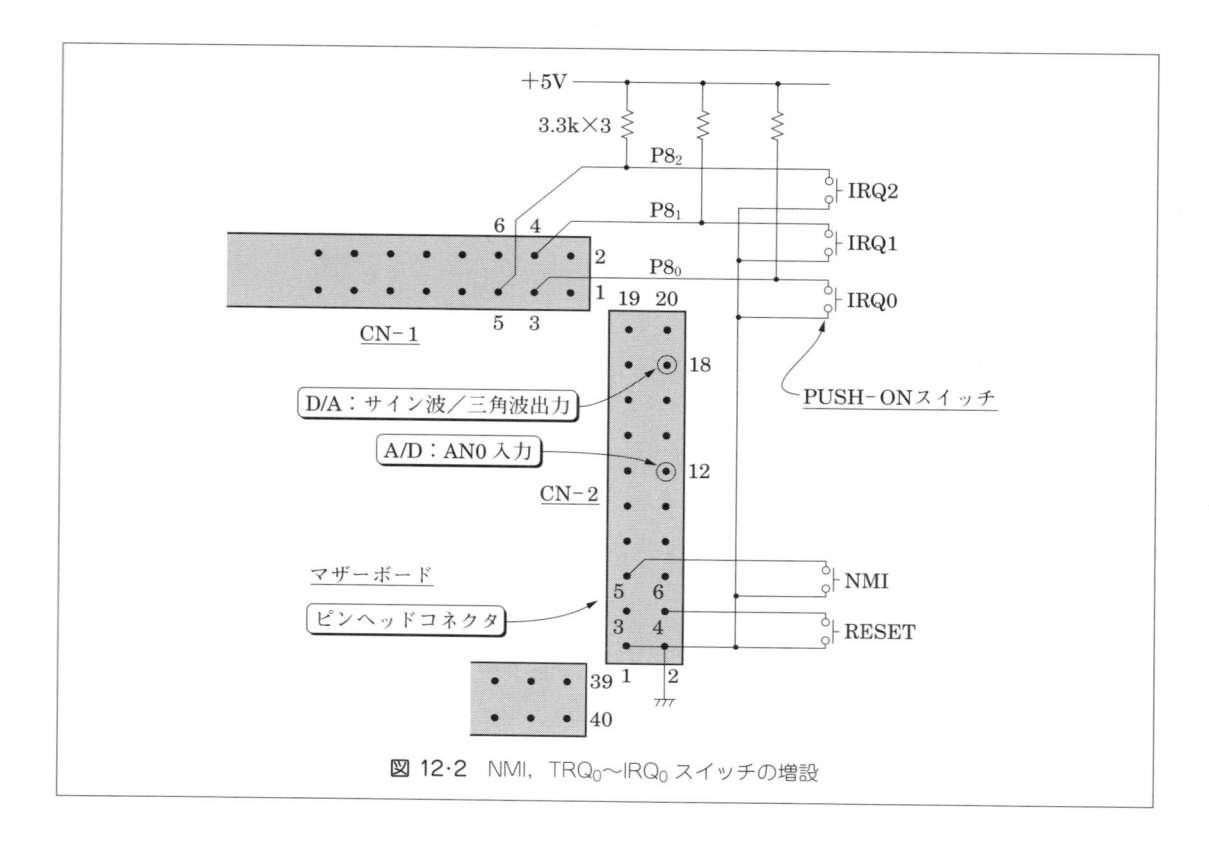

12.2 プログラムの作成と実験

●1● プログラムの作成

　図 **12・3** が今回作成したプログラムです．もう，プログラムの流れなどについての説明はいらないでしょう．ファイル名はとりあえず sougou 2. mar としておきます．以下，順に説明しましょう．

◆割り込みベクタの設定（10〜15 行）：NMI のベクタは H'00001 C なので，9 行に「.ORG　H'00001 C」と書いてから 10 行で処理ルーチンのラベル名「TRI」を記述します．これで，アセンブラが他のルーチンの配置も考慮した上で，最適番地をラベル TRI：に割り当ててくれます．

　IRQ 0〜IRQ 2 についてはベクタ領域が連続しているので先頭 IRQ 0

図12·3

```
1   ;                          SOUGOU2.MAR ROM版
2   ;***************************************************
3   ;*    サイン波／三角波，4相8bit，シリアル，D/A, A/D      *
4   ;***************************************************
5   ;-----CPUの指定-----
6              .CPU 300HA                  ;使用するCPUの種類を指定する
7              .SECTION VECT, CODE, LOCATE=0   ;リセットベクトル設定
8   RES        .DATA.L INIT                ;リセット直後のプログラム開始領域確保
9   ;-----------割り込みベクトル-------------
10             .ORG     H'00001C           ;
11  NMI        .DATA.L  TRI                ;三角波生成
12             .ORG     H'000030
13  IRQ0       .DATA.L  DAD                ;D/A, A/D変換プログラム
14  IRQ1       .DATA.L  SER                ;シリアルデータ送信プログラム
15  IRQ2       .DATA.L  NOVL4              ;4相ノンオーバラップ波形生成プログラム
16  ;-----シンボルの定義（主として番地を記号に置き換えてわかりやすくする）-----
17  SW_D       .EQU     H'FFEF10           ;SW-1～4のON/OFF状態を記憶するRAMの番地
18  SW_D5      .EQU     H'FFEF11           ;SW-5(8bit-DIP)の状態を記憶するRAMの番地
19  LCD_D      .EQU     H'FFEF12           ;LCDに転送するデータ1バイトを一時入れるRAMの番地
20  LCD162     .EQU     H'FFEF13           ;LCD表示16文字2行分のデータを入れておくRAMの番地
21  LC_DATA    .EQU     H'FFEF34           ;10進変換結果を格納するRAMの番地
22  P2DR       .EQU     H'FFFFC3           ;ポート2の入力データレジスタを指定する番地
23  P3_D       .EQU     H'FFFFC6           ;ポート3の出力データレジスタを指定する番地
24  E_SIG      .BEQU    5,P3_D             ;LCD制御信号イネーブル"E"
25  RS         .BEQU    4,P3_D             ;LCDデータ/制御識別信号"RS"
26  P4DR       .EQU     H'FFFFC7           ;ポート4の入力データレジスタを指定する番地
27  P5DR       .EQU     H'FFFFCA           ;ポート5の出力データレジスタを指定する番地
28  IER        .EQU     H'FFFFF5           ;IRQイネーブルレジスタの番地
29  LED1       .BEQU    0,P5DR             ;LED1(ポート5のbit0)
30  LED2       .BEQU    1,P5DR             ;LED2(ポート5のbit1)
31  LED3       .BEQU    2,P5DR             ;LED3(ポート5のbit2)
32  LED4       .BEQU    3,P5DR             ;LED4(ポート5のbit3)
33
34  MAR0AR     .EQU     H'FFFF20           ;DMACのメモリアドレスレジスタを指定する番地
35  IOAR0A     .EQU     H'FFFF26           ;DMACのI/Oアドレスレジスタを指定する番地
36  ETCR0AH    .EQU     H'FFFF24           ;DMACの転送カウントレジスタHを指定する番地
37  ETCR0AL    .EQU     H'FFFF25           ;DMACの転送カウントレジスタLを指定する番地
38  DTCR0A     .EQU     H'FFFF27           ;DMACのデータトランスファコントロールレジスタの番地
39  ADCSR      .EQU     H'FFFFE8           ;A/Dコントロール/ステータスレジスタの番地
40  ADST       .BEQU    5,ADCSR            ;ADCSRのbit5，変換開始/停止を選択
41  ADF        .BEQU    7,ADCSR            ;ADCSRのbit7，変換終了を示すフラグ
42  ADDRAH     .EQU     H'FFFFE0           ;A/D変換結果を入れる上位8bitレジスタの番地
43  ADDRAL     .EQU     H'FFFFE1           ;A/D変換結果を入れる下位8bitレジスタの番地
44  DADR0      .EQU     H'FFFFDC           ;D/A(CH0)に被変換データを入力する番地
45  DACR       .EQU     H'FFFFDE           ;D/A(CH0,1共通)コントロールレジスタの番地
46
47  TSTR       .EQU     H'FFFF60           ;タイマスタートレジスタ(CH0～4共通)の番地
48  STR0       .BEQU    0,TSTR             ;TSTRのbit0，CH0のカウント開始/停止制御
49  STR1       .BEQU    1,TSTR             ;TSTRのbit1，CH1のカウント開始/停止制御
50  GRB0       .EQU     H'FFFF6C           ;CH0の設定カウント数入力用ゼネラルレジスタBの番地
51  GRA1       .EQU     H'FFFF74           ;CH1の設定カウント数入力用ゼネラルレジスタAの番地
52  TMDR       .EQU     H'FFFF62           ;タイマモードレジスタ(CH-0～4共通)の番地
53  TCR0       .EQU     H'FFFF64           ;CH0タイマコントロールレジスタの番地
54  TIOR0      .EQU     H'FFFF65           ;CH0タイマI/Oコントロールレジスタの番地
55  TCNT0      .EQU     H'FFFF68           ;CH0タイマカウンタの番地
56  TCR1       .EQU     H'FFFF6E           ;CH1タイマコントロールレジスタの番地
```

```
 57   TIOR1    .EQU      H'FFFF6F        ;CH1タイマI/Oコントロールレジスタの番地        図12・3
 58   TIER1    .EQU      H'FFFF70        ;CH1タイマ割り込みイネーブル制御レジスタの番地
 59   TSR1     .EQU      H'FFFF71        ;CH1タイマステータスレジスタの番地
 60
 61   SMR0     .EQU      H'FFFFB0        ;シリアルモードレジスタ0を指定する番地
 62   BRR0     .EQU      H'FFFFB1        ;ビットレートレジスタ0を指定する番地
 63   SCR0     .EQU      H'FFFFB2        ;シリアルコントロールレジスタ0を指定する番地
 64   TE       .BEQU     5,SCR0          ;トランスミットイネーブル(SCR0のbit5)
 65   TDR0     .EQU      H'FFFFB3        ;トランスミットデータレジスタ0を指定する番地
 66   SSR0     .EQU      H'FFFFB4        ;シリアルステータスレジスタ0を指定する番地
 67   TDRE     .BEQU     7,SSR0          ;トランスミットデータエンプティ(SSR0のbit7)
 68
 69   TIER0    .EQU      H'FFFF66        ;CH0のタイマインタラプトイネーブルレジスタの番地
 70   TSR0     .EQU      H'FFFF67        ;CH0のタイマステータスレジスタの番地
 71   GRA0     .EQU      H'FFFF6A        ;タイマCH0のジェネラルレジスタAの番地
 72   TPMR     .EQU      H'FFFFA0        ;TPC出力モードレジスタの番地
 73   TPCR     .EQU      H'FFFFA1        ;TPC出力コントロールレジスタの番地
 74   NDERB    .EQU      H'FFFFA2        ;TPCネクストデータイネーブルレジスタBの番地
 75   NDRB     .EQU      H'FFFFA4        ;TPCネクストデータレジスタBの番地
 76   PBDDR    .EQU      H'FFFFD4        ;ポートBデータディレクションレジスタの番地
 77   PBDR     .EQU      H'FFFFD6        ;ポートBデータレジスタの番地
 78
 79   ;-----I/Oポートの初期設定-----
 80            .SECTION ROM,CODE,LOCATE=H'000100
 81   INIT:    MOV.L     #H'FFF10,ER7    ;スタックポインタの設定
 82            MOV.B     #H'00,R0L       ;ポート2(SW-5に接続)を入力に設定するため
 83            MOV.B     R0L,@H'FFFFC1   ;コントロールレジスタにH'00を書き込む
 84            MOV.B     #H'FF,R0L       ;ポート2をプルアップに設定するため
 85            MOV.B     R0L,@H'FFFFD8   ;コントロールレジスタにH'FFを書き込む
 86
 87            MOV.B     #H'FF,R0L       ;ポート3を出力に設定するため
 88            MOV.B     R0L,@H'FFFFC4   ;コントロールレジスタにH'FFを書き込む
 89
 90            MOV.B     #H'00,R0L       ;ポート4を入力に設定するため
 91            MOV.B     R0L,@H'FFFFC5   ;コントロールレジスタにH'00を書き込む
 92            MOV.B     #H'FF,R0L       ;ポート4をプルアップに設定するため
 93            MOV.B     R0L,@H'FFFFDA   ;コントロールレジスタにH'FFを書き込む
 94
 95            MOV.B     #H'FF,R0L       ;ポート5を出力に設定するため
 96            MOV.B     R0L,@H'FFFFC8   ;コントロールレジスタにH'FFを書き込む
 97
 98            MOV.B     #H'5F,R0L       ;D/AコンバータCH0を動作状態にするため
 99            MOV.B     R0L,@DACR       ;コントロールレジスタDACRにH'5Fを書き込む
100
101   ;-----LCDのソフトウェアリセット-----
102            JSR       @TIME00         ;16msのWAIT (4ms×4)
103            JSR       @TIME00
104            JSR       @TIME00
105            JSR       @TIME00
106
107            MOV.B     #B'00100011,R0L ;リセットのためのファンクションセット1回目
108            MOV.B     R0L,@LCD_D      ;LCDのマニュアルに従い"00100011"を準備
109            BCLR      RS              ;制御動作なのでRSは"0"にする
110            JSR       @LCD_OUT8       ;上記データを8bit転送サブルーチンでLCDに転送
111            JSR       @TIME00         ;リセット動作を有効にするため4msのWAIT
112
```

113		MOV.B	#B'00100011,R0L	;リセットのためのファンクションセット2回目	図 12・3
114		MOV.B	R0L,@LCD_D	;以下，1回目と同じ	
115		BCLR	RS	;	
116		JSR	@LCD_OUT8	;	
117		JSR	@TIME00	;4msのWAIT	
118					
119		MOV.B	#B'00100011,R0L	;リセットのためのファンクションセット3回目	
120		MOV.B	R0L,@LCD_D	;以下，1回目と同じ	
121		BCLR	RS ;		
122		JSR	@LCD_OUT8	;	
123		JSR	@TIME00	;4msのWAIT	
124					
125		MOV.B	#B'00100010,R0L	;マニュアルに従い最終回のファンクションセット	
126		MOV.B	R0L,@LCD_D	;この回だけ，転送データが"00100010"に	
127		BCLR	RS	;変わっている点に注意	
128		JSR	@LCD_OUT8	;	
129		JSR	@TIME00	;4msのWAIT	
130					
131	;----LCDの初期設定----				
132		MOV.B	#B'00101000,R0L	;ここで正規のファンクションセットを行う	
133		MOV.B	R0L,@LCD_D	;転送データが前項と異なっている点に注意	
134		BCLR	RS	;LCDに対する正規のデータ転送(8bit)は	
135		JSR	@LCD_OUT4	;4bit×2回に分けてサブルーチンで行う	
136		JSR	@TIME00	;4msのWAIT	
137					
138		MOV.B	#B'00001110,R0L	;LCD表示をONにする制御データをLCDに転送	
139		MOV.B	R0L,@LCD_D	;	
140		BCLR	RS	;制御データ転送時はRSを"0"にする	
141		JSR	@LCD_OUT4	;4bit×2回転送サブルーチンへ	
142		JSR	@TIME00	;4msのWAIT	
143					
144		MOV.B	#B'00000110,R0L	;エントリーモードの設定	
145		MOV.B	R0L,@LCD_D	;カーソル移動はインクリメント方向，	
146		BCLR	RS	;表示のシフトは行わない，などを設定	
147		JSR	@LCD_OUT4	;	
148		JSR	@TIME00	;4msのWAIT	
149	;----初期設定終了----				
150					
151	;----LCDの初期画面表示----				
152		MOV.B	#B'00000001,R0L	;LCD内部の表示用メモリをクリヤする	
153		MOV.B	R0L,@LCD_D	;	
154		BCLR	RS	;	
155		JSR	@LCD_OUT4	;	
156		JSR	@TIME00	;4msのWAIT	
157		MOV.B	#32,R0L	;LCDに，表示する文字数を転送	
158		MOV.L	#LCD162,ER1	;LCDに表示するデータ32文字のRAM先頭番地をセット	
159		MOV.L	#MOJI,ER2	;初期表示文字データ領域の先頭番地をセット	
160	SHOKI0:	MOV.B	@ER2+,R0H	;初期文字データをレジスタに入れる	
161		MOV.B	R0H,@ER1	;そのレジスタ値をLCD表示RAMに入れる	
162		INC.L	#1,ER1	;次のデータの番地を指定する	
163		DEC.B	R0L	;文字数から1を引く	
164		BNE	SHOKI0	;文字数が0になるまで繰り返す	
165		JSR	@LCDDSP	;LCD表示サブルーチンへ	
166					
167	;----ITUの初期設定----				
168		MOV.B	#H'80,R0L	;TMDRにH'80を転送し	

第12章　複数のプログラムを割り込みで切り換えて起動する

```
169          MOV.B    R0L,@TMDR        ;タイマを通常動作に設定する                    図12・3
170  ;----CH0初期設定----
171          MOV.B    #B'11000000,R0L  ;GRBのコンペアマッチでクリヤ，φカウント，
172          MOV.B    R0L,@TCR0        ;立上りエッジ動作などを設定
173          MOV.B    #B'10111000,R0L  ;GRBコンペアマッチでトグル出力，GRA禁止
174          MOV.B    R0L,@TIOR0       ;などを設定する
175          MOV.W    #32:16,R0        ;GRBコンペアマッチ間隔を2μsにするため
176          MOV.W    R0,@GRB0         ;GRB0に"32"をセット
177  ;----CH1初期設定----
178          MOV.B    #B'10110111,R0L  ;GRAのコンペアマッチでクリヤ，TCLK-Dカウント，
179          MOV.B    R0L,@TCR1        ;立上り/立下り両エッジ動作などを設定
180          MOV.B    #B'10001011,R0L  ;GRAコンペアマッチでトグル出力，GRB禁止
181          MOV.B    R0L,@TIOR1       ;などを設定する
182          MOV.W    #H'2,R0          ;GRAカウント数は，
183          MOV.W    R0,@GRA1         ;とりあえず2カウント入れておく
184          MOV.B    #B'11111001,R0L  ;GRAのIMFAフラグによる割り込みを許可する
185          MOV.B    R0L,@TIER1       ;
186
187  ;------------DMACの初期設定--------------
188          MOV.L    #WVDATA,ER0      ;データ転送元(波形データ)先頭番地を設定
189          MOV.L    ER0,@MAR0AR      ;
190          MOV.B    #H'DC,R0L        ;データ転送先(D/Aデータレジスタ0)番地を設定
191          MOV.B    R0L,@IOAR0A      ;
192          MOV.B    #H'80,R0L        ;転送データバイト数(128バイト)を
193          MOV.B    R0L,@ETCR0AH     ;ETCR0AHレジスタと
194          MOV.B    R0L,@ETCR0AL     ;ETCR0ALレジスタに書き込む
195          MOV.B    @DTCR0A,R0L      ;DTCR0AレジスタのDTEビットを1回読み出す
196          MOV.B    #B'10010001,R0L  ;DTCR0Aレジスタの設定：転送許可，バイトサイズ
197          MOV.B    R0L,@DTCR0A      ;ソースアドレスインクリメント，リピートモード他
198          MOV.B    #B'00000111,R0L  ;IRQ0割り込みを許可するため
199          MOV.B    R0L,@IER         ;IERレジスタにH'07を書き込む
200          BSET     STR0             ;CH0タイマスタート
201          BSET     STR1             ;CH1タイマスタート
202          ANDC     #H'7F,CCR        ;CCRの割り込みマスクビットをクリヤし，割り込み許可
203
204  ;----MAINルーチン----
205          MOV.B    #0,R0L           ;SW_D，SW_D5のRAM領域をクリヤする
206          MOV.B    R0L,@SW_D        ;(この動作は最初だけで，実質的なMAINルーチンは
207          MOV.B    R0L,@SW_D5       ;次項，BOTAN:の行からとなる)
208  BOTAN:  MOV.B    @P4DR,R0L        ;SW-1～4の状態をR0Lに読み込む
209          MOV.B    @SW_D,R0H        ;SW_Dの内容をR0Hに読み込む
210          CMP.B    R0H,R0L          ;R0HとR0Lの内容を比較する
211          BEQ      S5CHK            ;同じなら(変化がなければ)S5CHKにジャンプ
212          JSR      @S1_4            ;変化があればS1_4サブルーチンへ
213  S5CHK:  MOV.B    @P2DR,R0L        ;SW-5の状態をR0Lに読み込む
214          MOV.B    @SW_D5,R0H       ;SW_D5の内容をR0Hに読み込む
215          CMP.B    R0H,R0L          ;両者を比較する
216          BEQ      BOTAN            ;同じなら(変化がなければ)BOTANにジャンプ
217          JSR      @S5              ;変化があればS5サブルーチンへ
218          JMP      @BOTAN           ;
219  ;----MAINルーチン終了----
220
221  ;----サブルーチン----
222  ;----LCD文字出力16文字×2行----
223  LCDDSP: PUSH.L   ER0              ;他で使っている可能性のあるレジスタは
224          PUSH.L   ER1              ;その内容をスタックに退避しておく
```

```
225             MOV.B     #B'00000010,R0L   ;カーソルをホーム位置にするための制御データを   図12・3
226             MOV.B     R0L,@LCD_D        ;LCDに転送する
227             BCLR      RS                ;制御データ転送なのでRSを"0"
228             JSR       @LCD_OUT4         ;8bitデータを4bit×2回で転送するサブルーチンへ
229             JSR       @TIME00           ;4msのWAIT
230 ;-----LCD表示1行目-----
231             MOV.B     #16,R0L           ;LCD表示文字数(1行分)のセット
232             MOV.L     #LCD162,ER1       ;LCD表示データRAM領域の先頭番地をセット
233 LCDDSP1:    MOV.B     @ER1+,R0H         ;表示文字データをレジスタに入れる
234             MOV.B     R0H,@LCD_D        ;文字データを転送用RAMに入れる
235             BSET      RS                ;データ転送なのでRSを"1"にする。
236             JSR       @LCD_OUT4         ;4bit×2回の転送サブルーチンへ
237             BCLR      RS                ;RSを"0"に戻す
238             DEC.B     R0L               ;文字数から1を引く
239             BNE       LCDDSP1           ;文字数が0になるまで繰り返す
240             MOV.B     #B'11000000,R0L   ;カーソルを2行目に移すための制御データを
241             MOV.B     R0L,@LCD_D        ;LCDに転送する
242             BCLR      RS                ;制御データ転送なのでRSは"0"(ビットクリヤ)
243             JSR       @LCD_OUT4         ;4bit×2回の転送サブルーチンへ
244 ;-----LCD表示2行目-----
245             MOV.B     #16,R0L           ;2行目(1行分)の文字数をセットする
246             MOV.L     #LCD162+16,ER1    ;2行目LCD表示データRAM領域の先頭番地をセット
247 LCDDSP2:    MOV.B     @ER1+,R0H         ;文字データをレジスタに入れる
248             MOV.B     R0H,@LCD_D        ;文字データを転送用RAMに入れる
249             BSET      RS                ;データ転送なのでRSは"1"(ビットセット)
250             JSR       @LCD_OUT4         ;転送サブルーチンへ
251             BCLR      RS                ;RSを"0"に戻す
252             DEC.B     R0L               ;文字数から1を引く
253             BNE       LCDDSP2           ;文字数が0になるまで繰り返す
254             POP.L     ER1               ;スタックに退避したER1,ER0の内容を復帰する
255             POP.L     ER0               ;退避のときと順番が逆になる点に注意
256             RTS                         ;もとのルーチンに戻る
257
258 ;-----LCDへのデータ/コマンドの転送(8bit)-----
259 LCD_OUT8:   PUSH.L    ER0               ;レジスタER0の内容をスタックに退避
260             BSET      E_SIG             ;LCD制御"E"信号を"1"にする
261             MOV.B     @LCD_D,R0L        ;データ(コマンド)をLCDに転送する
262             MOV.B     R0L,@P3_D         ;
263             JSR       @TIME10           ;WAIT
264             BCLR      E_SIG             ;LCD制御"E"信号を"0"に戻す
265             JSR       @TIME10           ;WAIT
266             POP.L     ER0               ;ER0レジスタをスタックから復帰
267             RTS
268 ;-----LCDへのデータ/コマンドの転送(4bit×2回)-----
269 LCD_OUT4:   PUSH.L    ER0               ;ER0レジスタの内容をスタックに退避
270 ;----- 上位4bit送出-----
271             BSET      E_SIG             ;LCD制御"E"信号を"1"にする
272             MOV.B     @LCD_D,R0L        ;データ(コマンド)をレジスタR0Lに入れる
273             SHLR.B    R0L               ;4bit単位の転送なので上位4bitを
274             SHLR.B    R0L               ;下位に4bitシフトする
275             SHLR.B    R0L
276             SHLR.B    R0L
277             AND.B     #B'00001111,R0L   ;データビット以外をマスクする
278             MOV.B     @P3_D,R0H         ;RS信号の退避
279             AND.B     #B'11110000,R0H   ;RS信号、E信号以外をマスクする
280             OR.B      R0H,R0L           ;RS信号、E信号、データ(4bit)を
```

281		MOV.B	R0L,@P3_D	;合成したすべての信号をLCDに転送
282		JSR	@TIME10	;WAIT
283		BCLR	E_SIG	;E信号を"0"にする
284		JSR	@TIME10	;WAIT
285	;----- 下位 4 bit 送出-----			
286		BSET	E_SIG	;LCDのE信号を"1"にする
287		MOV.B	@LCD_D,R0L	;データ(コマンド)をR0Lレジスタに入れる
288		AND.B	#B'00001111,R0L	;データ線下位4bit以外をマスクする
289		MOV.B	@P3_D,R0H	;RS信号を退避
290		AND.B	#B'11110000,R0H	;RS信号,E信号以外をマスク
291		OR.B	R0H,R0L	;RS信号,E信号,データ(4 bit)を
292		MOV.B	R0L,@P3_D	;合成したすべての信号をLCDに転送
293		JSR	@TIME10	;WAIT
294		BCLR	E_SIG	;LCDのE信号を"0"にする
295		JSR	@TIME10	;WAIT
296		POP.L	ER0	;ER0レジスタの内容を復帰させる
297		RTS		
298				
299	;-----SW-1〜4の状況をLCD表示する-----			
300	S1_4:	MOV.B	R0L,@SW_D	;現在の状態をRAM領域SW_Dに格納する
301		MOV.B	#4,R1L	;文字数(スイッチ数)のセット
302		MOV.L	#LCD162 + 21,ER2	;LCD表示の先頭番地をER2にセット
303		MOV.B	@SW_D,R0L	;スイッチの状態をレジスタR0Lに読み込む
304	BOTAN0:	ROTL.B	R0L	;R0Lの最上位bitを最下位bitにローテート
305		MOV.B	R0L,R0H	;
306		AND.B	#B'00000001,R0H	;最下位bitのみ"1"か"0"かを判定
307		OR.B	#B'00110000,R0H	;H'30を加算してアスキーコードに変換
308		MOV.B	R0H,@-ER2	;この結果をLCD表示RAM領域に格納
309		DEC.B	R1L	;文字数から1を引く
310		BNE	BOTAN0	;文字数が0になるまで(4bit分)繰り返す
311		JSR	@LCDDSP	;LCD表示ルーチンへジャンプ
312	;-----LEDの点灯(SW-1〜4に対応)-----			
313	SW1LED:	MOV.B	@SW_D,R0L	;現在のSW-1〜4の状態をR0Lに読み込む
314		BTST	#4,R0L	;SW-1の状態をチェック
315		BEQ	BOTAN1	;押されていればBOTAN1にジャンプ
316		BCLR	LED1	;押されていなければ消灯
317		JMP	@SW2LED	
318	BOTAN1:	BSET	LED1	;押されているのでLED1点灯
319	SW2LED:	BTST	#5,R0L	;SW-2の状態をチェック
320		BEQ	BOTAN2	;押されていればBOTAN2にジャンプ
321		BCLR	LED2	;押されていなければ消灯
322		JMP	@SW3LED	
323	BOTAN2:	BSET	LED2	;押されているのでLED2点灯
324	SW3LED:	BTST	#6,R0L	;SW-3の状態をチェック
325		BEQ	BOTAN3	;押されていればBOTAN3にジャンプ
326		BCLR	LED3	;押されていなければ消灯
327		JMP	@SW4LED	
328	BOTAN3:	BSET	LED3	;押されているのでLED3点灯
329	SW4LED:	BTST	#7,R0L	;SW-4の状態をチェック
330		BEQ	BOTAN4	;押されていればBOTAN4にジャンプ
331		BCLR	LED4	;押されていなければ消灯
332		RTS		;もとのルーチンに戻る
333	BOTAN4:	BSET	LED4	;押されているのでLED4点灯
334		RTS		;もとのルーチンに戻る
335	;-----SW-5の状態のLCD表示-----			
336	S5:	MOV.B	R0L,@SW_D5	;現在のSW-5の状態をRAM領域SW_D5に格納

図 12・3

```
337            MOV.W    #H'0,R1             ;                                      図12·3
338            MOV.W    R1,@TCNT0           ;カウンタTCNT0の内容をクリヤ
339            EXTU.W   R0                  ;R0Lの内容を16bitにゼロ拡張
340            MOV.W    R0,@GRA1            ;それをGRA1に書き込む
341            MOV.B    #8,R1L              ;表示文字数(8bit分の"1"または"0")のセット
342            MOV.L    #LCD162+23,ER2      ;LCD表示データRAMの先頭番地をER2に書き込む
343            MOV.B    @SW_D5,R0L          ;SW_D5の内容をR0Lレジスタに読み込む
344  BOTAN5:   ROTL.B   R0L                 ;左ローテートで最上位bitを最下位bitへ
345            MOV.B    R0L,R0H             ;それをR0Hへ転送
346            AND.B    #B'00000001,R0H     ;最下位bit以外はマスクする
347            OR.B     #B'00110000,R0H     ;H'30を加算してアスキーコードに変換
348            MOV.B    R0H,@ER2            ;それをLCD表示RAM領域に格納
349            INC.L    #1,ER2              ;LCD表示RAMの番地を1進める
350            DEC.B    R1L                 ;セットした文字数から1を引く
351            BNE      BOTAN5              ;文字数が0になるまで繰り返す
352            JSR      @LCDDSP             ;LCD表示サブルーチンへジャンプ
353            RTS                          ;もとのルーチンへ戻る
354
355   ;---------------NON OVERLAP 4P PROGRAM------------------
356  NOVL4:    MOV.B    #H'00,R0L           ;TSTRにH'00を転送し
357            MOV.B    R0L,@TSTR           ;タイマを停止させる
358            MOV.B    @P2DR,R1L           ;8P-DIPSWのON/OFFデータをポート2から読み込み
359            MOV.B    @NONOVL,R0L         ;それをRAM領域に書き込んであるノンオーバラップ期間
360            MULXU.B  R1L,R0              ;のデータと掛け算してGRA0に書き込む
361            MOV.W    R0,@GRA0            ;これで波形のノンオーバラップ期間が設定される
362            MOV.B    @PERIOD,R0L         ;同様にポート2からの周期倍率データを
363            MULXU.B  R1L,R0              ;RAM領域に書き込んである波形周期データと掛け算し
364            MOV.W    R0,@GRB0            ;GRB0に書き込む。出力波形の周期が設定される
365            MOV.B    #H'40,R0L           ;TCR0に"40"を書き込み,GRBコンペアマッチで
366            MOV.B    R0L,@TCR0           ;カウンタクリヤなどの条件設定を行う
367            MOV.B    #H'01,R0L           ;TIER0に"01"を書き込み
368            MOV.B    R0L,@TIER0          ;カウンタにIMFAフラグによる割り込みを許可する
369            MOV.B    #H'3C,R0L           ;TPCから最初に出力する波形データを
370            MOV.B    R0L,@PBDR           ;PBDRに書き込む
371            MOV.B    #H'FF,R0L           ;TPCのPBDDRに"FF"を書き込み,
372            MOV.B    R0L,@PBDDR          ;ポート2をTP8～TP15の出力端子に設定する
373            MOV.B    R0L,@NDERB          ;NDERBに"FF"を書き込み,NDRBへのデータ転送を許可
374            MOV.B    #H'FC,R0L           ;TPMRに"FC"を書き込んで
375            MOV.B    R0L,@TPMR           ;ノンオーバラップ動作を設定
376            MOV.B    #H'00,R0L           ;TPCRに"00"を書き込んで,TP8～TP15が
377            MOV.B    R0L,@TPCR           ;タイマのCH0により出力がトリガされるように設定
378            MOV.B    #H'1E,R0L           ;PBDRに次回送り込むネクストデータを
379            MOV.B    R0L,@NDRB           ;NBRDに書き込んでおく
380            MOV.L    #PULSE,ER0          ;データ転送元の先頭番地を設定
381            MOV.L    ER0,@MAR0AR         ;
382            MOV.B    #H'A4,R0L           ;データ転送先の番地を設定
383            MOV.B    R0L,@IOAR0A         ;
384            MOV.B    #H'05,R0L           ;転送データバイト数を
385            MOV.B    R0L,@ETCR0AH        ;ETCR0AHレジスタと
386            MOV.B    R0L,@ETCR0AL        ;ETCR0ALレジスタに書き込む
387            MOV.B    @DTCR0A,R0L         ;一度,DTCR0Aを読み出す
388            MOV.B    #B'10010000,R0L     ;DTCR0Aの設定:転送許可,バイトサイズ
389            MOV.B    R0L,@DTCR0A         ;ソースアドレスインクリメント,リピートモード他
390            BSET     STR0                ;タイマカウンタCH-0を動作開始させる
391            ANDC     #H'7F,CCR           ;CCRのbit7をクリヤし,CPUに割り込みを許可する
392  TPCWV:    BRA      TPCWV               ;ここでぐるぐる回りをする
```

図 12・3

```
393
394     ;--------------SERIAL PROGRAM-------------------
395
396     SERI:     MOV.B    #B'00000000,R0L   ;R0Lに"H'00"を書き込んでそれをSCR0,SMR0に転送
397               MOV.B    R0L,@SCR0         ;RIE,TIE,TEIE,MPIE,TE,REを"0"に,クロックを選択
398               MOV.B    R0L,@SMR0         ;送信フォーマット設定(調歩,8bit,NP,stop1bit)
399               MOV.B    #51,R0L           ;ビットレート設定のためBRR0に"#51"を書き込む
400               MOV.B    R0L,@BRR0         ;この場合は9600 bit/sに設定される
401               MOV.B    #B'10101010,R0L   ;SW_D5に初期値として"10101010"を書き込む
402               MOV.B    R0L,@SW_D5
403               JSR      @TIME10           ;1 bit以上の期間待って初期化完了
404               BSET     TE                ;送信を許可する
405     RDFLG:    BTST     TDRE              ;送信データは空か?(送信完了でTDRE=1になる)
406               BEQ      RDFLG             ;空でなければ空になるまで待つ(RDFLGにジャンプ)
407               MOV.B    @SW_D5,R0L        ;空なら送信データ(SW_D5の内容)を
408               MOV.B    R0L,@TDR0         ;TDR0に書き込む
409               BCLR     TDRE              ;TDREを"0"にして8bit分の送信を開始する
410               MOV.B    @P2DR,R0L         ;SW-5の状態(変化)をSW_D5に読み込む
411               MOV.B    R0L,@SW_D5        ;8bit分の送信が完了するまで
412               JMP      @RDFLG            ;RDFLGにジャンプして待つ
413     ;
414     ;-----D/A,A/D割り込みルーチン-----
415     DAD:      MOV.B    #B'11111000,R0L   ;GRAのIMFAフラグによる割り込みを禁止する
416               MOV.B    R0L,@TIER1
417               MOV.B    #B'00000001,R0L   ;LCD内部の表示用メモリをクリヤする
418               MOV.B    R0L,@LCD_D        ;
419               BCLR     RS                ;
420               JSR      @LCD_OUT4         ;
421               JSR      @TIME00           ;4msのWAIT
422               MOV.B    #32,R0L           ;LCDに,表示する文字数を転送
423               MOV.L    #LCD162,ER1       ;LCDに表示するデータ32文字のRAM先頭番地をセット
424               MOV.L    #MOJI1,ER2        ;初期表示文字データ領域の先頭番地をセット
425     SHOK:     MOV.B    @ER2+,R0H         ;初期文字データをレジスタに入れる
426               MOV.B    R0H,@ER1          ;そのレジスタ値をLCD表示RAMに入れる
427               INC.L    #1,ER1            ;次のデータの番地を指定する
428               DEC.B    R0L               ;文字数から1を引く
429               BNE      SHOK              ;文字数が0になるまで繰り返す
430               JSR      @LCDDSP           ;LCD表示サブルーチン
431               MOV.B    #0,R0L            ;SW_D,SW_D5のRAM領域をクリヤする
432               MOV.B    R0L,@SW_D         ;(この動作は最初だけで,実質的なMAINルーチンは
433               MOV.B    R0L,@SW_D5        ;次項,BOTA:の行からとなる)
434     BOTA:     MOV.B    @P4DR,R0L         ;SW-1~4の状態をR0Lに読み込む
435               MOV.B    @SW_D,R0H         ;SW_Dの内容をR0Hに読み込む
436               CMP.B    R0H,R0L           ;R0HとR0Lの内容を比較する
437               BEQ      S5CH              ;同じなら(変化がなければ)S5CHにジャンプ
438               JSR      @S1_4             ;変化があればS1_4サブルーチンへ
439     S5CH:     MOV.B    @P2DR,R0L         ;SW-5の状態をR0Lに読み込む
440               MOV.B    @SW_D5,R0H        ;SW_D5の内容をR0Hに読み込む
441               CMP.B    R0H,R0L           ;両者を比較する
442               BEQ      BOTA              ;同じなら(変化がなければ)BOTAにジャンプ
443               MOV.B    R0L,@DADR0        ;SW-5の状態をD/Aに入力
444               JSR      @S6               ;変化があればS6サブルーチンへ
445               JMP      @BOTA
446     ;-----液晶表示S6-----
447     S6:       MOV.B    R0L,@SW_D5        ;現在のSW-5の状態をRAM領域SW_D5に格納
448               JSR      @AD               ;
```

449		MOV.B	#8,R1L	;表示文字数(8bit分の"1"または"1")のセット
450		MOV.L	#LCD162+23,ER2	;LCD表示データRAMの先頭番地をER2に書き込む
451		MOV.B	@SW_D5,R0L	;SW_D5の内容をR0Lレジスタに読み込む
452	BOTAN8:	ROTL.B	R0L	;左ローテートで最上位bitを最下位bitへ
453		MOV.B	R0L,R0H	;それをR0Hへ転送
454		AND.B	#B'00000001,R0H	;最下位bit以外はマスクする
455		OR.B	#B'00110000,R0H	;H'30を加算してアスキーコードに変換
456		MOV.B	R0H,@ER2	;それをLCD表示RAM領域に格納
457		INC.l	#1,ER2	;LCD表示RAMの番地を1進める
458		DEC.B	R1L	;セットした文字数から1を引く
459		BNE	BOTAN8	;文字数が0になるまで繰り返す
460		JSR	@LCDDSP	;LCD表示サブルーチンへジャンプ
461		RTS		;もとのルーチンへ戻る
462	;------A/D------			
463	AD:	JSR	@TIME10	;D/A変換安定までWAIT
464		BSET	ADST	;A/D変換開始
465	ADEND:	BTST	ADF	;A/D変換終了したか?
466		BEQ	ADEND	;終了していなければADENDへ
467		MOV.L	#0,ER1	;変換結果を入れるレジスタER1をクリヤ
468		MOV.B	@ADDRAH,R1H	;変換値の上位8bitをR1の上位へ
469		MOV.B	@ADDRAL,R1L	;変換値の下位2bitをR1の下位へ
470		BCLR	ADF	;変換終了フラグをクリヤ
471		SHLR.W	R1	;変換値を右詰めに(6bitシフト)する
472		SHLR.W	R1	
473		SHLR.W	R1	
474		SHLR.W	R1	
475		SHLR.W	R1	
476		SHLR.W	R1	
477	;------電圧値変換------			
478		MOV.W	#4883,R0	;A/D変換値に4883を掛け5V/10bit・FSに正規化する
479		MULXU.W	R0,ER1	;5V/FS対応のディジタル値がER1へ
480	;------10進(アスキーコード)変換------			
481		MOV.B	#7,R5L	;表示文字数をR5Lにセットする
482		MOV.L	#LC_DATA+7,ER4	;表示数値データの先頭番地をER4にセットする
483	DECI:	MOV.W	E1,R2	;2進10進変換開始,ER1上位16 bit R2へ
484		MOV.W	#10,R0	;R0に10をセット,ER2をゼロ拡張し32 bitにして
485		EXTU.L	ER2	;ER2÷10を32bitで行う
486		DIVXU.W	R0,ER2	;商がR2に,余りがE2に入る
487		MOV.W	E2,E1	;この余りをE1に戻す
488		DIVXU.W	R0,ER1	;ER1÷10を32bitで行う。商がR1に,余りがE1に入る
489		MOV.W	R2,E2	;前回の商をE2に転送
490		MOV.W	R1,R2	;今回の商をR2に転送
491		MOV.W	E1,R3	;余りをR3に入れる
492		ADD.B	#H'30,R3L	;H'30加算で10進→アスキーコード変換
493		MOV.B	R3L,@-ER4	;結果をRAMに格納
494		MOV.L	ER2,ER1	;下位桁の計算準備
495		DEC.B	R5L	;セットした文字数から1を引く
496		BNE	DECI	;文字数が0になるまでDECIへジャンプを繰り返す
497		MOV.B	@LC_DATA,R0L	;LC_DATAに順に書き込んだ10進数を
498		MOV.B	R0L,@LCD162+6	;LCDに表示するため
499		MOV.B	@LC_DATA+1,R0L	;LCD162の対応する番地(一部とびとび)に転送する
500		MOV.B	R0L,@LCD162+8	
501		MOV.B	@LC_DATA+2,R0L	;
502		MOV.B	R0L,@LCD162+9	;
503		MOV.B	@LC_DATA+3,R0L	;
504		MOV.B	R0L,@LCD162+10	;

図12・3

第12章　複数のプログラムを割り込みで切り換えて起動する

図12·3

```
505            RTS                      ;
506
507   ;---------三角波DMACの初期設定--------------
508   TRI:    MOV.L    #WVDATAT,ER0     ;データ転送元(波形データ)先頭番地を設定
509           MOV.L    ER0,@MAR0AR      ;
510           MOV.B    #H'DC,R0L        ;データ転送先(D/Aデータレジスタ0)番地を設定
511           MOV.B    R0L,@IOAR0A      ;
512           MOV.B    #H'80,R0L        ;転送データバイト数(128バイト)を
513           MOV.B    R0L,@ETCR0AH     ;ETCR0AHレジスタと
514           MOV.B    R0L,@ETCR0AL     ;ETCR0ALレジスタに書き込む
515           MOV.B    @DTCR0A,R0L      ;DTCR0AレジスタのDTEビットを1回読み出す
516           MOV.B    #B'10010001,R0L  ;DTCR0Aレジスタの設定：転送許可，バイトサイズ
517           MOV.B    R0L,@DTCR0A      ;ソースアドレスインクリメント，リピートモード他
518           MOV.B    #B'00000111,R0L  ;IRQ0割り込みを許可するため
519           MOV.B    R0L,@IER         ;IERレジスタにH'07を書き込む
520           BSET     STR0             ;CH0タイマスタート
521           BSET     STR1             ;CH1タイマスタート
522           ANDC     #H'7F,CCR        ;CCRの割り込みマスクビットをクリヤし，割り込み許可
523           MOV.B    #0,R0L           ;SW_D, SW_D5のRAM領域をクリヤする
524           MOV.B    R0L,@SW_D        ;(この動作は最初だけで，実質的なMAINルーチンは
525           MOV.B    R0L,@SW_D5       ;次項，BOTAM:の行からとなる)
526   BOTAM:  MOV.B    @P4DR,R0L        ;SW-1～4の状態をR0Lに読み込む
527           MOV.B    @SW_D,R0H        ;SW_Dの内容をR0Hに読み込む
528           CMP.B    R0H,R0L          ;R0HとR0Lの内容を比較する
529           BEQ      S5CHC            ;同じなら(変化がなければ)S5CHCにジャンプ
530           JSR      @S1_4            ;変化があればS1_4サブルーチンへ
531   S5CHC:  MOV.B    @P2DR,R0L        ;SW5の状態をR0Lに読み込む
532           MOV.B    @SW_D5,R0H       ;SW_D5の内容をR0Hに読み込む
533           CMP.B    R0H,R0L          ;両者を比較する
534           BEQ      BOTAM            ;同じなら(変化がなければ)BOTAMにジャンプ
535           JSR      @S5              ;変化があればS5サブルーチンへ
536           JMP      @BOTAM           ;
537
538   ;-----タイマ-----
539
540   TIME00: MOV.L    #H'1900,ER6      ;4ms TIMER
541   TIME01: SUB.L    #1,ER6
542           BNE      TIME01
543           RTS
544
545   TIME10: MOV.L    #H'80,ER6        ;80μs TIMER
546   TIME11: SUB.L    #1,ER6
547           BNE      TIME11
548           RTS
549
550   ;―サブルーチン終了―
551   ;―文字データ―
552           .ALIGN 2
553           .SECTION   LCDDATA,DATA,LOCATE=H'000B80
554   WVDATA: .DATA.B 127,133,139,146,152,158,164,170
555           .DATA.B 176,181,187,192,198,203,208,212
556           .DATA.B 217,221,225,229,233,236,239,242
557           .DATA.B 244,247,249,250,252,253,253,254
558           .DATA.B 254,254,253,253,252,250,249,247
559           .DATA.B 244,242,239,236,233,229,225,221
560           .DATA.B 217,212,208,203,198,192,187,181
```

```
561             .DATA.B 176,170,164,158,152,146,139,133
562             .DATA.B 127,121,115,108,102,96,90,84
563             .DATA.B 78,73,67,62,56,51,46,42
564             .DATA.B 37,33,29,25,21,18,15,12
565             .DATA.B 10,7,5,4,2,1,1,0
566             .DATA.B 0,0,1,1,2,4,5,7
567             .DATA.B 10,12,15,18,21,25,29,33
568             .DATA.B 37,42,46,51,56,62,67,73
569             .DATA.B 78,84,90,96,102,108,115,121
570   MOJI:     .SDATA "H8/3048F TEST BD 1111  11111111 "
571
572             .ALIGN 2
573   PULSE:    .DATA.B H'87,H'C3,H'69,H'3C,H'1E      ;波形出力データ
574             .ALIGN 2
575   NONOVL:   .DATA.B H'0A                          ;ノンオーバラップ期間のデータ
576   PERIOD:   .DATA.B H'46                          ;出力波形の周期データ
577
578   MOJI1:    .SDATA " E = 0.000 V   1111  11111111 "
579
580   WVDATAT:            .DATA.B 127,130,133,136,139,142,145,148
581             .DATA.B 151,154,157,160,163,166,169,172
582             .DATA.B 175,178,181,184,187,190,193,196
583             .DATA.B 199,202,205,208,211,214,217,220
584             .DATA.B 223,220,217,214,211,208,205,202
585             .DATA.B 199,196,193,190,187,184,181,178
586             .DATA.B 175,172,169,166,163,160,157,154
587             .DATA.B 151,148,145,142,139,136,133,130
588             .DATA.B 127,124,121,118,115,112,109,106
589             .DATA.B 103,100,97,94,91,88,85,82
590             .DATA.B 79,76,73,70,67,64,61,58
591             .DATA.B 55,52,49,46,43,40,37,34
592             .DATA.B 31,34,37,40,43,46,49,52
593             .DATA.B 55,58,61,64,67,70,73,76
594             .DATA.B 79,82,85,88,91,94,97,100
595             .DATA.B 103,106,109,112,115,118,121,124
596
597             .END
```

図 12·3 複数プログラムを割り込みで切り換える

のベクタ H'000030 を 11 行に書けば，あとはそれぞれの処理ルーチンに移行するジャンプ先ラベル名を並べて記述するだけで OK です。

◆ **シンボルの定義**(17〜77 行)：この部分には，いままでの章に出てきたほとんどすべてのシンボルが定義されています。これだけの量をプログラム中にそれぞれの"番地"で記述するとしたら，どれだけ大変な作業となるか見当がつくのではないでしょうか。

◆ **I/O** ポートの初期設定〜**DMAC** の初期設定(80〜202 行)：198, 199 行が追加された以外は，第 11 章の mbwvdmo.mar とまったく同じです。

追加された行は，IRQ 0〜IRQ 2 割り込みを許可するため IER に制御コードを書き込む操作で，これが実行されると I/O ポート 8 の設定に関係なく IRQ 0〜IRQ 2 ピンが外部割り込みピンとして機能するようになります（ポート 8 と IRQ はピン共用です）．

- **メインルーチン〜サブルーチン**(205〜353 行)：この部分は全部，第 11 章の mbwvdmo.mar と同じです．

- **NON OVERLAP 4 P PROGRAM**(356〜392 行)：ノンオーバラップ 4 相波生成用割り込み処理ルーチンです．始めにタイマのカウント動作を停止させます．それ以降は図 10·7 (p.152〜153) の 41〜78 行と同じになっています．すなわち，シンボル定義と I/O ポート初期設定の部分を除き，novl 4 pdmo.mar の主要部分である「ITU と TPC の初期設定」および「DMAC」がそのままここに記述されています．

- **SERIAL PROGRAM**(396〜412 行)：このシリアル送信用割り込み処理ルーチンは，図 9·9 (p.140) の 26〜42 行と同じです．Serialo.mar のシンボル定義とポート初期設定を除き，全部そのままです．

- **D/A・A/D 割り込みルーチン**(415〜505 行)：この sougou 2.mar プログラムでは，LCD の初期表示文字は"H 8/3048 F TEST BD‥"です．しかし A/D・D/A ルーチンでは"E = 0.000 V‥"でなければいけません．そこでこのルーチンでは LCD の初期表示画面(152〜165 行)，メインルーチン(205〜218 行)，および液晶表示(446〜460 行)をそれぞれ，図 6·3 (p.81〜84) の 105〜118 行，121〜135 行，および 243〜257 行からラベル名などを部分変更して持ち込みました．そのあとの A/D〜10 進（アスキーコード）変換(463〜505 行)は図 6·3 の 260〜302 行と同じです．

- **三角波 DMAC の初期設定**(508〜536 行)：三角波生成用割り込み処理ルーチンです．ここでは，サイン波生成と三角波生成で波形データが異なるため，DMAC の初期設定(188〜202 行)とメインルーチン(205〜218 行)における波形データ先頭番地およびラベル名などを変更しました．この部分も基本的には図 11·10 (p.178〜184) の 156〜185 行と同じです．

- **データ領域**(552〜595 行)：ここでは，サイン波形データ WVDATA：と三角波形データ WVDATAT：，および文字データ MOJI：と MOJI 1：をラベル名で区別して，それぞれ別々に読み出すことができるようにしてあります．また，PULSE：，NONOVL：，PERIOD：につい

ては，ノンオーバラップ4相波生成プログラムのときと同じです。

●2● プログラムの実行

　いつもの手順でsougou2.marをアセンブルし，sougou2.motファイルに変換します。フラッシュROMに書き込む容量は約5kBですから，まだまだ128 kBには遠く及びません。128 kBというのはかなりのボリュームであることが実感されます。

　電源を接続すると，CN-2の18ピンからサイン波が出力され，SW-5を切り換えると生成波の周波数が変化します。NMIスイッチを押すと波形は三角波に変わります。このあと，IRQ 0～IRQ 2で他のプログラムに移るときは，一旦リセットスイッチを押してサイン波生成に戻ってから該当するスイッチを押すようにしてください。いきなりIRQ 0～IRQ 2のスイッチを押しても，うまく移行することもありますが，動作は保証できません。またノンオーバラップ4相波の場合，生成周波数の変更はSW-5を切り換えてから一旦リセットし，そのあとIRQ 2スイッチを押してください。

◆サイン波生成とシリアル送信の同時動作：IRQ 1スイッチを押してシリアル送信に切り換えると，当然ながらTxD 0出力（CN 4-7ピン）からシリアルデータが出力されますが，そのとき同時にD/AコンバータのDA0出力（CN 2-18ピン）からはサイン波が出力され続けています。これは，電源ONまたはリセット後に起動されるサイン波の生成がDMACとITUによりCPUとは無関係に行われているからです。ただし，生成サイン波の周波数変更はできません。確認してみるのも面白いでしょう。

後記：
　以上，H 8/3048 Fの持つ機能の大部分を，きわめて初歩的にではありますが，実験的に学習してきました。もちろん本書は入門レベルですから，あっと驚くような離れ業も，興味をそそるような製作ものもありません。しかし，組込型マイコンの使い方の基礎を学習する意味では，ある程度の目的を達成できたと思います。これからが出発点です。どうぞ細く長く学習を続けられるよう希望します。

付　録

　H8/3048Fに関するハードウェアおよびアセンブラプログラムの資料は，日立のウェブサイト（下記）からダウンロードすることができます。ここでは主要部分だけを付録として添付します。

　　　http：//www.hitachi.co.jp/Sicd/Japanese/Products/micom/micom_com/j 602093 e.pdf

付録A　H8マイコンのアセンブリ言語　205
　A.1　アドレスやレジスタを
　　　　　　　指定するフォーマット　205
　A.2　インストラクションフォーマットの欄で
　　　　　　　使用されている記号　205
　A.3　コンディションコードの欄で
　　　　　　　使用されている記号　205
　A.4　オペレーションの欄で
　　　　　　　使用されている記号と動作記号　206
　A.5　命令セットの概要　207
　A.6　命令セット　208
　A.7　論理演算命令　212
　A.8　シフト命令　213
　A.9　ビット操作命令　214
　A.10　分岐命令　216
　A.11　システム制御命令　217
　A.12　ブロック転送命令　219

付録B　H8/3048Fハードウェアの補足　220
　B.1　割り込み要因とベクタアドレスおよび
　　　　　　　割り込み優先順位　220
　B.2　I/Oポート動作モード別機能一覧　221
　B.3　ITUの機能一覧　223

　B.4　ITUの端子構成　224
　B.5　ITUのレジスタ構成　225
　B.6　ITUのPWM出力端子と
　　　　　　　レジスタの組み合わせ　227
　B.7　TPC出力通常動作の設定手順例　227
　B.8　TPCのレジスタ構成　228
　B.9　SCIのレジスタ構成　228
　B.10　シリアルデータ受信（調歩同期）の
　　　　　　　フローチャート例　229
　B.11　A/Dの端子構成　230
　B.12　A/Dのレジスタ構成　230
　B.13　D/Aの端子構成　230
　B.14　D/Aのレジスタ構成　230
　B.15　DMACのレジスタ構成　231

**付録C　アセンブラ／フラッシュROMライタ
　　　　　プログラムのパソコンへの組み込み　232**
　C.1　アセンブラプログラムの組み込み　232
　C.2　ROMライタプログラムの組み込み　232
　C.3　その他　233

付録D　部品の入手方法　233

付録E　参考文献　234

付録A　H8マイコンのアセンブリ言語

```
ADD.B  <EAs>, Rd
  │      │    └─ デスティネーションオペランド
  │      └────── ソースオペランド
  │         └─── サイズ
  └─── ニモニック
```

A.1　アドレスやレジスタを指定するフォーマット

記　号	アドレッシングモード
Rn	レジスタ直接
@ERn	レジスタ間接
@(d:16,ERn)/@(d:24,ERn)	ディスプレースメント(16/24 bit)付きレジスタ間接
@ERn+/@-ERn	ポストインクリメントレジスタ間接／プリデクリメントレジスタ間接
@aa:8/@aa:16/@aa:24	絶対アドレス(8/16/24 bit)
#xx:8/#xx:16/#xx:32	イミディエイト(8/16/32 bit)
@(d:8,PC)/@(d:16,PC)	プログラムカウンタ相対(8/16 bit)
@@aa:8	メモリ間接

:8/:16/:24/:32 は省略することができる。特に絶対アドレス，およびディスプレースメントについては:8/:16/:24 を省略すると，値の範囲に応じてアセンブラが最適化を行う。

A.2　インストラクションフォーマットの欄で使用されている記号

記　号	内　　容
IMM	イミディエイトデータ(2, 3, 8, 16, 32 bit)
abs	絶対アドレス(8, 16, 24 bit)
disp	ディスプレースメント(8, 16, 24 bit)
rs, rd, rn	レジスタフィールド(4 bit) rs, rd, rn はそれぞれオペランドの形式の Rs, Rd, Rn に対応
ers, erd, ern	レジスタフィールド(3 bit) ers, erd, ern はオペランドの形式の ERs, ERd, ERn に対応

A.3　コンディションコードの欄で使用されている記号

記　号	内　　容
↕	実行結果に従って変化することを表す。
*	不確定であることを表す(値を保証しない)。
0	常に 0 にクリアされることを表す。
1	常に 1 にセットされることを表す。
−	実行結果に影響を受けないことを表す。
△	条件によって異なる。注意事項を参照のこと。

付録A　H8マイコンのアセンブリ言語

A.4　オペレーションの欄で使用されている記号と動作記号

記　号	内　　容
Rd	デスティネーション側の汎用レジスタ
Rs	ソース側の汎用レジスタ
Rn	汎用レジスタ
ERd	デスティネーション側の汎用レジスタ（アドレスレジスタまたは 32 bit レジスタ）
ERs	ソース側の汎用レジスタ（アドレスレジスタまたは 32 bit レジスタ）
ERn	汎用レジスタ（32 bit レジスタ）
(EAd)	デスティネーションオペランド
(EAs)	ソースオペランド
PC	プログラムカウンタ
SP	スタックポインタ
CCR	コンディションコードレジスタ
N	CCR の N（ネガティブ）フラグ
Z	CCR の Z（ゼロ）フラグ
V	CCR の V（オーバフロー）フラグ
C	CCR の C（キャリ）フラグ
disp	ディスプレースメント
→	左辺のオペランドから右辺のオペランドへの転送，または左辺の状態から右辺の状態への遷移
+	両辺のオペランドを加算
−	左辺のオペランドから右辺のオペランドを減算
×	両辺のオペランドを乗算
÷	左辺のオペランドを右辺のオペランドで除算
∧	両辺のオペランドの論理積
∨	両辺のオペランドの論理和
⊕	両辺のオペランドの排他的論理和
〜	反転論理（論理的補数）
( )< >	オペランドの内容

*汎用レジスタは，8 bit（R 0 H〜R 7 H，R 0 L〜R 7 L），16 bit（R 0〜R 7，E 0〜E 7）または 32 bit（ER 0〜ER 7）である．

A.5 命令セットの概要

機能	命令	アドレッシングモード												
		#xx	Rn	@ERn	@(d:16,ERn)	@(d:24,ERn)	@ERn+/@-ERn	@aa:8	@aa:16	@aa:24	@(d:8,PC)	@(d:16,PC)	@@aa:8	—
データ転送命令	MOV	BWL	BWL	BWL	BWL	BWL	BWL	B	BWL	BWL	—	—	—	—
	POP, PUSH	—	—	—	—	—	—	—	—	—	—	—	—	WL
	MOVFPE	—	—	—	—	—	—	B	—	—	—	—	—	—
	MOVTPE													
算術演算命令	ADD, CMP	BWL	BWL	—	—	—	—	—	—	—	—	—	—	—
	SUB	WL	BWL	—	—	—	—	—	—	—	—	—	—	—
	ADDX, SUBX	B	B	—	—	—	—	—	—	—	—	—	—	—
	ADDS, SUBS	—	L	—	—	—	—	—	—	—	—	—	—	—
	INC, DEC	—	BWL	—	—	—	—	—	—	—	—	—	—	—
	DAA, DAS	—	B	—	—	—	—	—	—	—	—	—	—	—
	MULXU	—	BW	—	—	—	—	—	—	—	—	—	—	—
	MULXS													
	DIVXU													
	DIVXS													
	NEG	—	BWL	—	—	—	—	—	—	—	—	—	—	—
	EXTU, EXTS	—	WL	—	—	—	—	—	—	—	—	—	—	—
論理演算命令	AND, OR	BWL	BWL	—	—	—	—	—	—	—	—	—	—	—
	XOR													
	NOT	—	BWL	—	—	—	—	—	—	—	—	—	—	—
シフト命令		—	BWL	—	—	—	—	—	—	—	—	—	—	—
ビット操作命令		—	B	B	—	—	—	B	—	—	—	—	—	—
分岐命令	Bcc, BSR	—	—	—	—	—	—	—	—	—	○	○	—	—
	JMP, JSR	—	—	○	—	—	—	—	○	—	—	—	○	—
	RTS	—	—	—	—	—	—	—	—	—	—	—	—	○
システム制御命令	TRAPA, RTE	—	—	—	—	—	—	—	—	—	—	—	—	○
	SLEEP	—	—	—	—	—	—	—	—	—	—	—	—	○
	LDC	B	B	W	W	W	W	—	W	W	—	—	—	—
	STC	—	B	W	W	W	W	—	W	W	—	—	—	—
	ANDC, ORC	B	—	—	—	—	—	—	—	—	—	—	—	—
	XORC													
	NOP	—	—	—	—	—	—	—	—	—	—	—	—	○
ブロック転送命令		—	—	—	—	—	—	—	—	—	—	—	—	BW

《記号の説明》 B:バイト，W:ワード，L:ロングワード

付録A　H8マイコンのアセンブリ言語

A.6 (1) 命令セット

ニモニック	サイズ	#xx	Rn	@ERn	@(d,ERn)	@-ERn/@ERn+	@aa	@(d,PC)	@@aa	オペレーション	I	H	N	Z	V	C	ノーマル	アドバンスト
MOV.B #xx:8,Rd	B	2								#xx:8→Rd8	—	—	↕	↕	0	—		2
MOV.B Rs,Rd	B		2							Rs8→Rd8	—	—	↕	↕	0	—		2
MOV.B @ERs,Rd	B			2						@ERs→Rd8	—	—	↕	↕	0	—		4
MOV.B @(d:16,ERs),Rd	B				4					@(d:16,ERs)→Rd8	—	—	↕	↕	0	—		6
MOV.B @(d:24,ERs),Rd	B				8					@(d:24,ERs)→Rd8	—	—	↕	↕	0	—		10
MOV.B @ERs+,Rd	B					2				@ERs→Rd8,ERs32+1→ERs32	—	—	↕	↕	0	—		6
MOV.B @aa:8,Rd	B						2			@aa:8→Rd8	—	—	↕	↕	0	—		4
MOV.B @aa:16,Rd	B						4			@aa:16→Rd8	—	—	↕	↕	0	—		6
MOV.B @aa:24,Rd	B						6			@aa:24→Rd8	—	—	↕	↕	0	—		8
MOV.B Rs,@ERd	B			2						Rs8→@ERd	—	—	↕	↕	0	—		4
MOV.B Rs,@(d:16,ERd)	B				4					Rs8→@(d:16,ERd)	—	—	↕	↕	0	—		6
MOV.B Rs,@(d:24,ERd)	B				8					Rs8→@(d:24,ERd)	—	—	↕	↕	0	—		10
MOV.B Rs,@-ERd	B					2				ERd32−1→ERd32,Rs8→@ERd	—	—	↕	↕	0	—		6
MOV.B Rs,@aa:8	B						2			Rs8→@aa:8	—	—	↕	↕	0	—		4
MOV.B Rs,@aa:16	B						4			Rs8→@aa:16	—	—	↕	↕	0	—		6
MOV.B Rs,@aa:24	B						6			Rs8→@aa:24	—	—	↕	↕	0	—		8
MOV.W #xx:16,Rd	W	4								#xx:16→Rd16	—	—	↕	↕	0	—		4
MOV.W Rs,Rd	W		2							Rs16→Rd16	—	—	↕	↕	0	—		2
MOV.W @ERs,Rd	W			2						@ERs→Rd16	—	—	↕	↕	0	—		4
MOV.W @(d:16,ERs),Rd	W				4					@(d:16,ERs)→Rd16	—	—	↕	↕	0	—		6
MOV.W @(d:24,ERs),Rd	W				8					@(d:24,ERs)→Rd16	—	—	↕	↕	0	—		10
MOV.W @ERs+,Rd	W					2				@ERs→Rd16,ERs32+2→ERd32	—	—	↕	↕	0	—		6
MOV.W @aa:16,Rd	W						4			@aa:16→Rd16	—	—	↕	↕	0	—		6
MOV.W @aa:24,Rd	W						6			@aa:24→Rd16	—	—	↕	↕	0	—		8

*実行ステート数は、オペコードおよびオペランドが内蔵メモリに存在する場合である。以下A.12 (p.219) まで同様。

付録A　H8マイコンのアセンブリ言語

A.6 (2) 命令セット

	ニモニック		サイズ	アドレッシングモード 命令長（バイト）								オペレーション	コンディションコード						実行ステート数
				#xx	Rn	@ERn	@(d,ERn)	@-ERn/@ERn+	@aa	@(d,PC)	@@aa		I	H	N	Z	V	C	ノーマル/アドバンスト
MOV	MOV.W	Rs,@ERd	W			2						Rs16→@ERd	–	–	↕	↕	0	–	4
	MOV.W	Rs,@(d:16,ERd)	W				4					Rs16→@(d:16,ERd)	–	–	↕	↕	0	–	6
	MOV.W	Rs,@(d:24,ERd)	W				8					Rs16→@(d:24,ERd)	–	–	↕	↕	0	–	10
	MOV.W	Rs,@-ERd	W					2				ERd2-2→ERd32,Rs16→@ERd	–	–	↕	↕	0	–	6
	MOV.W	Rs,@aa:16	W						4			Rs16→@aa:16	–	–	↕	↕	0	–	6
	MOV.W	Rs,@aa:24	W						6			Rs16→@aa:24	–	–	↕	↕	0	–	8
	MOV.L	#xx:32,Rd	L	6								#xx:32→Rd32	–	–	↕	↕	0	–	6
	MOV.L	ERs,ERd	L		2							ERs32→ERd32	–	–	↕	↕	0	–	2
	MOV.L	@ERs,ERd	L			4						@ERs→ERd32	–	–	↕	↕	0	–	8
	MOV.L	@(d:16,ERs),ERd	L				6					@(d:16,ERs)→ERd32	–	–	↕	↕	0	–	10
	MOV.L	@(d:24,ERs),ERd	L				10					@(d:24,ERs)→ERd32	–	–	↕	↕	0	–	14
	MOV.L	@ERs+,ERd	L					4				@ERs→ERd32,ERs32+4→ERs32	–	–	↕	↕	0	–	10
	MOV.L	@aa:16,ERd	L						6			@aa:16→ERd32	–	–	↕	↕	0	–	10
	MOV.L	@aa:24,ERd	L						8			@aa:24→ERd32	–	–	↕	↕	0	–	12
	MOV.L	ERs,@ERd	L			4						ERs32→@ERd	–	–	↕	↕	0	–	8
	MOV.L	ERs,@(d:16,ERd)	L				6					ERs32→@(d:16,ERd)	–	–	↕	↕	0	–	10
	MOV.L	ERs,@(d:24,ERd)	L				10					ERs32→@(d:24,ERd)	–	–	↕	↕	0	–	14
	MOV.L	ERs,@-ERd	L					4				ERd32-4→ERd32,ERs32→@ERd	–	–	↕	↕	0	–	10
	MOV.L	ERs,@aa:16	L						6			ERs32→@aa:16	–	–	↕	↕	0	–	10
	MOV.L	ERs,@aa:24	L						8			ERs32→@aa:24	–	–	↕	↕	0	–	12
POP	POP.W	Rn	W								2	@SP→Rn16,SP+2→SP	–	–	↕	↕	0	–	6
	POP.L	ERn	L								4	@SP→ERn32,SP+4→SP	–	–	↕	↕	0	–	10
PUSH	PUSH.W	Rn	W								2	SP-2→SP,Rn16→@SP	–	–	↕	↕	0	–	6
	PUSH.L	ERn	L								4	SP-4→SP,ERn32→@SP	–	–	↕	↕	0	–	10
MOVFPE	MOVFPE	@aa:16,Rd	B						4			@aa:16→Rd（E同盟）	–	–	↕	↕	0	–	(6)
MOVTPE	MOVTPE	Rs,@aa:16	B						4			Rs→@aa:16（E同盟）	–	–	↕	↕	0	–	(6)

付録A　H8マイコンのアセンブリ言語

A.6(3)　命令セット

ニーモニック		サイズ	#xx	Rn	@ERn	@(d,ERn)	@-ERn/@ERn+	@aa	@(d,PC)	@@aa	オペレーション	I	H	N	Z	V	C	実行ステート数 ノーマル	アドバンスト
ADD	ADD.B #xx:8,Rd	B	2								Rd8 + #xx:8→Rd8	—	↕	↕	↕	↕	↕	2	
	ADD.B Rs,Rd	B		2							Rd8 + Rs8→Rd8	—	↕	↕	↕	↕	↕	2	
	ADD.W #xx:16,Rd	W	4								Rd16 + #xx:16→Rd16	—	(1)	↕	↕	↕	↕	4	
	ADD.W Rs,Rd	W		2							Rd16 + Rs16→Rd16	—	(1)	↕	↕	↕	↕	2	
	ADD.L #xx:32,ERd	L	6								ERd32 + #xx:32→ERd32	—	(2)	↕	↕	↕	↕	6	
	ADD.L ERs,ERd	L		2							ERd32 + ERs32→ERd32	—	(2)	↕	↕	↕	↕	2	
ADDX	ADDX.B #xx:8,Rd	B	2								Rd8 + #xx:8 + C→Rd8	—	↕	↕	(3)	↕	↕	2	
	ADDX.B Rs,Rd	B		2							Rd8 + Rs8 + C→Rd8	—	↕	↕	(3)	↕	↕	2	
ADDS	ADDS.L #1,ERd	L		2							ERd32 + 1→ERd32	—	—	—	—	—	—	2	
	ADDS.L #2,ERd	L		2							ERd32 + 2→ERd32	—	—	—	—	—	—	2	
	ADDS.L #4,ERd	L		2							ERd32 + 4→ERd32	—	—	—	—	—	—	2	
INC	INC.B Rd	B		2							Rd8 + 1→Rd8	—	—	↕	↕	↕	—	2	
	INC.W #1,Rd	W		2							Rd16 + 1→Rd16	—	—	↕	↕	↕	—	2	
	INC.W #2,Rd	W		2							Rd16 + 2→Rd16	—	—	↕	↕	↕	—	2	
	INC.L #1,ERd	L		2							ERd32 + 1→ERd32	—	—	↕	↕	↕	—	2	
	INC.L #2,ERd	L		2							ERd32 + 2→ERd32	—	—	↕	↕	↕	—	2	
DAA	DAA Rd	B		2							Rd8 10進補正→Rd8	—	*	↕	↕	*	↕	2	
SUB	SUB.B Rs,Rd	B		2							Rd8−Rs8→Rd8	—	↕	↕	↕	↕	↕	2	
	SUB.W #xx:16,Rd	W	4								Rd16−#xx:16→Rd16	—	(1)	↕	↕	↕	↕	4	
	SUB.W Rs,Rd	W		2							Rd16−Rs16→Rd16	—	(1)	↕	↕	↕	↕	2	
	SUB.L #xx:32,ERd	L	6								ERd32−#xx:32→ERd32	—	(2)	↕	↕	↕	↕	6	
	SUB.L ERs,ERd	L		2							ERd32−ERs32→ERd32	—	(2)	↕	↕	↕	↕	2	
SUBX	SUBX #xx:8,Rd	B	2								Rd8−#xx:8−C→Rd8	—	↕	↕	(3)	↕	↕	2	
	SUBX Rs,Rd	B		2							Rd8−Rs8−C→Rd8	—	↕	↕	(3)	↕	↕	2	

(1), (2), (3) は p.219 参照

付録A　H8マイコンのアセンブリ言語

A.6(4) 命令セット

ニモニック		サイズ	アドレッシングモード/命令長（バイト）							オペレーション	コンディションコード						実行ステート数
			#xx	Rn	@ERn	@-ERn/@ERn+	@(d,ERn)	@aa	@(d,PC)	@@aa		I	H	N	Z	V	C	ノーマル/アドバンスト
SUBS	SUBS #1,ERd	L		2								ERd32−1→ERd32	−	−	−	−	−	−	2
	SUBS #2,ERd	L		2								ERd32−2→ERd32	−	−	−	−	−	−	2
	SUBS #4,ERd	L		2								ERd32−4→ERd32	−	−	−	−	−	−	2
DEC	DEC.B Rd	B		2								Rd8−1→Rd8	−	−	↕	↕	↕	−	2
	DEC.W #1,Rd	W		2								Rd16−1→Rd16	−	−	↕	↕	↕	−	2
	DEC.W #2,Rd	W		2								Rd16−2→Rd16	−	−	↕	↕	↕	−	2
	DEC.L #1,ERd	L		2								ERd32−1→ERd32	−	−	↕	↕	↕	−	2
	DEC.L #2,ERd	L		2								ERd32−2→ERd32	−	−	↕	↕	↕	−	2
DAS	DAS Rd	B		2								Rd8 10進補正→Rd8	−	*	↕	↕	−	*	2
MULXU	MULXU.B Rs,Rd	B		2								Rd8×Rs8→Rd16（符号なし乗算）	−	−	−	−	−	−	14
	MULXU.W Rs,ERd	W		2								Rd16×Rs16→ERd32（符号なし乗算）	−	−	−	−	−	−	22
MULXS	MULXS.B Rs,Rd	B		4								Rd8×Rs8→Rd16（符号付乗算）	−	−	↕	↕	−	−	16
	MULXS.W Rs,ERd	W		4								Rd16×Rs16→ERd32（符号付乗算）	−	−	↕	↕	−	−	24
DIVXU	DIVXU.B Rs,Rd	B		2								Rd16÷Rs8→Rd16（RdH：余り, RdL：商）（符号なし除算）	−	−	(6)	(7)	−	−	14
	DIVXU.W Rs,ERd	W		2								ERd32÷Rs16→ERd32（Ed：余り, Rd：商）（符号なし除算）	−	−	(6)	(7)	−	−	22
DIVXS	DIVXS.B Rs,Rd	B		4								Rd16÷Rs8→Rd16（RdH：余り, RdL：商）（符号付除算）	−	−	(8)	(7)	−	−	16
	DIVXS.W Rs,ERd	W		4								ERd32÷Rs16→ERd32（Ed：余り, Rd：商）（符号付除算）	−	−	(8)	(7)	−	−	24
CMP	CMP.B #xx:8,Rd	B	2									Rd8−#xx:8	−	↕	↕	↕	↕	↕	2
	CMP.B Rs,Rd	B		2								Rd8−Rs8	−	↕	↕	↕	↕	↕	2
	CMP.W #xx:16,Rd	W	4									Rd16−#xx:16	−	(1)	↕	↕	↕	↕	4
	CMP.W Rs,Rd	W		2								Rd16−Rs16	−	(1)	↕	↕	↕	↕	2
	CMP.L #xx:32,ERd	L	6									ERd32−#xx:32	−	(2)	↕	↕	↕	↕	6
	CMP.L ERs,ERd	L		2								ERd32−ERs32	−	(2)	↕	↕	↕	↕	2
NEG	NEG.B Rd	B		2								0−Rd8→Rd8	−	↕	↕	↕	↕	↕	2
	NEG.W Rd	W		2								0−Rd16→Rd16	−	↕	↕	↕	↕	↕	2
	NEG.L ERd	L		2								0−ERd32→ERd32	−	↕	↕	↕	↕	↕	2

(1), (2), (6), (7) は p.219 参照

A.6(5) 命令セット

ニモニック		サイズ	アドレッシングモード/命令長（バイト）							オペレーション	コンディションコード					実行ステート数	
			#xx	Rn	@ERn	@(d,ERn)	@-ERn/@ERn+	@aa	@(d,PC)	@@aa		I	H	N	Z	V	C	ノーマル	アドバンスト
EXTU	EXTU.W Rd	W		2							$0 \to (<\text{bit }15\sim8> \text{of Rd16})$	–	–	0	↕	0	–	2	
	EXTU.L ERd	L		2							$0 \to (<\text{bit }31\sim16> \text{of ERd32})$	–	–	0	↕	0	–	2	
EXTS	EXTS.W Rd	W		2							$(<\text{bit }7> \text{of Rd16})$ $\to (<\text{bit }15\sim8> \text{of Rd16})$	–	–	↕	↕	0	–	2	
	EXTS.L ERd	L		2							$(<\text{bit }15> \text{of ERd32})$ $\to (<\text{bit }31\sim16> \text{of ERd32})$	–	–	↕	↕	0	–	2	

A.7 論理演算命令

ニモニック		サイズ	アドレッシングモード/命令長（バイト）							オペレーション	コンディションコード					実行ステート数	
			#xx	Rn	@ERn	@(d,ERn)	@-ERn/@ERn+	@aa	@(d,PC)	@@aa		I	H	N	Z	V	C	ノーマル	アドバンスト
AND	AND.B #xx:8,Rd	B	2								Rd8∧#xx:8→Rd8	–	–	↕	↕	0	–	2	
	AND.B Rs,Rd	B		2							Rd8∧Rs8→Rd8	–	–	↕	↕	0	–	2	
	AND.W #xx:16,Rd	W	4								Rd16∧#xx:16→Rd16	–	–	↕	↕	0	–	4	
	AND.W Rs,Rd	W		2							Rd16∧Rs16→Rd16	–	–	↕	↕	0	–	2	
	AND.L #xx:32,ERd	L	6								ERd32∧#xx:32→ERd32	–	–	↕	↕	0	–	6	
	AND.L ERs,ERd	L		4							ERd32∧ERs32→ERd32	–	–	↕	↕	0	–	4	
OR	OR.B #xx:8,Rd	B	2								Rd8∨#xx:8→Rd8	–	–	↕	↕	0	–	2	
	OR.B Rs,Rd	B		2							Rd8∨Rs8→Rd8	–	–	↕	↕	0	–	2	
	OR.W #xx:16,Rd	W	4								Rd16∨#xx:16→Rd16	–	–	↕	↕	0	–	4	
	OR.W Rs,Rd	W		2							Rd16∨Rs16→Rd16	–	–	↕	↕	0	–	2	
	OR.L #xx:32,ERd	L	6								ERd32∨#xx:32→ERd32	–	–	↕	↕	0	–	6	
	OR.L ERs,ERd	L		4							ERd32∨ERs32→ERd32	–	–	↕	↕	0	–	4	
XOR	XOR.B #xx:8,Rd	B	2								Rd8⊕#xx:8→Rd8	–	–	↕	↕	0	–	2	
	XOR.B Rs,Rd	B		2							Rd8⊕Rs8→Rd8	–	–	↕	↕	0	–	2	
	XOR.W #xx:16,Rd	W	4								Rd16⊕#xx:16→Rd16	–	–	↕	↕	0	–	4	
	XOR.W Rs,Rd	W		2							Rd16⊕Rs16→Rd16	–	–	↕	↕	0	–	2	
	XOR.L #xx:32,ERd	L	6								ERd32⊕#xx:32→ERd32	–	–	↕	↕	0	–	6	
	XOR.L ERs,ERd	L		4							ERd32⊕ERs32→ERd32	–	–	↕	↕	0	–	4	
NOT	NOT.B Rd	B		2							~Rd8→Rd8	–	–	↕	↕	0	–	2	
	NOT.W Rd	W		2							~Rd16→Rd16	–	–	↕	↕	0	–	2	
	NOT.L ERd	L		2							~Rd32→Rd32	–	–	↕	↕	0	–	2	

付録A　H8マイコンのアセンブリ言語

A.8　シフト命令

ニーモニック		サイズ	アドレッシングモード/命令長（バイト）							オペレーション	コンディションコード						実行ステート数	
			#xx	Rn	@ERn	@(d,ERn)	@-ERn/@ERn+	@aa	@(d,PC)	@@aa		I	H	N	Z	V	C	ノーマル	アドバンスト
SHAL	SHAL.B Rd	B		2								–	–	↕	↕	↕	↕	2	
	SHAL.W Rd	W		2								–	–	↕	↕	↕	↕	2	
	SHAL.L ERd	L		2								–	–	↕	↕	↕	↕	2	
SHAR	SHAR.B Rd	B		2								–	–	↕	↕	0	↕	2	
	SHAR.W Rd	W		2								–	–	↕	↕	0	↕	2	
	SHAR.L ERd	L		2								–	–	↕	↕	0	↕	2	
SHLL	SHLL.B Rd	B		2								–	–	↕	↕	0	↕	2	
	SHLL.W Rd	W		2								–	–	↕	↕	0	↕	2	
	SHLL.L ERd	L		2								–	–	↕	↕	0	↕	2	
SHLR	SHLR.B Rd	B		2								–	–	↕	↕	0	↕	2	
	SHLR.W Rd	W		2								–	–	↕	↕	0	↕	2	
	SHLR.L ERd	L		2								–	–	↕	↕	0	↕	2	
ROTXL	ROTXL.B Rd	B		2								–	–	↕	↕	0	↕	2	
	ROTXL.W Rd	W		2								–	–	↕	↕	0	↕	2	
	ROTXL.L ERd	L		2								–	–	↕	↕	0	↕	2	
ROTXR	ROTXR.B Rd	B		2								–	–	↕	↕	0	↕	2	
	ROTXR.W Rd	W		2								–	–	↕	↕	0	↕	2	
	ROTXR.L ERd	L		2								–	–	↕	↕	0	↕	2	
ROTL	ROTL.B Rd	B		2								–	–	↕	↕	0	↕	2	
	ROTL.W Rd	W		2								–	–	↕	↕	0	↕	2	
	ROTL.L ERd	L		2								–	–	↕	↕	0	↕	2	
ROTR	ROTR.B Rd	B		2								–	–	↕	↕	0	↕	2	
	ROTR.W Rd	W		2								–	–	↕	↕	0	↕	2	
	ROTR.L ERd	L		2								–	–	↕	↕	0	↕	2	

A.9 (1) ビット操作命令

ニモニック		サイズ	#xx	Rn	@ERn	@(d,ERn)	@-ERn/@ERn+	@aa	@(d,PC)	@@aa	-	オペレーション	I	H	N	Z	V	C	実行ステート数 ノーマル	アドバンスト
BSET	BSET #xx:3,Rd	B	2									(#xx:3 of Rd8)←1	–	–	–	–	–	–		2
	BSET #xx:3,@ERd	B			4							(#xx:3 of @ERd)←1	–	–	–	–	–	–		8
	BSET #xx:3,@aa:8	B						4				(#xx:3 of @aa:8)←1	–	–	–	–	–	–		8
	BSET Rn,Rd	B		2								(Rn8 of Rd8)←1	–	–	–	–	–	–		2
	BSET Rn,@ERd	B			4							(Rn8 of @ERd)←1	–	–	–	–	–	–		8
	BSET Rn,@aa:8	B						4				(Rn8 of @aa:8)←1	–	–	–	–	–	–		8
BCLR	BCLR #xx:3,Rd	B	2									(#xx:3 of Rd8)←0	–	–	–	–	–	–		2
	BCLR #xx:3,@ERd	B			4							(#xx:3 of @ERd)←0	–	–	–	–	–	–		8
	BCLR #xx:3,@aa:8	B						4				(#xx:3 of @aa:8)←0	–	–	–	–	–	–		8
	BCLR Rn,Rd	B		2								(Rn8 of Rd8)←0	–	–	–	–	–	–		2
	BCLR Rn,@ERd	B			4							(Rn8 of @ERd)←0	–	–	–	–	–	–		8
	BCLR Rn,@aa:8	B						4				(Rn8 of @aa:8)←0	–	–	–	–	–	–		8
BNOT	BNOT #xx:3,Rd	B	2									(#xx:3 of Rd8)←~(#xx:3 of Rd8)	–	–	–	–	–	–		2
	BNOT #xx:3,@ERd	B			4							(#xx:3 of @ERd)←~(#xx:3 of @ERd)	–	–	–	–	–	–		8
	BNOT #xx:3,@aa:8	B						4				(#xx:3 of @aa:8)←~(#xx:3 of @aa:8)	–	–	–	–	–	–		8
	BNOT Rn,Rd	B		2								(Rn8 of Rd8)←~(Rn8 of Rd8)	–	–	–	–	–	–		2
	BNOT Rn,@ERd	B			4							(Rn8 of @ERd)←~(Rn8 of @ERd)	–	–	–	–	–	–		8
	BNOT Rn,@aa:8	B						4				(Rn8 of @aa:8)←~(Rn8 of @aa:8)	–	–	–	–	–	–		8
BTST	BTST #xx:3,Rd	B	2									(#xx:3 of Rd8)→Z	–	–	–	↕	–	–		2
	BTST #xx:3,@ERd	B			4							(#xx:3 of @ERd)→Z	–	–	–	↕	–	–		6
	BTST #xx:3,@aa:8	B						4				(#xx:3 of @aa:8)→Z	–	–	–	↕	–	–		6
	BTST Rn,Rd	B		2								(Rn8 of Rd8)→Z	–	–	–	↕	–	–		2
	BTST Rn,@ERd	B			4							(Rn8 of ERd)→Z	–	–	–	↕	–	–		6
	BTST Rn,@aa:8	B						4				(Rn8 of @aa:8)→Z	–	–	–	↕	–	–		6
BLD	BLD #xx:3,Rd	B	2									(#xx:3 of Rd8)→C	–	–	–	–	–	↕		2
	BLD #xx:3,@ERd	B			4							(#xx:3 of @ERd)→C	–	–	–	–	–	↕		6
	BLD #xx:3,@aa:8	B						4				(#xx:3 of @aa:8)→C	–	–	–	–	–	↕		6
BILD	BILD #xx:3,Rd	B	2									~(#xx:3 of Rd8)→C	–	–	–	–	–	↕		2
	BILD #xx:3,@ERd	B			4							~(#xx:3 of @ERd)→C	–	–	–	–	–	↕		6
	BILD #xx:3,@aa:8	B						4				~(#xx:3 of @aa:8)→C	–	–	–	–	–	↕		6

A.9 (2) ビット操作命令

ニーモニック		サイズ	アドレッシングモード/命令長（バイト）								オペレーション	コンディションコード						実行ステート数	
			#xx	Rn	@ERn	@(d, ERn)	@-ERn/@ERn+	@aa	@(d, PC)	@@aa	—		I	H	N	Z	V	C	ノーマル	アドバスト
BST	BST #xx:3,Rd	B		2								~C→(#xx:3of Rd8)	—	—	—	—	—	—		2
	BST #xx:3,@ERd	B			4							C→(#xx:3of @ERd24)	—	—	—	—	—	—		8
	BST #xx:3,@aa:8	B						4				C→(#xx:3of @aa:8)	—	—	—	—	—	—		8
BIST	BIST #xx:3,Rd	B		2								~C→(#xx:3of Rd8)	—	—	—	—	—	—		2
	BIST #xx:3,@ERd	B			4							~C→(#xx:3of @ERd24)	—	—	—	—	—	—		8
	BIST #xx:3,@aa:8	B						4				~C→(#xx:3of @aa:8)	—	—	—	—	—	—		8
BAND	BAND #xx:3,Rd	B		2								C∧(#xx:3of Rd8)→C	—	—	—	—	—	↕		2
	BAND #xx:3,@ERd	B			4							C∧(#xx:3of @ERd24)→C	—	—	—	—	—	↕		6
	BAND #xx:3,@aa:8	B						4				C∧(#xx:3of @aa:8)→C	—	—	—	—	—	↕		6
BIAND	BIAND #xx:3,Rd	B		2								C∧~(#xx:3of Rd8)→C	—	—	—	—	—	↕		2
	BIAND #xx:3,@ERd	B			4							C∧~(#xx:3of @ERd24)→C	—	—	—	—	—	↕		6
	BIAND #xx:3,@aa:8	B						4				C∧~(#xx:3of @aa:8)→C	—	—	—	—	—	↕		6
BOR	BOR #xx:3,Rd	B		2								C∨(#xx:3of Rd8)→C	—	—	—	—	—	↕		2
	BOR #xx:3,@ERd	B			4							C∨(#xx:3of @ERd24)→C	—	—	—	—	—	↕		6
	BOR #xx:3,@aa:8	B						4				C∨(#xx:3of @aa:8)→C	—	—	—	—	—	↕		6
BIOR	BIOR #xx:3,Rd	B		2								C∨~(#xx:3of Rd8)→C	—	—	—	—	—	↕		2
	BIOR #xx:3,@ERd	B			4							C∨~(#xx:3of @ERd24)→C	—	—	—	—	—	↕		6
	BIOR #xx:3,@aa:8	B						4				C∨~(#xx:3of @aa:8)→C	—	—	—	—	—	↕		6
BXOR	BXOR #xx:3,Rd	B		2								C⊕(#xx:3of Rd8)→C	—	—	—	—	—	↕		2
	BXOR #xx:3,@ERd	B			4							C⊕(#xx:3of @ERd24)→C	—	—	—	—	—	↕		6
	BXOR #xx:3,@aa:8	B						4				C⊕(#xx:3of @aa:8)→C	—	—	—	—	—	↕		6
BIXOR	BIXOR #xx:3,Rd	B		2								C⊕~(#xx:3of Rd8)→C	—	—	—	—	—	↕		2
	BIXOR #xx:3,@ERd	B			4							C⊕~(#xx:3of @ERd24)→C	—	—	—	—	—	↕		6
	BIXOR #xx:3,@aa:8	B						4				C⊕~(#xx:3of @aa:8)→C	—	—	—	—	—	↕		6

付録A　H8マイコンのアセンブリ言語

A.10　分岐命令

ニモニック		サイズ	アドレッシングモード/命令長(バイト)							オペレーション	分岐条件	コンディションコード					実行ステート数
			#xx	Rn	@ERn	@(d,ERn)	@-ERn/@ERn+	@aa	@(d,PC)	@@aa			I	H	N	Z	V	C	ノーマル/アドバンスト
Bcc	BRA d:8 (BT d:8)	―							2		if condition is true then PC←PC+d else next;	Always	―	―	―	―	―	―	4
	BRA d:16 (BT d:16)	―							4				―	―	―	―	―	―	6
	BRN d:8 (BF d:8)	―							2			Never	―	―	―	―	―	―	4
	BRN d:16 (BF d:16)	―							4				―	―	―	―	―	―	6
	BHI d:8	―							2			CVZ=0	―	―	―	―	―	―	4
	BHI d:16	―							4				―	―	―	―	―	―	6
	BLS d:8	―							2			CVZ=1	―	―	―	―	―	―	4
	BLS d:16	―							4				―	―	―	―	―	―	6
	BCC d:8 (BHS d:8)	―							2			C=0	―	―	―	―	―	―	4
	BCC d:16 (BHS d:16)	―							4				―	―	―	―	―	―	6
	BCS d:8 (BLO d:8)	―							2			C=1	―	―	―	―	―	―	4
	BCS d:16 (BLO d:16)	―							4				―	―	―	―	―	―	6
	BNE d:8	―							2			Z=0	―	―	―	―	―	―	4
	BNE d:16	―							4				―	―	―	―	―	―	6
	BEQ d:8	―							2			Z=1	―	―	―	―	―	―	4
	BEQ d:16	―							4				―	―	―	―	―	―	6
	BVC d:8	―							2			V=0	―	―	―	―	―	―	4
	BVC d:16	―							4				―	―	―	―	―	―	6
	BVS d:8	―							2			V=1	―	―	―	―	―	―	4
	BVS d:16	―							4				―	―	―	―	―	―	6
	BPL d:8	―							2			N=0	―	―	―	―	―	―	4
	BPL d:16	―							4				―	―	―	―	―	―	6
	BMI d:8	―							2			N=1	―	―	―	―	―	―	4
	BMI d:16	―							4				―	―	―	―	―	―	6

A.11(1) システム制御命令

ニモニック		サイズ	アドレッシングモード/命令長(バイト)									オペレーション	分岐条件	コンディションコード						実行ステート数	
			#xx	Rn	@ERn	@(d,ERn)	@-ERn/@ERn+	@aa	@(d,PC)	@@aa	—			I	H	N	Z	V	C	ノーマル	アドバンスト
Bcc	BGE d:8	—							2			if condition is true then PC←PC+d else next ;	N⊕V=0	—	—	—	—	—	—	4	4
	BGE d:16	—							4					—	—	—	—	—	—	6	6
	BLT d:8	—							2				N⊕V=1	—	—	—	—	—	—	4	4
	BLT d:16	—							4					—	—	—	—	—	—	6	6
	BGT d:8	—							2				Z∨(N⊕V)=0	—	—	—	—	—	—	4	4
	BGT d:16	—							4					—	—	—	—	—	—	6	6
	BLE d:8	—							2				Z∨(N⊕V)=1	—	—	—	—	—	—	4	4
	BLE d:16	—							4					—	—	—	—	—	—	6	6
JMP	JMP @ERn	—			2							PC←ERn		—	—	—	—	—	—	4	4
	JMP @aa:24	—							4			PC←aa:24		—	—	—	—	—	—	6	6
	JMP @@aa:8	—									2	PC←@aa:8		—	—	—	—	—	—	8	10
BSR	BSR d:8	—							2			PC→@-SP,PC←PC+d:8		—	—	—	—	—	—	6	8
	BSR d:16	—							4			PC→@-SP,PC←PC+d:16		—	—	—	—	—	—	8	10
JSR	JSR @ERn	—			2							PC→@-SP,PC←ERn		—	—	—	—	—	—	6	8
	JSR @aa:24	—							4			PC→@-SP,PC←aa:24		—	—	—	—	—	—	8	10
	JSR @@aa:8	—									2	PC→@-SP,PC←@aa:8		—	—	—	—	—	—	8	12
RTS	RTS	—									2	PC←@SP+		—	—	—	—	—	—	8	10

付録A　H8マイコンのアセンブリ言語

A.11(2)　システム制御命令

ニモニック		サイズ	アドレッシングモード/命令長(バイト)								オペレーション	コンディションコード						実行ステート数	
			#xx	Rn	@ERn	@(d,ERn)	@-ERn/@ERn+	@aa @(d,PC)	@@aa	—		I	H	N	Z	V	C	ノーマル	アドバンスト
TRAPA	TRAPA #x:2	—								2	PC→@-SP,CCR→@-SP,〈ベクタ〉→PC	1	—	—	—	—	—	14	16
RTE	RTE	—									CCR←@SP+,PC←@SP+	↕	↕	↕	↕	↕	↕		10
SLEEP	SLEEP	—									低消費電力状態に遷移	—	—	—	—	—	—		2
LDC	LDC #xx:8,CCR	B	2								#xx:8→CCR	↕	↕	↕	↕	↕	↕		2
	LDC Rs,CCR	B		2							Rs8→CCR	↕	↕	↕	↕	↕	↕		2
	LOC @ERs,CCR	W			4						@ERs→CCR	↕	↕	↕	↕	↕	↕		6
	LDC @(d:16,ERs),CCR	W				6					@(d:16,ERs)→CCR	↕	↕	↕	↕	↕	↕		8
	LDC @(d:24,ERs),CCR	W				10					@(d:24,ERs)→CCR	↕	↕	↕	↕	↕	↕		12
	LDC @ERs+,CCR	W					4				@ERs→CCR,ERs32+2→ERs32	↕	↕	↕	↕	↕	↕		8
	LDC @aa:16,CCR	W						6			@aa:16→CCR	↕	↕	↕	↕	↕	↕		8
	LDC @aa:24,CCR	W						8			@aa:24→CCR	↕	↕	↕	↕	↕	↕		10
STC	STC CCR,Rd	B		2							CCR→Rd8	—	—	—	—	—	—		2
	STC CCR,@ERd	W			4						CCR→@ERd	—	—	—	—	—	—		6
	STC CCR,@(d:16,ERd)	W				6					CCR→@(d:16,ERd)	—	—	—	—	—	—		8
	STC CCR,@(d:24,ERd)	W				10					CCR→@(d:24,ERd)	—	—	—	—	—	—		12
	STC CCR,@-ERd	W					4				ERd32-2→ERd32,CCR→@ERd	—	—	—	—	—	—		8
	STC CCR,@aa:16	W						6			CCR→@aa:16	—	—	—	—	—	—		8
	STC CCR,@aa:24	W						8			CCR→@aa:24	—	—	—	—	—	—		10
ANDC	ANDC #xx:8,CCR	B	2								CCR∧#xx:8→CCR	↕	↕	↕	↕	↕	↕		2
ORC	ORC #xx:8,CCR	B	2								CCR∨#xx:8→CCR	↕	↕	↕	↕	↕	↕		2
XORC	XORC #xx:8,CCR	B	2								CCR⊕#xx:8→CCR	↕	↕	↕	↕	↕	↕		2
NOP	NOP	—								2	PC→PC+2	—	—	—	—	—	—		2

A.12 ブロック転送命令

ニモニック	サイズ	#xx	Rn	@ERn	アドレッシングモード/命令長(バイト) @(d, ERn)	@-ERn/@ERn+	@aa	@(d, PC)	@@aa	オペレーション	コンディションコード I H N Z V C	実行ステート数[*1] ノーマル アドバンスト
EEPMOV.B	—								4	if R4L≠0 　Repeat @ER5→@ER6 　　R5+1→R5 　　R6+1→R6 　　R4L−1→R4L 　Until R4L=0 else next ;	— — — — — —	$8+4n$[*2]
EEPMOV.W	—								4	if R4≠0 　Repeat @ER5→@ER6 　　R5+1→R5 　　R6+1→R6 　　R4−1→R4 　Until R4=0 else next ;	— — — — — —	$8+4n$[*2]

[*1] 実行ステート数は、オペコードおよびオペランドが内蔵メモリに存在する場合である。

[*2] nはR4LまたはR4の設定値である。

(1) bit 11から桁上がりまたはbit 11へ桁下がりが発生したとき1にセットされ、それ以外のとき0にクリアされる。

(2) bit 27から桁上がりまたはbit 27へ桁下がりが発生したとき1にセットされ、それ以外のとき0にクリアされる。

(3) 演算結果がゼロのとき、演算前の値を保持し、それ以外のとき0にクリアされる。

(4) 補正結果に桁上がりが発生したとき、1にセットされ、それ以外のとき演算前の値を保持する。

(5) Eクロック同期転送命令の実行ステート数は一定ではない。

(6) 除数がゼロのとき1にセットされ、それ以外のとき0にクリアされる。

(7) 除数がゼロのとき1にセットされ、それ以外のとき0にクリアされる。

(8) 商が負のとき1にセットされ、それ以外のとき0にクリアされる。

付録B　H8/3048Fハードウェアの補足

B.1　割り込み要因とベクタアドレスおよび割り込み優先順位

割り込み要因	要因発生元	ベクタ番号	ベクタアドレス*1	IPR*2	優先順位
NMI	外部端子	7	H'001C～H'001F	−	高 ↑
IRQ 0		12	H'0030～H'0033	IPRA7	
IRQ 1		13	H'0034～H'0037	IPRA6	
IRQ 2		14	H'0038～H'003B	IPRA5	
IRQ 3		15	H'003C～H'003F		
IRQ 4		16	H'0040～H'0043	IPRA4	
IRQ 5		17	H'0044～H'0047		
リザーブ	−	18	H'0048～H'004B		
		19	H'004C～H'004F		
WOVI(インターバルタイマ)	ウォッチドッグタイマ	20	H'0050～H'0053	IPRA3	
CMI(コンペアマッチ)	リフレッシュコントローラ	21	H'0054～H'0057		
リザーブ	−	22	H'0058～H'005B		
		23	H'005C～H'005F		
IMIA 0(コンペアマッチ/インプットキャプチャA0)	ITUチャネル0	24	H'0060～H'0063	IPRA2	
IMIB 0(コンペアマッチ/インプットキャプチャB0)		25	H'0064～H'0067		
OVI 0(オーバフロー0)		26	H'0068～H'006B		
リザーブ	−	27	H'006C～H'006F		
IMIA 1(コンペアマッチ/インプットキャプチャA1)	ITUチャネル1	28	H'0070～H'0073	IPRA1	
IMIB 1(コンペアマッチ/インプットキャプチャB1)		29	H'0074～H'0077		
OVI 1(オーバフロー1)		30	H'0078～H'007B		
リザーブ	−	31	H'007C～H'007F		
IMIA 2(コンペアマッチ/インプットキャプチャA2)	ITUチャネル2	32	H'0080～H'0083	IPRA0	
IMIB 2(コンペアマッチ/インプットキャプチャB2)		33	H'0084～H'0087		
OVI 2(オーバフロー2)		34	H'0088～H'008B		
リザーブ	−	35	H'008C～H'008F		
IMIA 3(コンペアマッチ/インプットキャプチャA3)	ITUチャネル3	36	H'0090～H'0093	IPRB7	
IMIB 3(コンペアマッチ/インプットキャプチャB3)		37	H'0094～H'0097		
OVI 3(オーバフロー3)		38	H'0098～H'009B		
リザーブ	−	39	H'009C～H'009F		
IMIA 4(コンペアマッチ/インプットキャプチャA4)	ITUチャネル4	40	H'00A0～H'00A3	IPRB6	
IMIB 4(コンペアマッチ/インプットキャプチャB4)		41	H'00A4～H'00A7		↓
OVI 4(オーバフロー4)		42	H'00A8～H'00AB		
リザーブ	−	43	H'00AC～H'00AF		低

*1　ベクタアドレスは下位16 bitで書いてある。
*2　IPR：インタラプト・プライオリティ・レジスタ

付録B　H8/3048 F ハードウェアの補足

B.2(1) I/O ポート動作モード別機能一覧

ポート	概要	端子	モード1	モード2	モード3	モード4	モード5	モード6	モード7
ポート1	・8 bit の入出力ポート ・LED 駆動可能	$P1_7$〜$P1_0$/A7〜A0	アドレス出力端子(A7〜A0)				アドレス出力端子(A7〜A0)と入力ポートの兼用 DDR=0 のとき入力ポート DDR=1 のときアドレス出力端子		入出力ポート
ポート2	・8 bit の入出力ポート ・入力プルアップ MOS 内蔵 ・LED 駆動可能	$P2_7$〜$P2_0$/A15〜A8	アドレス出力端子(A15〜A8)				アドレス出力端子(A15〜A8)と入力ポートの兼用 DDR=0 のとき入力ポート DDR=1 のときアドレス出力端子		入出力ポート
ポート3	・8 bit の入出力ポート	$P3_7$〜$P3_0$/D15〜D8	データ入出力端子(D15〜D8)						入出力ポート
ポート4	・8 bit の入出力ポート・入力プルアップ MOS 内蔵	$P4_7$〜$P4_0$/D7〜D0	データ入出力端子(D7〜D0)と 8 bit の入出力ポートの兼用 8 bit バスモードのとき入出力ポート 16 bit バスモードのときデータ入出力端子						入出力ポート
ポート5	・4 bit の入出力ポート・入力プルアップ MOS 内蔵 ・LED 駆動可能	$P5_3$〜$P5_0$/A19〜A16	アドレス出力端子(A19〜A16)				アドレス出力端子(A19〜A16)と 4 bit の入力ポートの兼用 DDR=0 のとき入力ポート DDR=1 のときアドレス出力端子		入出力ポート
ポート6	・7 bit の入出力ポート	$P6_6$/$\overline{LWR}$ $P6_5$/$\overline{HWR}$ $P6_4$/$\overline{RD}$ $P6_3$/$\overline{AS}$	バス制御信号出力端子($\overline{LWR}$, $\overline{HWR}$, $\overline{RD}$, $\overline{AS}$)						入出力ポート
		$P6_2$/$\overline{BACK}$ $P6_1$/$\overline{BREQ}$ $P6_0$/$\overline{WAIT}$	バス制御信号入出力端子($\overline{BACK}$, $\overline{BREQ}$, $\overline{WAIT}$)と 3 bit の入出力ポートの兼用						
ポート7	・8 bit の入出力ポート	$P7_7$/AN7/DA1 $P7_6$/AN6/DA0	A/D 変換器のアナログ入力端子(AN7, AN6)および D/A 変換器のアナログ出力端子(DA1, DA0)と入力ポートの兼用						
		$P7_5$〜$P7_0$/AN5〜AN0	A/D 変換器のアナログ入力端子(AN5〜AN0)と入力ポートの兼用						
ポート8	・5 bit の入出力ポート ・$P8_2$〜$P8_0$ はシュミット入力	$P8_4$/$\overline{CS0}$	DDR=0 のとき入力ポート DDR=1 のとき(リセット後)$\overline{CS0}$ 出力端子						入出力ポート
		$P8_3$/$\overline{CS1}$/$\overline{IRQ3}$ $P8_2$/$\overline{CS2}$/$\overline{IRQ2}$ $P8_1$/$\overline{CS3}$/$\overline{IRQ1}$	$\overline{IRQ3}$〜$\overline{IRQ1}$入力端子, $\overline{CS1}$〜$\overline{CS3}$ 出力端子と入力ポートの兼用 DDR=0 のとき(リセット後)入力ポート DDR=1 のとき $\overline{CS1}$〜$\overline{CS3}$出力端子						$\overline{IRQ3}$〜$\overline{IRQ0}$入力端子と入出力ポートの兼用
		$P8_0$/$\overline{RFSH}$/$\overline{IRQ0}$	$\overline{IRQ0}$ 入力端子, $\overline{RFSH}$ 出力端子と入出力ポートの兼用						
ポート9	・6 bit の入出力ポート	$P9_5$/SCK1/$\overline{IRQ5}$ $P9_4$/SCK0/$\overline{IRQ4}$ $P9_3$/RxD1 $P9_2$/RxD0 $P9_1$/TxD1 $P9_0$/TxD0	シリアルコミュニケーションインタフェースチャネル 0, 1 (SCI$_{0,1}$)の入出力端子(SCK1, SCK0, RxD1, RxD0, TxD1, TxD0), および $\overline{IRQ5}$, $\overline{IRQ4}$入力端子と 6 bit の入出力ポートの兼用						

付録B　H8/3048 F ハードウェアの補足

B.2(2)　I/O ポート動作モード別機能一覧

ポート	概要	端子	モード1	モード2	モード3	モード4	モード5	モード6	モード7
ポートA	・8 bit の入出力ポート ・シュミット入力	PA7/TP7/TIOCB2/A20	プログラマブルタイミングパターンコントローラ(TPC)出力端子(TP7),16bit インテグレーテッドタイマユニット(ITU)の入出力端子(TIOCB2)と入出力ポートの兼用		アドレス出力端子(A20)		TPC出力端子(TP7),ITUの入出力端子(TIOCB2)と入出力ポートの兼用	アドレス出力端子(A20)	TPC出力端子(TP7),ITUの入出力端子(TIOCB2)と入出力ポートの兼用
		PA6/TP6/TIOCA2/A2/$\overline{CS4}$ PA5/TP5/TIOCB1/A22/$\overline{CS5}$ PA4/TP4/TIOCA1/A23/$\overline{CS6}$	TPC出力端子(TP6〜TP4),ITUの入出力端子(TIOCA2, TIOCB1, TIOCA1),$\overline{CS4}$〜$\overline{CS6}$出力端子と入出力ポートの兼用		TPC出力端子(TP6〜TP4),ITUの入出力端子(TIOCA2, TIOCB1, TIOCA1),アドレス出力端子(A23〜A21),$\overline{CS4}$〜$\overline{CS6}$出力端子と入出力ポートの兼用		TPC出力端子(TP6〜TP4),ITUの入出力端子(TIOCA2, TIOCB1, TIOCA1),$\overline{CS4}$〜$\overline{CS6}$出力端子と入出力ポートの兼用	TPC出力端子(TP6〜TP4),ITUの入出力端子(TIOCA2, TIOCB1, TIOCA1),アドレス出力端子(A23〜A21),$\overline{CS4}$〜$\overline{CS6}$出力端子と入出力ポートの兼用	TPC出力端子(TP6〜TP4),ITUの入出力端子(TIOCA2, TIOCB1, TIOCA1)と入出力ポートの兼用
		PA3/TP3/TIOCB0/TCLKD PA2/TP2/TIOCA0/TCLKC PA1/TP1/$\overline{TEND1}$/TCLKB PA0/TP0/$\overline{TEND0}$/TCLKA	TPC出力端子(TPS3〜TP0),DMA コントローラ(DMAC)の出力端子($\overline{TEND1}$, $\overline{TEND0}$),ITU の入出力端子(TCLKD, TCLKC, TCLKB, TCLKA, TIOCB0, TIOCA0)と入出力ポートの兼用						
ポートB	・8 bit の入出力ポート ・LED 駆動可能 ・PB3〜PB0はシュミット入力	PB7/TP15/$\overline{DREQ1}$/$\overline{ADTRG}$	TPC 出力端子(TP15),DMAC の入力端子($\overline{DREQ1}$),A/D 変換器の外部トリガ入力端子($\overline{ADTRG}$)と入出力ポートの兼用						
		PB6/TP14/$\overline{DREQ0}$/$\overline{CS7}$	TPC 出力端子(TP14),DMAC の入力端子($\overline{DREQ0}$),$\overline{CS7}$ 出力端子と入出力ポートの兼用					TPC出力端子(TP14),DMAC の入力端子($\overline{DREQ0}$)と入出力ポートの兼用	
		PB5/TP13/TOCXB4 PB4/TP12/TOCXA4 PB3/TP11/TIOCB4 PB2/TP10/TIOCA4 PB1/TP9/TIOCB3 PB0/TP8/TIOCA3	TPC 出力端子(TP13〜TP8),ITU の入出力端子(TOCXB4, TOCXA4, TIOCB4, TIOCA4, TIOCB3, TIOCA3)と 8 bit の入出力ポートの兼用						

B.3 ITUの機能一覧

項　目		チャネル0	チャネル1	チャネル2	チャネル3	チャネル4
カウントクロック		内部クロック：ϕ，$\phi/2$，$\phi/4$，$\phi/8$ 外部クロック：TCLKA，TCLKB，TCLKC，TCLKD から独立に選択可能				
ジェネラルレジスタ（アウトプットコンペア／インプットキャプチャ兼用レジスタ）		GRA0 GRB0	GRA1 GRB1	GRA2 GRB2	GRA3 GRB3	GRA4 GRB4
バッファレジスタ		−	−	−	BRA3，BRA3	BRA4，BRA4
入出力端子		TIOCA0 TIOCB0	TIOCA1 TIOCB1	TIOCA2 TIOCB2	TIOCA3 TIOCB3	TIOCA4 TIOCB4
出力端子		−	−	−	−	TIOCXA4 TIOCXB4
カウンタクリア機能		GRA0/GRB0のコンペアマッチまたはインプットキャプチャ	GRA1/GRB1のコンペアマッチまたはインプットキャプチャ	GRA2/GRB2のコンペアマッチまたはインプットキャプチャ	GRA3/GRB3のコンペアマッチまたはインプットキャプチャ	GRA4/GRB4のコンペアマッチまたはインプットキャプチャ
コンペアマッチ出力	0出力	○	○	○	○	○
	1出力	○	○	○	○	○
	トグル出力	○	○	○	○	○
インプットキャプチャ機能		○	○	○	○	○
同期動作		○	○	○	○	○
PWMモード		○	○	○	○	○
リセット同期PWMモード		−	−	−	○	−
相補PWMモード		−	−	−	○	−
位相計数モード		−	−	○	−	−
バッファ動作		−	−	−	○	○
DMACの起動		GRA0のコンペアマッチまたはインプットキャプチャ	GRA1のコンペアマッチまたはインプットキャプチャ	GRA2のコンペアマッチまたはインプットキャプチャ	GRA3のコンペアマッチまたはインプットキャプチャ	−
割り込み要因		3要因 ・コンペアマッチ／インプットキャプチャA0 ・コンペアマッチ／インプットキャプチャB0 ・オーバフロー	3要因 ・コンペアマッチ／インプットキャプチャA1 ・コンペアマッチ／インプットキャプチャB1 ・オーバフロー	3要因 ・コンペアマッチ／インプットキャプチャA2 ・コンペアマッチ／インプットキャプチャB2 ・オーバフロー	3要因 ・コンペアマッチ／インプットキャプチャA3 ・コンペアマッチ／インプットキャプチャB3 ・オーバフロー	3要因 ・コンペアマッチ／インプットキャプチャA4 ・コンペアマッチ／インプットキャプチャB4 ・オーバフロー

《記号の説明》　○：可能　　−：不可

B.4　ITUの端子構成

チャネル	名称	略称	入出力	機能
共通	クロック入力A	TCLKA	入力	外部ロックA入力端子（位相計数モード時A相入力端子）
	クロック入力B	TCLKB	入力	外部ロックB入力端子（位相計数モード時B相入力端子）
	クロック入力C	TCLKC	入力	外部ロックC入力端子
	クロック入力D	TCLKD	入力	外部ロックD入力端子
0	インプットキャプチャ／アウトプットコンペアA0	TIOCA0	入出力	GRA0アウトプットコンペア出力／GRA0インプットキャプチャ入力／PWM出力端子（PWMモード時）
	インプットキャプチャ／アウトプットコンペアB0	TIOCB0	入出力	GRB0アウトプットコンペア出力／GRB0インプットキャプチャ入力端子
1	インプットキャプチャ／アウトプットコンペアA1	TIOCA1	入出力	GRA1アウトプットコンペア出力／GRA1インプットキャプチャ入力／PWM出力端子（PWMモード時）
	インプットキャプチャ／アウトプットコンペアB1	TIOCB1	入出力	GRB1アウトプットコンペア出力／GRB1インプットキャプチャ入力端子
2	インプットキャプチャ／アウトプットコンペアA2	TIOCA2	入出力	GRA2アウトプットコンペア出力／GRA2インプットキャプチャ入力／PWM出力端子（PWMモード時）
	インプットキャプチャ／アウトプットコンペアB2	TIOCB2	入出力	GRB2アウトプットコンペア出力／GRB2インプットキャプチャ入力端子
3	インプットキャプチャ／アウトプットコンペアA3	TIOCA3	入出力	GRA3アウトプットコンペア出力／GRA3インプットキャプチャ入力／PWM出力端子（PWMモード／相補PWMモード／リセット同期PWMモード時）
	インプットキャプチャ／アウトプットコンペアB3	TIOCB3	入出力	GRB3アウトプットコンペア出力／GRB3インプットキャプチャ入力／PWM出力端子（相補PWMモード／リセット同期PWMモード時）
4	インプットキャプチャ／アウトプットコンペアA4	TIOCA4	入出力	GRA4アウトプットコンペア出力／GRA4インプットキャプチャ入力／PWM出力端子（PWMモード／相補PWMモード／リセット同期PWMモード時）
	インプットキャプチャ／アウトプットコンペアB4	TIOCB4	入出力	GRB4アウトプットコンペア出力／GRB4インプットキャプチャ入力／PWM出力端子（相補PWMモード／リセット同期PWMモード時）
	アウトプットコンペアXA4	TIOCXA4	出力	PWM出力端子（相補PWMモード／リセット同期PWMモード時）
	アウトプットコンペアXB4	TIOCXB4	出力	PWM出力端子（相補PWMモード／リセット同期PWMモード時）

B.5(1) ITU のレジスタ構成

チャネル	アドレス[*1]	名称	略称	R/W	初期値
共通	H'FF60	タイマスタートレジスタ	TSTR	R/W	H'E0
	H'FF61	タイマシンクロレジスタ	TSNC	R/W	H'E0
	H'FF62	タイマモードレジスタ	TMDR	R/W	H'80
	H'FF63	タイマファクションコントロールレジスタ	TFCR	R/W	H'C0
	H'FF90	タイマアウトプットマスタイネーブルレジスタ	TOER	R/W	H'FF
	H'FF91	タイマアウトプットコントロールレジスタ	TOCR	R/W	H'FF
0	H'FF64	タイマコントロールレジスタ0	TCR0	R/W	H'80
	H'FF65	タイマI/Oコントロールレジスタ0	TIOR0	R/W	H'88
	H'FF66	タイマインタラプトイネーブルレジスタ0	TIER0	R/W	H'F8
	H'FF67	タイマステータスレジスタ0	TSR0	R/(W)[*2]	H'F8
	H'FF68	タイマカウンタ0H	TCNT0H	R/W	H'00
	H'FF69	タイマカウンタ0L	TCNT0L	R/W	H'00
	H'FF6A	ジェネラルレジスタA0H	GRA0H	R/W	H'FF
	H'FF6B	ジェネラルレジスタA0L	GRA0L	R/W	H'FF
	H'FF6C	ジェネラルレジスタB0H	GRB0H	R/W	H'FF
	H'FF6D	ジェネラルレジスタB0L	GRB0L	R/W	H'FF
1	H'FF6E	タイマコントロールレジスタ1	TCR1	R/W	H'80
	H'FF6F	タイマI/Oコントロールレジスタ1	TIOR1	R/W	H'88
	H'FF70	タイマインタラプトイネーブルレジスタ1	TIER1	R/W	H'F8
	H'FF71	タイマステータスレジスタ1	TSR1	R/(W)[*2]	H'F8
	H'FF72	タイマカウンタ1H	TCNT1H	R/W	H'00
	H'FF73	タイマカウンタ1L	TCNT1L	R/W	H'00
	H'FF74	ジェネラルレジスタA1H	GRA1H	R/W	H'FF
	H'FF75	ジェネラルレジスタA1L	GRA1L	R/W	H'FF
	H'FF76	ジェネラルレジスタB1H	GRB1H	R/W	H'FF
	H'FF77	ジェネラルレジスタB1L	GRB1L	R/W	H'FF
2	H'FF78	タイマコントロールレジスタ2	TCR2	R/W	H'80
	H'FF79	タイマI/Oコントロールレジスタ2	TIOR2	R/W	H'88
	H'FF7A	タイマインタラプトイネーブルレジスタ2	TIER2	R/W	H'F8
	H'FF7B	タイマステータスレジスタ2	TSR2	R/(W)[*2]	H'F8

[*1] アドレスの下位16bitを示す。

[*2] フラグをクリアするための0ライトのみ可能。

B.5（2） ITU のレジスタ構成

チャネル	アドレス[*1]	名称	略称	R/W	初期値
2	H'FF7C	タイマカウンタ 2H	TCNT2H	R/W	H'00
	H'FF7D	タイマカウンタ 2L	TCNT2L	R/W	H'00
	H'FF7E	ジェネラルレジスタ A2H	GRA2H	R/W	H'FF
	H'FF7F	ジェネラルレジスタ A2L	GRA2L	R/W	H'FF
	H'FF80	ジェネラルレジスタ B2H	GRB2H	R/W	H'FF
	H'FF81	ジェネラルレジスタ B2L	GRB2L	R/W	H'FF
3	H'FF82	タイマコントロールレジスタ 3	TCR3	R/W	H'80
	H'FF83	タイマ I/O コントロールレジスタ 3	TIOR3	R/W	H'88
	H'FF84	タイマインタラプトイネーブルレジスタ 3	TIER3	R/W	H'F8
	H'FF85	タイマステータスレジスタ 3	TSR3	R/(W)[*2]	H'F8
	H'FF86	タイマカウンタ 3H	TCNT3H	R/W	H'00
	H'FF87	タイマカウンタ 3L	TCNT3L	R/W	H'00
	H'FF88	ジェネラルレジスタ A3H	GRA3H	R/W	H'FF
	H'FF89	ジェネラルレジスタ A3L	GRA3L	R/W	H'FF
	H'FF8A	ジェネラルレジスタ B3H	GRB3H	R/W	H'FF
	H'FF8B	ジェネラルレジスタ B3L	GRB3L	R/W	H'FF
	H'FF8C	バッファレジスタ A3H	BRA3H	R/W	H'FF
	H'FF8D	バッファレジスタ A3L	BRA3L	R/W	H'FF
	H'FF8E	バッファレジスタ B3H	BRB3H	R/W	H'FF
	H'FF8F	バッファレジスタ B3L	BRB3L	R/W	H'FF
4	H'FF92	タイマコントロールレジスタ 4	TCR4	R/W	H'80
	H'FF93	タイマ I/O コントロールレジスタ 4	TIOR4	R/W	H'88
	H'FF94	タイマインタラプトイネーブルレジスタ 4	TIER4	R/W	H'F8
	H'FF95	タイマステータスレジスタ 4	TSR4	R/(W)[*2]	H'F8
	H'FF96	タイマカウンタ 4H	TCNT4H	R/W	H'00
	H'FF97	タイマカウンタ 4L	TCNT4L	R/W	H'00
	H'FF98	ジェネラルレジスタ A4H	GRA4H	R/W	H'FF
	H'FF99	ジェネラルレジスタ A4L	GRA4L	R/W	H'FF
	H'FF9A	ジェネラルレジスタ B4H	GRB4H	R/W	H'FF
	H'FF9B	ジェネラルレジスタ B4L	GRB4L	R/W	H'FF
	H'FF9C	バッファレジスタ A4H	BRA4H	R/W	H'FF
	H'FF9D	バッファレジスタ A4L	BRA4L	R/W	H'FF
	H'FF9E	バッファレジスタ B4H	BRB4H	R/W	H'FF
	H'FF9F	バッファレジスタ B4L	BRB4L	R/W	H'FF

[*1] アドレスの下位 16 bit を示す。
[*2] フラグをクリアするための 0 ライトのみ可能。

B.6　ITU の PWM 出力端子とレジスタの組み合わせ

チャネル	出力端子	1出力	0出力
0	TIOCA0	GRA0	GRB0
1	TIOCA1	GRA1	GRB1
2	TIOCA2	GRA2	GRB2
3	TIOCA3	GRA3	GRB3
4	TIOCA4	GRA4	GRB4

B.7　TPC 出力通常動作の設定手順例

【ITU の設定】
1. GR の機能選択
2. GRA の設定
3. カウント動作の設定
4. 割り込み要求の設定

【ポートと TPC の設定】
5. 出力初期値の設定
6. ポート出力設定
7. TPC 出力許可設定
8. TPC 出力トリガの選択
9. TPC 出力の次の出力値の設定

10. カウント動作開始（ITU の設定）

コンペアマッチ → YES → 11. TPC 出力の次の出力値の設定

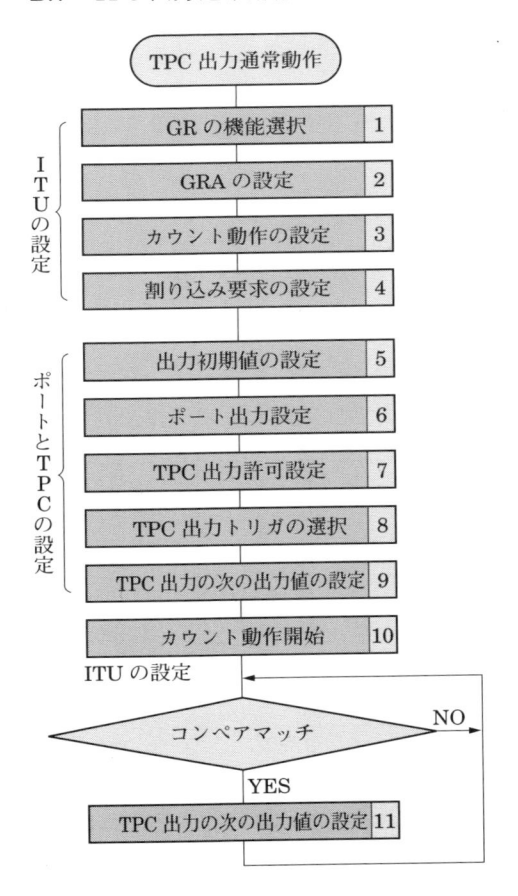

1. TIOR で GRA をアウトプットコンペアレジスタ（出力禁止）に設定する。
2. TPC の出力トリガの周期を設定する。
3. TCR の TPSC2～TPSC0 ビットでカウンタクロックを選択する。また，CCLR1，CCLR0 ビットでカウンタクリア要因を選択する。
4. TIER で IMFA 割込みを許可する。
   DMAC による NDR への転送を設定することもできる。
5. TPC で使用する入出力ポートの DR に出力初期値を設定する。
6. TPC で使用する入出力ポートの DDR を 1 にセットする。
7. NDER の TPC 出力を行うビットを 1 にセットする。
8. TPCR で TPC 出力トリガとなる ITU のコンペアマッチを選択する。
9. NDR に TPC 出力の次の出力値を設定する。
10. TSTR の STR ビットを 1 にセットして TCNT のカウント動作を開始する。
11. IMFA 割込みが発生するごとに次の出力値を NDR に設定する。

B.8 TPC のレジスタ構成

アドレス[*1]	名　称	略　称	R/W	初期値
H'FFD1	ポート A データディレクションレジスタ	PADDR	W	H'00
H'FFD3	ポート A データレジスタ	PADR	R/(W)[*2]	H'00
H'FFD4	ポート B データディレクションレジスタ	PBDDR	W	H'00
H'FFD6	ポート B データレジスタ	PBDR	R/(W)[*2]	H'00
H'FFA0	TPC 出力モードレジスタ	TPMR	R/W	H'F0
H'FFA1	TPC 出力コントロールレジスタ	TPCR	R/W	H'FF
H'FFA2	ネクストデータイネーブルレジスタ B	NDERB	R/W	H'00
H'FFA3	ネクストデータイネーブルレジスタ A	NDERA	R/W	H'00
H'FFA5/H'FFA7[*3]	ネクストデータレジスタ A	NDRA	R/W	H'00
H'FFA4/H'FFA6[*3]	ネクストデータレジスタ B	NDRB	R/W	H'00

[*1] アドレスの下位 16 bit を示す。
[*2] TPC 出力として使用しているビットは，ライトできない。
[*3] TPCR の設定により TPC 出力グループ 0 と TPC 出力グループ 1 の出力トリガが同一の場合は NDRA のアドレスは H'FFA5 となり，出力トリガが異なる場合はグループ 0 に対応する NDRA のアドレスは H'FFA7，グループ 1 に対応する NDRA のアドレスは H'FFA5 となる。
　　同様に，TPCR の設定により TPC 出力グループ 2 と TPC 出力グループ 3 の出力トリガが同一の場合は NDRB のアドレスは H'FFA4 となり，出力トリガが異なる場合はグループ 2 に対応する NDRB のアドレスは H'FFA6，グループ 3 に対応する NDRB のアドレスは H'FFA4 となる。

B.9 SCI のレジスタ構成

チャネル	アドレス[*1]	名　称	略　称	R/W	初期値
0	H'FFB0	シリアルモードレジスタ	SMR	R/W	H'00
	H'FFB1	ビットレートレジスタ	BRR	R/W	H'FF
	H'FFB2	シリアルコントロールレジスタ	SCR	R/W	H'00
	H'FFB3	トランスミットデータレジスタ	TDR	R/W	H'FF
	H'FFB4	シリアルステータスレジスタ	SSR	R/(W)[*2]	H'84
	H'FFB5	レシーブデータレジスタ	RDR	R	H'00
1	H'FFB8	シリアルモードレジスタ	SMR	R/W	H'00
	H'FFB9	ビットレートレジスタ	BRR	R/W	H'FF
	H'FFBA	シリアルコントロールレジスタ	SCR	R/W	H'00
	H'FFBB	トランスミットデータレジスタ	TDR	R/W	H'FF
	H'FFBC	シリアルステータスレジスタ	SSR	R/(W)[*2]	H'84
	H'FFBD	レシーブデータレジスタ	RDR	R	H'00

[*1] アドレスの下位 16 bit を示す。
[*2] フラグをクリアするための 0 ライトのみ可能。

付録B　H8/3048Fハードウェアの補足

B.10　シリアルデータ受信（調歩同期）のフローチャート例

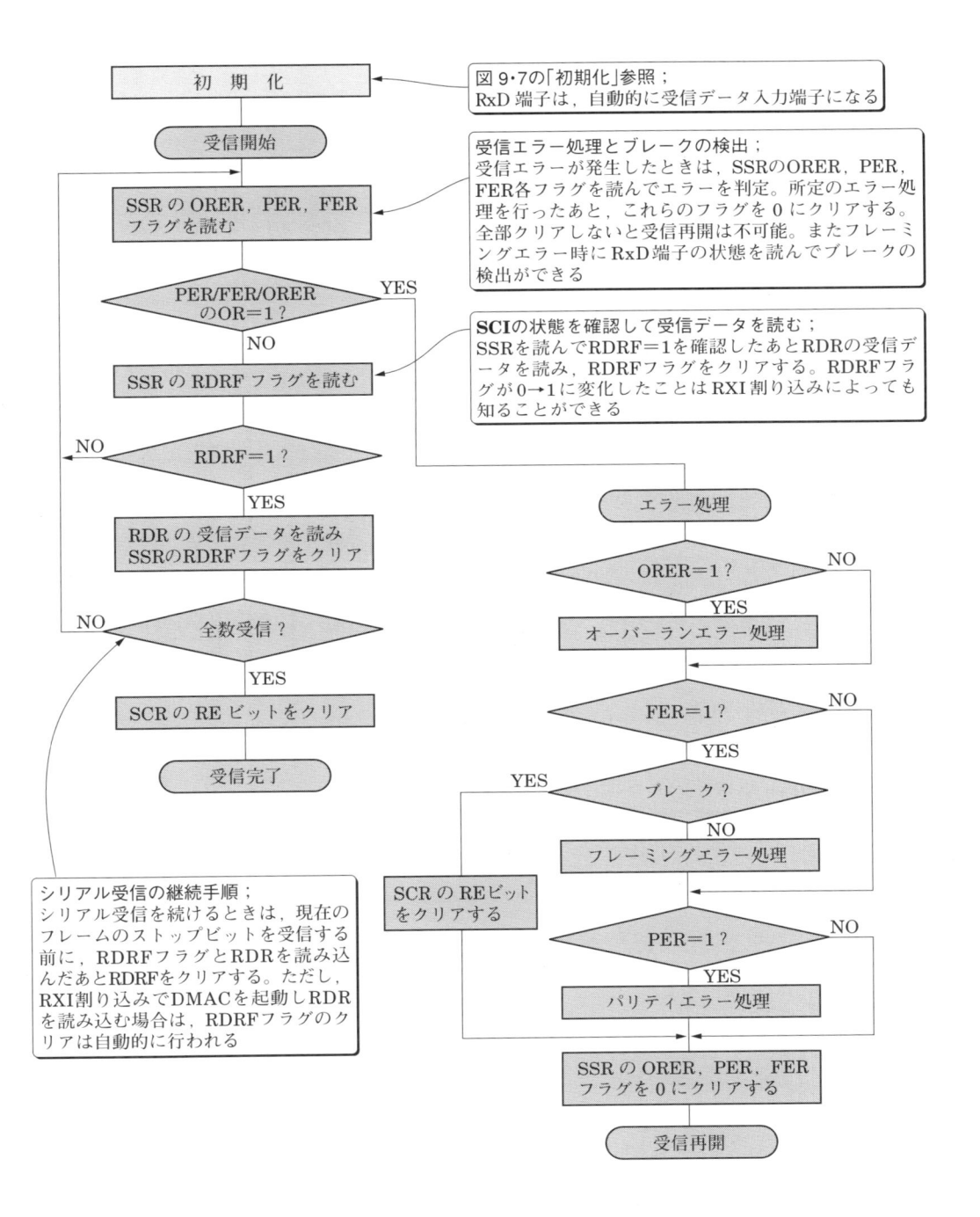

```
初期化 ← 図9・7の「初期化」参照；
        RxD端子は，自動的に受信データ入力端子になる
  ↓
受信開始
  ↓
SSRのORER，PER，FER ← 受信エラー処理とブレークの検出；
フラグを読む              受信エラーが発生したときは，SSRのORER，PER，
  ↓                       FER各フラグを読んでエラーを判定。所定のエラー処
                          理を行ったあと，これらのフラグを0にクリアする。
PER/FER/ORER  YES         全部クリアしないと受信再開は不可能。またフレーミ
のOR=1？  ──→             ングエラー時にRxD端子の状態を読んでブレークの
  ↓ NO                    検出ができる
SSRのRDRFフラグを読む ← SCIの状態を確認して受信データを読む；
  ↓                       SSRを読んでRDRF=1を確認したあとRDRの受信デー
                          タを読み，RDRFフラグをクリアする。RDRFフラ
RDRF=1？ NO→(戻る)        グが0→1に変化したことはRXI割り込みによっても
  ↓ YES                   知ることができる
RDRの受信データを読み
SSRのRDRFフラグをクリア
  ↓
全数受信？ NO→(戻る)
  ↓ YES
SCRのREビットをクリア
  ↓
受信完了
```

エラー処理
- ORER=1？ YES→オーバーランエラー処理
- FER=1？ YES→ブレーク？ YES→SCRのREビットをクリアする
           NO→フレーミングエラー処理
- PER=1？ YES→パリティエラー処理
- SSRのORER，PER，FERフラグを0にクリアする
- 受信再開

シリアル受信の継続手順；
シリアル受信を続けるときは，現在のフレームのストップビットを受信する前に，RDRFフラグとRDRを読み込んだあとRDRFをクリアする。ただし，RXI割り込みでDMACを起動しRDRを読み込む場合は，RDRFフラグのクリアは自動的に行われる

B.11 A/Dの端子構成

端子名	略称	入出力	機能
アナログ電源端子	AV_{CC}	入力	アナログ部の電源
アナロググランド端子	AV_{SS}	入力	アナログ部のグランドおよび基準電圧
リファレンス電圧端子	V_{REF}	入力	アナログ部の基準電圧
アナログ入力端子 0	AN0	入力	グループ 0 のアナログ入力
アナログ入力端子 1	AN1	入力	
アナログ入力端子 2	AN2	入力	
アナログ入力端子 3	AN3	入力	
アナログ入力端子 4	AN4	入力	グループ 1 のアナログ入力
アナログ入力端子 5	AN5	入力	
アナログ入力端子 6	AN6	入力	
アナログ入力端子 7	AN7	入力	
A/D 外部トリガ入力端子	ADTRG	入力	A/D 変換開始のための外部トリガ入力

B.12 A/Dのレジスタ構成

アドレス[1]	名称	略称	R/W	初期値
H'FFE0	A/D データレジスタ AH	ADDRAH	R	H'00
H'FFE1	A/D データレジスタ AL	ADDRAL	R	H'00
H'FFE2	A/D データレジスタ BH	ADDRBH	R	H'00
H'FFE3	A/D データレジスタ BL	ADDRBL	R	H'00
H'FFE4	A/D データレジスタ CH	ADDRCH	R	H'00
H'FFE5	A/D データレジスタ CL	ADDRCL	R	H'00
H'FFE6	A/D データレジスタ DH	ADDRDH	R	H'00
H'FFE7	A/D データレジスタ DL	ADDRDL	R	H'00
H'FFE8	A/D コントロール/ステータスレジスタ	ADCSR	R/(W)[2]	H'00
H'FFE9	A/D コントロールレジスタ	ADCR	R/W	H'7F

[1] アドレスの下位 16 bit を示す。
[2] bit 7 は，フラグをクリアするための 0 ライトのみ可能。

B.13 D/Aの端子構成

端子名	略称	入出力	機能
アナログ電源端子	AV_{CC}	入力	アナログ部の電源および基準電圧
アナロググランド端子	AV_{SS}	入力	アナログ部のグランドおよび基準電圧
アナログ出力端子 0	DA0	出力	チャネル 0 のアナログ出力
アナログ出力端子 1	DA1	出力	チャネル 1 のアナログ出力
リファレンス電圧端子	V_{REF}	入力	アナログ部の基準電圧

B.14 D/Aのレジスタ構成

アドレス[*]	名称	略称	R/W	初期値
H'FFDC	D/A データレジスタ 0	DADR0	R/W	H'00
H'FFDD	D/A データレジスタ 1	DADR1	R/W	H'00
H'FFDE	D/A コントロールレジスタ	DACR	R/W	H'1F
H'FF5C	D/A スタンバイコントロールレジスタ	DASTCR	R/W	H'FE

[*] アドレスの下位 16 bit を示す。

B.15 DMAC のレジスタ構成

チャネル	アドレス*	名　　称	略　称	R/W	初期値
0	H'FF20	メモリアドレスレジスタ 0 AR	MAR0AR	R/W	不定
	H'FF21	メモリアドレスレジスタ 0 AE	MAR0AE	R/W	不定
	H'FF22	メモリアドレスレジスタ 0 AH	MAR0AH	R/W	不定
	H'FF23	メモリアドレスレジスタ 0 AL	MAR0AL	R/W	不定
	H'FF26	I/O アドレスレジスタ 0 A	IOAR0A	R/W	不定
	H'FF24	転送カウントレジスタ 0 AH	ETCR0AH	R/W	不定
	H'FF25	転送カウントレジスタ 0 AL	ETCR0AL	R/W	不定
	H'FF27	データトランスファコントロールレジスタ 0 A	DTCR0A	R/W	H'00
	H'FF28	メモリアドレスレジスタ 0 BR	MAR0BR	R/W	不定
	H'FF29	メモリアドレスレジスタ 0 BE	MAR0BE	R/W	不定
	H'FF2A	メモリアドレスレジスタ 0 BH	MAR0BH	R/W	不定
	H'FF2B	メモリアドレスレジスタ 0 BL	MAR0BL	R/W	不定
	H'FF2E	I/O アドレスレジスタ 0 B	IOAR0B	R/W	不定
	H'FF2C	転送カウントレジスタ 0 BH	ETCR0BH	R/W	不定
	H'FF2D	転送カウントレジスタ 0 BL	ETCR0BL	R/W	不定
	H'FF2F	データトランスファコントロールレジスタ 0 B	DTCR0B	R/W	H'00
1	H'FF30	メモリアドレスレジスタ 1 AR	MAR1AR	R/W	不定
	H'FF31	メモリアドレスレジスタ 1 AE	MAR1AE	R/W	不定
	H'FF32	メモリアドレスレジスタ 1 AH	MAR1AH	R/W	不定
	H'FF33	メモリアドレスレジスタ 1 AL	MAR1AL	R/W	不定
	H'FF36	I/O アドレスレジスタ 1 A	IOAR1A	R/W	不定
	H'FF34	転送カウントレジスタ 1 AH	ETCR1AH	R/W	不定
	H'FF35	転送カウントレジスタ 1 AL	ETCR1AL	R/W	不定
	H'FF37	データトランスファコントロールレジスタ 1 A	DTCR1A	R/W	H'00
	H'FF38	メモリアドレスレジスタ 1 BR	MAR1BR	R/W	不定
	H'FF39	メモリアドレスレジスタ 1 BE	MAR1BE	R/W	不定
	H'FF3A	メモリアドレスレジスタ 1 BH	MAR1BH	R/W	不定
	H'FF3B	メモリアドレスレジスタ 1 BL	MAR1BL	R/W	不定
	H'FF3E	I/O アドレスレジスタ 1 B	IOAR1B	R/W	不定
	H'FF3C	転送カウントレジスタ 1 BH	ETCR1BH	R/W	不定
	H'FF3D	転送カウントレジスタ 1 BL	ETCR1BL	R/W	不定
	H'FF3F	データトランスファコントロールレジスタ 1 B	DTCR1B	R/W	H'00

*アドレスの下位 16 bit を示す。

付録C　アセンブラ／フラッシュROMライタプログラムのパソコンへの組み込み

　秋月電子のAKI-H8キットには，アセンブラ，ROMライタなどのソフトを書き込んだCD-Rが付属しています．ハードとソフトの詳細なマニュアルファイルも書き込まれているので，本書の実験にはこのCD-R1枚で十分間に合います．

　なお，以前はソフトがフロッピーディスクで提供されていたこともあったようですが，この場合はH8ASM.EXEという自己解凍型の圧縮ファイルになっているので，アセンブラを組み込むディレクトリ（本文ではC:￥H8）をあらかじめHDDに作っておき，そこにこのH8ASM.EXEをコピーしてから起動すれば，自動的にアセンブラの全ファイルが，同じディレクトリ内に作成されます．

　なお，以下の組み込み手順で使用するパソコンは，Windows95または98がインストール済みであるものとします．

C.1　アセンブラプログラムの組み込み

　キット付属CD-Rの内容は，ASM，MAN，MB，WRITERの4ディレクトリに分かれています．

　アセンブラプログラムは全部「ASM」に入っていますから，パソコンにアセンブラを組み込むディレクトリ（フォルダ）をあらかじめ作成しておき（以下，便宜的にC:￥H8と書きます），エクスプローラなどでこの「ASM」ディレクトリ内のA38H.EXE，L38H.EXE，C38H.EXEファイルを「C:￥H8」内にドラッグしてコピーします．これで組み込みは完了です．

　なお，この「ASM」ディレクトリ内に，クロスアセンブラソフトのマニュアルも書き込まれていました．

C.2　ROMライタプログラムの組み込み

　CD-Rの「WRITER」ディレクトリには，3048.INF，3048.SUB，SETUP.EXE，SETUP.INF，FLASH.EXEなどのファイルが書き込まれていますが，こちらはWindowsファイルであるためドラッグアンドドロップでコピーはできません．「ファイル名を指定して実行」または「エクスプローラ」

でWRITERディレクトリを展開し，SETUP.EXEをダブルクリックして起動します。すると，セットアップ先のディレクトリ名とポート番号を書き込むダイアログ画面が表示されますから，セットアップ先には「C：¥H8」，ポート番号は「1」を入力します。ノートパソコンなどRS232C端子を持たないパソコンの場合は，USB（1.1以上）端子に市販「USB-RS232Cコンバータ」を接続した状態で同じ操作を行います。パソコンの設定によってはポート番号「1」が他の用途に使用されていることがあり，この場合はライタプログラムの組み込みがうまくいかずタイムアウトしてしまいます。そのときは，Windowsのコントロールパネルから，コントロールパネル→システム→ハードウェア→デバイスマネージャ→ポート（COMとLPT）とたどっていき，使われていないポート番号を調べてその番号を「1」の代わりに入力すれば，ライタプログラムの組み込みは動作するようになります。このポート番号の入力が終わったら「OK」をクリックすれば，あとは自動的にコピー作業が進行します。なお，フロッピディスク版の場合も上記に準じてコピーすることができます。

C.3 その他

上記のほか，CD-Rの「MAN」ディレクトリにはハードとアセンブラのマニュアルが，「MB」ディレクトリにはサンプルソフトが7件ほど書き込まれています。

付録D 部品の入手方法

本書の実験で使用する部品は，全部下記の秋月電子で入手しました。
名称：（株）秋月電子通商　　　（http://akizukidenshi.com）
所在地：〒101-0021　東京都千代田区外神田1-8-3野水ビル1F
電話：03-3251-1779　FAX：03-3251-3357
通販店：〒158-0095　東京都世田谷区瀬田5-35-6
購入部品／キット名（価格は2002年3月現在）
＊AKI-H8開発キット（商品番号：K00004）：￥7,800（本書の実験に必要）
　CPUボード一式，アセンブラプログラムおよびフラッシュROM書き込みプログラム，マザーボード一式，参考資料一式，サンプルプログラム

一式，その他電源基板など（CPUボード一式のみ，商品番号：K 00003，¥3,800）．

＊LCD：SC 1602 BS/B：¥900（本書の実験に必要）
　　　　：SC 1602 BSLB（バックライト付き）：¥1,300
＊AKI-H8マイコン専用マザーボード一式（商品番号：K 00140）：¥1,800
　　　　同　　バックライトLCD付き（商品番号：K00005）：¥3,000
＊AKI-H8限定Cコンパイラ（商品番号：S 00006）：¥2,000（説明書付き）
＊AKI-H8ボード用モニタデバッガ（商品番号：S 00021）：¥2,000（説明書付き）
＊AKI-H8ボード用BASICコンパイラ：¥2,000（説明書付き）

付録E　参考文献

・日立シングルチップマイクロコンピュータ
　H 8/3048 シリーズ　ハードウェアマニュアル　ADJ-602-093 E
・日立マイクロコンピュータ
　H 8/300 H シリーズ　プログラミングマニュアル
・(株)秋月電子通商　AKI-H8開発キット
　付属CD-R　参考資料およびサンプルプログラム

　本書で使用したプログラムはホームページからダウンロードすることができます．
　　東京電機大学出版局ホームページアドレス
　　　http://www.tdupress.jp
　　［メインメニュー］→［ダウンロード］→［H 8 ビギナーズガイド］

索　引

あ 行

アーキテクチャ ……………………………… 3
アスキーコード ……………………………… 60
アスキー文字 ………………………………… 46
アセンブラ …………………………………… 39
アセンブラプログラム ……………………… 36
アセンブラプログラムの組み込み ………… 232
アセンブリ言語 …………………………… 21, 36
アセンブル …………………………………… 21
アドレス ……………………………………… 3
アドレス配置 ………………………………… 4
アドレスを指定するフォーマット ………… 205
アナログ波形の生成 ………………………… 160

インクリメント ……………………………… 148
インストラクションフォーマット ………… 205
インタフェース ……………………………… 3, 4
インタプリタ ………………………………… 25
インテグレーテッド・タイマ・ユニット … 11, 91
インテル系 …………………………………… 4

ウオッチドッグタイマ ……………………… 114

液晶表示器 …………………………………… 46
エクスプローラ ……………………………… 41
エディタ ……………………………………… 34
エントリモードの設定 ……………………… 49
エンドレス …………………………………… 39
エンベロープ ………………………………… 156

オートリセット ……………………………… 31
オートリセットIC …………………………… 31
オブジェクトプログラム …………………… 24
オペレーション ……………………………… 206

か 行

カウントエッジ ……………………………… 92
漢字コード …………………………………… 60
組込型マイコン ……………………………… 1, 3
クリア ………………………………………… 12
クロック同期式モード ……………………… 17

高級言語 ……………………………………… 23
コメント ……………………………………… 36
コンディションコード ……………………… 205
コンディションコードレジスタ …………… 115
コントロールコード ………………………… 37
コントロールレジスタ ……………………… 91
コンパイラ …………………………………… 23

さ 行

最下位ビット ………………………………… 128
最上位ビット ………………………………… 128
サイン波形のデータ ………………………… 158
サブルーチン ………………………………… 111
三角波形のデータ …………………………… 159
サンプル＆ホールド回路 …………………… 18

システムコントロールレジスタ …………… 115
システム制御命令 …………………………… 217
シフト命令 …………………………………… 213
主メモリ ……………………………………… 2
ショートアドレスモード ………………… 15, 144
初期設定 ……………………………………… 37
シリアル・コミュニケーション・インタフェース 16, 127
シリアルコントロールレジスタ …………… 133
シリアルステータスレジスタ ……………… 133
シリアル送信テストプログラム ………… 134, 139
シリアルデータ ……………………………… 127

索　引

シリアルデータ受信 …………………………229
シリアルモードレジスタ ……………………130
シンボル ………………………………………34
シンボルの定義 ………………………………36

スイッチ入力／LED 出力 ……………………45
スタック ………………………………………37
スタックポインタ ……………………………37
スタック領域 …………………………………111
スタンバイコントロールレジスタ …………69
ステータス ……………………………………77
ステッピングモータ …………………………154
スルー電流 ……………………………………155

制御コード ……………………………………37
セクションの宣言 ……………………………37
セット …………………………………………12

ソースアドレス ………………………………153
ソースプログラム ……………………………24
ソフトウェアリセット ………………………49

た 行

タイマインタラプトイネーブルレジスタ …117
タイマステータスレジスタ …………………117
ダイレクト・メモリ・アクセス・コントローラ …15
多相パルス生成 ………………………………108

中央処理装置 …………………………………1
注釈 ……………………………………………36
調歩同期式 ……………………………………128
調歩同期式モード ……………………………16
直列データ ……………………………………127
直列入出力インタフェース …………………10

ツール …………………………………………26

ディクリメント ………………………………148
ディジタル ……………………………………20
ディスプレイ ON/OFF 制御 …………………49

ディレクトリ …………………………………39
データトランスファコントロールレジスタ …146
データの転送 …………………………………50
データの表示 …………………………………50
データレジスタ ………………………………69
テキスト文 ……………………………………34
デスティネーションアドレス ………………153
転送カウントレジスタ ………………………146

同期モード ……………………………………95
動作モード ……………………………………8
トグル出力 ……………………………………12

な 行

ニモニック ……………………………………21
入／出力インタフェース ……………………2
入／出力ポート ………………………………10

ノンオーバラップ ……………………………95
ノンオーバラップ 3 相パルス ………………94
ノンオーバラップ 4 相パルス生成 …………117
ノンマスカブルインタラプト ………………114

は 行

バイト …………………………………………5
バグ ……………………………………………25, 62
バス ……………………………………………2
8 bit フルスケール ……………………………67
発光ダイオード ………………………………46
パリティチェック ……………………………129
パルス幅変調 …………………………………12
番地 ……………………………………………3

ビット …………………………………………5
ビット操作命令 ………………………………214
ビットレート …………………………………16, 136
ピン接続 ………………………………………5
ぴんヘッダ ……………………………………28

ファンクションセット ………………………49

索 引

フォルダ ……………………………………39
フラグ ………………………………………77
フラグが立つ ……………………………117
フラッシュROM …………………………2, 9
プリスケーリング …………………………94
プルアップ …………………………………11
フルアドレスモード …………………15, 144
プルダウン …………………………………11
フローチャート ……………………………33
プログラマブル・タイミング・パターン・コントローラ
 …………………………………………13, 104
プログラマブルROM ………………………2
プログラム …………………………………34
ブロック転送命令 ………………………219
分岐命令 …………………………………216

並列データ ………………………………127
並列入出力インタフェース ………………10
ベクタアドレス …………………………220

ボーレート …………………………………16
ボーレートジェネレータ ………………129
補助メモリ …………………………………2

ま 行

マイクロ処理装置 …………………………1
マイコン ……………………………………3
マイコン回路 ………………………………1
マイコンチップ ……………………………5
マザーボード ………………………………31
マシン語 ………………………………21, 22
マシン語プログラム …………………24, 41
マルチプレクス化 …………………………18

無限ループ ……………………………39, 53
無条件割り込み …………………………114

命令セット ………………………………207
メインルーチン ……………………………38
メモリ …………………………………… 1, 4

メモリアドレスレジスタ ………………145
メモリマップ ………………………………8

モード選択 …………………………………31
モトローラ系 ………………………………5

や 行

読み／書き自由なメモリ …………………2
読み出し専用メモリ ………………………2

ら 行

ライブラリ …………………………………24
ラベル ………………………………………34

リセット ……………………………………12

ルーチン ……………………………………37

レジスタを指定するフォーマット ……205

論理演算命令 ……………………………212
論理レベル …………………………………20

わ 行

ワード ………………………………………5
ワイヤリングペン …………………………27
割り込み ……………………………… 37, 111
割り込み処理 ……………………………114
割り込みベクタ …………………………114
割り込み優先順位 ………………………220
割り込み要因 ……………………………220

欧 文

[A]
A/Dコンバータ ……………………… 18, 76
A/Dの端子構成 …………………………230
A/Dのレジスタ構成 ……………………230
[B]
BIOS …………………………………………9

237

索引

bit ··· 5
Bus ··· 2
Byte ·· 5
[C]
CCR ··· 115
CPU ·· 1, 4, 5
CPU の指定 ··· 35
CPU ボード ··· 28
[D]
D サブコネクタ ·· 33
D/A コントロールレジスタ ································· 69
D/A コンバータ ·· 17, 67
D/A の端子構成 ·· 230
D/A のレジスタ構成 ··· 230
D/A, A/D 変換テストプログラム 80
DMAC ··· 15, 143
DMAC のレジスタ構成 ···································· 231
DMAC 方式のプログラム 177
DTCR ·· 146
[E]
EEP-ROM ··· 10
ETCR ·· 146
[H]
H 8/3048 F ··· 5
H 8/3048 F ハードウェア ································ 220
H 8 マイコンのアセンブリ言語 ······················· 205
[I]
I/O アドレスレジスタ ······································ 146
I/O ポート ··· 10, 221
IOAR ··· 146
ITU ·· 11, 91, 106
ITU の機能 ··· 223
ITU の端子構成 ·· 224
ITU のレジスタ構成 ··· 225
[L]
LCD ·· 46
LCD ドライブ・サンプルプログラム ················ 53
LED ·· 46
LSB ··· 128

[M]
MAR ··· 145
MIFES ··· 34
MPU ·· 1
MSB ·· 128
MS-DOS プロンプト ·· 39
[N]
NMI ·· 114
[O]
OS ··· 9
[P]
PIO ··· 10
P-ROM ··· 2
PWM ·· 12
PWM モード ·· 96
[R]
RAM ··· 2, 9, 26
ROM ··· 2, 9, 26
ROM ライタ ·· 10, 31, 41
ROM ライタプログラムの組み込み ·············· 232
RS 232 C ··· 30, 129
RS 422 A ·· 130
[S]
SCI ··· 16, 127, 129, 135
SCR ·· 133
SIO ·· 10, 16
SMR ·· 130
SP ··· 37
SPI のレジスタ構成 ··· 228
SSR ·· 133
SYSCR ·· 115
[T]
TPC ··· 13, 104
TPC 出力通常動作 ·· 227
TPC 動作条件 ·· 106
TPC のレジスタ構成 ·· 228
[U]
UVEP-ROM ··· 10
[W]
Word ··· 5

238

〈著者紹介〉

白土義男（しらとよしお）
- 学　歴　早稲田大学大学院工学研究科
　　　　　電気工学専攻修士課程修了（1957）
- 職　歴　㈶オリンピック東京大会組織委員会
　　　　　事務局技師
　　　　　東京都交通局車両部長
　　　　　㈱京三製作所　信号事業部　信号企画部

H8ビギナーズガイド

2000年11月20日　第1版1刷発行	著　者　白土義男
2005年 5月20日　第1版8刷発行	学校法人　東京電機大学 発行所　東京電機大学出版局 　　　　代表者　加藤康太郎 〒101-8457 東京都千代田区神田錦町 2-2 振替口座　00160-5- 71715 電話　(03)5280-3433（営業） 　　　 (03)5280-3422（編集）

印刷　新日本印刷㈱　　　　© Shirato Yoshio　2000
製本　渡辺製本㈱
装丁　高橋壮一　　　　　　Printed in Japan

＊無断で転載することを禁じます。
＊落丁・乱丁本はお取替えいたします。

ISBN 4-501-32160-1　C 3055

電子回路・半導体・IC

H8ビギナーズガイド

白土義男 著
B5変型判 248頁
日立製作所の埋込型マイコン「H8」の使い方と，プログラミングの基礎を初心者向けにやさしく解説。

たのしくできる
PIC電子工作
CD-ROM付

後閑哲也 著
A5判 190頁
PICを使ってとことん遊ぶための電子回路製作法とプログラミングのノウハウをやさしく解説。

第2版 図解Z80
マイコン応用システム入門
ハード編

柏谷英一／佐野羊介／中村陽一／若島正敏 共著
A5判 304頁
マイコンハードを学ぶ人のために，マイクロプロセッサを応用するための基礎知識を解説した。

第2版 図解Z80
マイコン応用システム入門
ソフト編

柏谷英一／佐野羊介／中村陽一 共著
A5判 304頁
MPUをこれから学ぼうとする人のために，基礎からプログラム開発までを解説した。

図解Z80
マシン語制御のすべて
ハードからソフトまで

白土義男 著
AB判 280頁 2色刷
入門者でも順に読み進むことで，マシン語制御について基本的な理解ができ，簡単なマイコン回路の設計ができるようになる。

ディジタル／アナログ違いのわかる
IC回路セミナー

白土義男 著
AB判 232頁
ディジタルICとアナログICで，同じ機能の電子回路を作り，実験を通して比較・観察する。

図解
ディジタルICのすべて
ゲートからマイコンまで

白土義男 著
AB判 312頁 2色刷
ゲートからマイコン関係のICまでを一貫した流れの中でとらえ，2色図版によって解説。

図解
アナログICのすべて
オペアンプからスイッチドキャパシタまで

白土義男 著
AB判 344頁 2色刷
オペアンプを中心とするアナログ回路の働きを，数式を避け出来るかぎり定性的に詳しく解説。

ポイントスタディ
新版 ディジタルICの基礎

白土義男 著
AB判 208頁 2色刷
左頁に解説，右頁に図をレイアウトし，見開き2頁で1テーマが理解できるように解説。ディジタルICを学ぶ学生や技術者の入門書として最適。

ポイントスタディ
新版 アナログICの基礎

白土義男 著
AB判 192頁 2色刷
見開き2頁で理解できる好評のシリーズ。特にアナログ回路は，著者独自の工夫が全て実測したデータに基づきくわしく解説されている。

＊定価，図書目録のお問い合わせ・ご要望は出版局までお願い致します．